"矿物加工工程卓越工程师培养·应用型本科规划教材"编委会

矿物加工工程卓越工程师培养 · 应用型本科规划教材

矿物加工测试技术

李龙江　黄宋魏　成奖国　等编著

MEASURING AND TESTING
TECHNIQUE OF
MINERAL PROCESSING

化学工业出版社

· 北京 ·

《矿物加工测试技术》结合矿物加工工程专业的特点，从当前矿物加工自动检测的实际应用需要和最新发展出发，系统全面地介绍了矿物加工过程中的测试技术。首先介绍了测试技术基本知识，包括测量数据的处理、传感器基础和测试系统特性；并结合矿物加工过程控制参数的特点，介绍了流量、温度、压力、物位、成分、密度、粒度及其他参数的检测原理、方法及选型应用，虚拟仪器及软测量技术的相关测试和应用方法，测试技术如何与计算机检测相结合的数据自动采集技术；并介绍了近年在矿物加工测试过程中的工程应用，在介绍过程中插入了工程应用案例。

本书为矿物加工工程卓越工程师培养·应用型本科规划教材，内容丰富详实、较为系统全面，叙述简明扼要、通俗易懂、循序渐进、方便自学，突出了以实例为中心的特点，适于作为高等院校矿物加工工程专业的本科生和研究生教学用书，也可供相近专业的大专等高职类教学选用，还可作为冶金、建材、煤炭、化工和地质等部门从事矿物加工科研、设计、生产的工程技术人员的参考书。

图书在版编目（CIP）数据

矿物加工测试技术/李龙江等编著. —北京：化学工业出版社，2018.3
矿物加工工程卓越工程师培养　应用型本科规划教材
ISBN 978-7-122-31450-5

Ⅰ.①矿… Ⅱ.①李… Ⅲ.①选矿-测试技术-高等学校-教材 Ⅳ.①TD9

中国版本图书馆 CIP 数据核字（2018）第 017070 号

责任编辑：袁海燕　　　　　　　　　　文字编辑：向　东
责任校对：边　涛　　　　　　　　　　装帧设计：王晓宇

出版发行：化学工业出版社（北京市东城区青年湖南街 13 号　邮政编码 100011）
印　　装：中煤（北京）印务有限公司
787mm×1092mm　1/16　印张 15¼　字数 372 千字　2018 年 6 月北京第 1 版第 1 次印刷

购书咨询：010-64518888（传真：010-64519686）　售后服务：010-64518899
网　　址：http://www.cip.com.cn
凡购买本书，如有缺损质量问题，本社销售中心负责调换。

定　　价：58.00 元

前 言
FOREWORD

　　矿物加工工程专业是实践性非常强的工科专业，国家教育部大力提倡应用型人才培养，各高校积极开展卓越工程师培养计划、专业综合改革等本科教学工程建设，在此背景下，化学工业出版社会同贵州大学、武汉理工大学、华北理工大学、武汉科技大学、武汉工程大学、东北大学、昆明理工大学的专家教授，规划出版一套"应用型本科规划教材"。

　　随着科学技术的飞速发展以及数学、物理学、电子学及计算机科学与技术等学科向分析测试技术领域的全面渗透，矿物加工测试技术的面貌大为改观。 矿物加工设备不断趋于大型化、自动化和智能化，矿物加工测试技术也融入了现代信息技术、大数据及其处理技术、现代检测控制技术、远程检测控制技术以及虚拟仪器和软测量技术，使检测在快速性、准确性和稳定性上都得到了重大突破。 如今，机器视觉与图像识别/处理、选矿过程模拟与选矿自动化、选矿药剂的计算机辅助设计、专用机器人等技术的开发及运用使传统的矿物加工技术正实现大跨越。 矿物加工固有的基因特性、现有科学技术和大数据的快速发展使基因矿物加工工程的发展成为可能。 基于智能建模的虚拟选矿厂成为选矿工艺研究和控制的优化手段，基于人工智能技术的选矿工艺开发、药剂研制、选矿厂设计、设备和流程诊断维护（"超级专家"或"超级助理"）出现，人工智能技术与选矿厂 PCS、MES 和 ERP 系统深度融合，实现统筹兼顾上下游，具有协同优化能力的选矿厂智能优化控制，实现覆盖"人-机-料-法环控"的全厂运营管理智能化。 测试技术已经在矿物加工生产中起到了十分重要的作用，成为了矿物加工生产过程中的主要支柱。

　　矿物加工工程学科面临着富矿、易选矿资源耗尽的严酷现实挑战，共生关系复杂、嵌布粒度细微的矿产资源的开发利用提到了议事日程，学科结构也在发生巨大的调整和变化。 矿物加工的对象已从天然矿产资源综合利用扩展到二次资源的回收及利用。 各种固体废弃物，例如尾矿、炉渣、粉煤灰、金属废料、电器废料、塑料垃圾、生活垃圾等都成了加工对象，经过加工又转化为有用的资源。 超细粉碎及分级获得越来越多的应用；界面分选方法成为微细颗粒分选的主要手段；压滤及离心力场在超细颗粒的固液分离中发挥着重要的作用；各种成型、包装工艺也变得越来越重要。 因此，矿物加工测试技术的内容和任务也发生了很大变化。

　　现代矿物加工过程的单元作业，包括粉碎、分级、超细颗粒制备、物理分选（重选、磁电选、光电选、放射选等）、浮选及其他界面分选、化学处理及生物提取、固液分离（沉降、过滤、干燥）、成型及造粒、气固分离-收尘、物料储运等，与冶金工程、化学工程、环境工程、无机材料工程及颗粒技术等学科相比较，具有很强的通用性，许多单元作业是相同的。 矿物加工与冶金、化工、无机材料、环境工程及颗粒技术这些工程学科领域都有着密不可分的共生关系。 特别是颗粒的各种机械加工及处理单元作业，几乎成为沟通这些工程技术学科领域的共同组成要素。 在欧洲往往把这些通用的物理加工单元作业统称为机械加工技术或过程加工技术。在化学工程中机械加工技术与分离技术并列，几乎包括了除化学反应工程外的全部化工单元作业。在矿物加工工程中矿粒的机械加工技术与矿粒的分选技术并列，覆盖了几乎全部单元作业。因此，从现代学科体系看，可以认为矿物加工工程是由分选富集技术、机械加工技术、过程控制技术三大板块所构成的。因此，在进行矿物加工的单元作业中，测试技术已必不可少。

本书在编写过程中，将矿物加工过程中工业过程实际应用与当前先进检测技术相结合，着重介绍测试技术的基本知识、矿物加工过程的主要参数检测、虚拟仪器及软测量技术、数据自动采集技术以及矿物加工过程计算机自动检测案例。为了使读者能够对生产过程中所需要的测试内容更好地了解和掌握，本书注重理论知识与实践技能相结合，从系统性角度出发，全面而又有重点地对矿物加工过程中的测试参数进行介绍。为考核学习质量，各章均配有思考题与习题。

本书分为6章，第1章为绪论，主要介绍矿物加工测试技术的研究现状及发展概况；第2章主要介绍测试技术的基本概念，包括测量数据处理、传感器的基本知识和测试系统的特性；第3章结合矿物加工过程控制参数的特点，介绍了流量、温度、压力、物位、成分、密度、粒度及其他参数的检测原理、方法及选型应用；第4章主要介绍虚拟仪器和软测量技术的相关测试和应用方法；第5章主要介绍测试技术如何与计算机检测相结合的数据自动采集技术；第6章根据近年在矿物加工测试过程中的工程应用，介绍矿物加工过程自动检测技术的综合应用案例，便于读者巩固本书的知识。

全书由李龙江、黄宋魏、成奖国和谢飞共同编写，其中前言、第1章、第4章由李龙江编写，第2章、第3章由李龙江、成奖国和谢飞共同编写，第5章与第6章由黄宋魏和李龙江共同编写，全书由李龙江、黄宋魏校对、审核。贵州大学的张覃教授在全书编写过程中给予了很多的指导和支持，在此表示衷心的感谢。

本书内容丰富翔实，突出了以实例为中心的特点，适于高等院校矿物加工工程专业的本科生和研究生教学用书，也可供相近专业的大专等高职类教学选用，还可作为冶金、建材、煤炭、化工和地质等部门从事矿物加工科研、设计、生产的工程技术人员的参考书。本书设计教学学时为36~72学时，可以根据各自专业的特点及专业培养目标选取相应章节。

本书在编写中具有以下特点：

• 专业性

全书以矿物加工过程测试内容为主，力求读者通过本书的学习能较好地掌握矿物加工过程中所需要的测试技术，并对测试方法和数据处理技术能有较全面的理解和实际应用。

• 创新性

全书不仅包括常见的矿物加工过程中所需要的测试技术，同时融入了较多工程实际案例，并且参考了大量的文献，能够把握测试过程的前沿方向。

• 全面性

内容涉及矿物加工测试技术、传感器、测试方法、计算机测试技术、数据处理技术等。

由于编写时间仓促，编者水平有限，不足之处在所难免，欢迎广大读者和同行批评指正。如果读者在学习过程中发现问题或提出建议，欢迎致函指导。我们的 E-mail 是 mnlljiang@163.com。

编著者
2017 年 7 月

目　录
CONTENTS

第4章　虚拟仪器及软测量技术

第5章　数据自动采集技术

第 6 章 矿物加工过程自动检测案例

附录 常见热电阻分度表

参 考 文 献

第 1 章

绪　论

1.1　矿物加工测试技术的研究对象

矿物加工是将开采出来的含有有用矿物的矿石，通过施加外力，使其中所含的具有一定形状和规格的有用矿物颗粒解离出来，然后通过物理、化学及物理化学的方法将有用矿物相对富集，并与脉石矿物分离的过程。矿物加工过程包括皮带输送、碎矿、磨矿、分级、管路输送、选别、浓缩、干燥及尾矿处理。矿物加工测试技术的研究对象为矿物加工过程的各种参数，通过对研究对象进行具有试验性质的测量以获取研究对象有关信息的认识过程。要实现这一认识过程，首先需要使被测对象处于某种预定的状态下，将被测对象的内在联系充分地暴露出来以便进行有效的测量；然后，获取被测对象所输出的特征信号，使其通过传感器被接收并转换成电信号；再经后续仪器进行变换、放大、运算等使之成为易于处理和记录的信号，这些变换器件和仪器总称为测量装置。经测量装置输出的信号需要进一步进行数据处理，以排除干扰、估计数据的可靠性以及抽取信号中各种特征信息等，最后将测试、分析处理的结果记录或显示，得到所需要的信息。

实现检测任务的测试系统，根据测试目的和具体要求的不同，可能是很简单的系统，也可能是一个复杂的系统。例如，温度测试系统可以由被测对象和一个液柱式温度计构成，也可以由复杂的自动测温系统组成。上述测试系统中的各种装置，具有各自独立的功能，是构成测试系统的子系统。信号从发生到分析结果的显示，流经各子系统中的某个子系统甚至是子系统中的某个组成环节、测量装置或测量装置的组成部分如传感器、放大器、中间变换器、电器元件、芯片、集成电路等，都可以视为研究对象。因此，测试系统的概念是广义的，在信号流传输通道中，任意连接输入、输出并有特定功能的部分，均可视为测试系统。

1.2　矿物加工测试技术的发展概况

随着矿物加工事业的迅速发展以及数学、物理学、电子学及计算机技术向分析测试技术领域的全面渗透，矿物加工测试技术的面貌大为改观，新技术、新工艺、新设备、新方法不断涌现。20世纪50年代开始发展起来的选矿测试技术，是当代选矿事业发展的重大进展，必将从根本上改变传统选矿技术的落后面貌。按照传统的检测方法，工人凭经验进行参数的手动检测，对生产过程的控制既不及时，又不准确，较难获得好的生产指标，同时劳动条件也差。自动检测能够及时准确地指示矿物加工过程各参数的变化；能够及时地根据所测结果准确地对有关变量进行自动调节，这两项自动化技术的应用提高了选矿指标，节约了能耗，改善了劳动条件。近年来发展起来的最新矿物加工测试技术——计算机自动检测技术，能综合考虑矿物加工过程中的各项影响因素，随着入选矿石性质的变化而自动改变对各变量的控制，使选矿指标达到最佳值。实现矿物加工参数检测自动化是一项具有重要意义的工作。

国际上矿物加工检测技术的发展是迅速的。20世纪50年代初期，主要是对选矿工艺过程某些变量进行单项检测。50年代末，开始了选矿过程的模拟仪表控制。60年代末，随着计算机广泛用于工业控制，在选矿领域也开始研究用计算机进行直接数字控制。到70年代又开始了选矿过程最优化控制的研究和实验，从静态最优化开始，目前已发展到动态最优化控制的探索。在自动检测方面主要研究直接测量矿石的类型、轻金属含量、矿浆泡沫层厚度、矿物解离度和矿浆黏度等问题。在矿物加工过程控制方面主要研制多变量控制器，解决在磨碎分级过程控制中多变量相互影响的问题，如用卡尔曼滤波器辨识矿石硬度扰动并对其进行补偿，实现最优控制。在浮选过程控制中，利用计算机在线连续估计模型系数，按最小方差目标不断修改系数，实现自动校正控制。用多台微型计算机组成集中分散控制系统，对选矿各生产过程实行集中管理下的分散控制，则是现代的又一明显趋向。

在线检测与分析技术是获取生产过程知识与信息的先进工具。对于矿物加工工业来讲，矿石性质的不确定性、不可测性、不可控性、复杂性和多变性对生产过程的稳定、平衡破坏很大。因而矿物加工过程关键工艺参数的在线检测和分析技术极其重要，同时也是选矿过程优化控制、建模等技术能够有效的决定性因素。选矿设备运行状况在线检测的目的是及时掌握物料性质及操作条件变化带来的设备负荷、工作能力、生产效果的变化，将这些变化信息及时反映给控制系统，通过调节，保证设备在安全完成生产任务的前提下，发挥最大能力。矿物加工设备运行状况在线检测的主要内容有磨机负荷检测技术、浮选状态分析技术、浓密机负荷监测技术等。目前矿物加工过程在线分析技术的发展趋势是：直接物理测量与建模技术相结合，用软测量的方法可以获取更丰富的过程信息变量，因而也能更大限度地满足选矿工业控制需要。直接测量技术是保障软测量技术的关键，因而对已有的直接测量手段充分加以利用，是提高选矿过程分析技术的必经之路。

在互联网、云计算等一些网络技术的推动下，其数据也越发膨胀，规模也呈现几倍上升的趋势，目前已正式跨入大数据时代，开发其中所蕴含的信息及"宝藏"是研究人员的目标。由于云时代的到来，大数据技术也吸引了国内外研究人员的注意力。大数据是由大量结构化的数据构成的大型数据仓库，是一种观察世界的全新手段和方法，利用其思维与处理技术构成一个数据库，从而创建一个透明化的世界关系结构。从互联网发展至今，大数据是这个过程的一个象征性技术，在云技术不断地创新及改革的基础上，这些难以收集也不好运用的数据被研究人员科学合理地利用，随着我国各行各业的不断发展，大数据也会在此过程中为其提供一系列有利的价值。大数据的特点为：数据体量大、数据类型多、处理速度快、价值密度低。大数据技术是从海量的数据中获取有效的数据并且进行智能处理分析，人们可以从中发现对自己有用的信息、知识以及创造无穷的智慧，对今后我国社会的发展有重要的作用。因此，必须在大数据中引进智能处理技术，将大数据的分析、管理等技术与人工智能相融合。目前我国机器的数据自动分析、语言理解及自动识别等一些智能技术已经和大数据技术工作的流程完美融合。

大数据测试技术主要是对大量数据进行智能处理，从其中获取有效的信息。从我国社会技术的发展现状来看，大数据测试技术未来的发展前景非常可观，在大数据技术分析处理中，数据分析有着重要的地位，随着矿物加工技术的发展，它也将会逐渐成为大数据测试技术中的核心技术。

1.3 矿物加工过程的测试内容

按照矿物加工过程，要控制和调节的变量很多。矿物加工过程检测的内容决定于选矿方法，同时也决定于选矿工艺流程，重选厂、浮选厂、磁选厂的工艺过程不同，其可选参数会有很大的差异，选矿厂和选煤厂的选矿控制参数也是不同的。

在矿物加工过程中，一般要测试的变量主要有：矿仓的料位、矿浆、液体的液位、固体物料的流通量、矿浆及液体的流量、矿石的块度、矿浆中矿砂的粒度、矿浆密度、矿石中金属的含量、矿浆 pH 值、矿浆中有关离子的成分、压力、温度、原矿和滤饼的水分、充气量、真空度等。

其中，重选的重要测试参数为：入选量、密度、黏度、产率、金属含量。

浮选的重要测试参数为：物料流量、矿浆流量、矿浆密度、给矿量、泡沫和矿浆量、矿浆 pH 值、离子成分、温度、产品品位、泡沫强度及厚度、药剂浓度和用量。

磁选的重要测试参数为：磁铁矿含量、粒度和浓度、磁力强度。

电选的重要测试参数为：矿浆电位、离子活度等。

碎矿的重要测试参数为：给矿量、出矿量、粒度。

磨矿的重要测试参数为：入料粒度及粒度组成、按指定粒度计的生产率、给矿量、分级机溢流浓度、磨矿机的充填率、分级产品粒度组成、循环负荷量。

浓缩的重要测试参数为：矿浆流量、矿浆浓度、过滤水中矿物粒子的含量等。

干燥的重要测试参数为：温度、滤饼湿度。

思考题与习题

1.1 根据矿物加工过程，矿物加工测试的内容有哪些？

1.2 矿物加工测试技术的研究对象是什么？

1.3 简述测试技术的国内外研究现状。

1.4 大数据、互联网时代的数据测试分析技术的发展趋势是什么？

1.5 为什么要学矿物加工测试技术这门课程？

第 **2** 章

测试技术基本知识

在各项生产活动和科学实验中，为了解和掌握整个过程的进展及其最后结果，经常需要对各种基本参数或物理量进行检查和测量，从而获得必要的信息，并以之作为分析判断和决策的依据。检测技术是人们为对被测对象所包含的信息进行定性的了解和定量的掌握所采取的一系列技术措施。随着人类社会进入信息时代，以信息的获取、转换、显示和处理为主要内容的检测技术已经发展成为一门完整的技术学科，在促进生产发展和科技进步的广阔领域内发挥着重要作用。

检测技术是产品检验和质量控制的重要手段，检测技术和装置是自动化系统中不可缺少的组成部分，检测技术的完善和发展推动着现代科学技术的进步。检测技术与现代化生产和科学技术的密切关系，使它成为一门十分活跃的技术学科，几乎渗透到人类的一切活动领域，发挥着越来越大的作用。

2.1 测量的基本概念

2.1.1 测量

测量就是将被测量与具有计量单位的标准量在数值上进行比较，从而确定二者比值的实验认知过程。若被测量的值为 L，计量单位为 u，则二者比值为

$$q = \frac{L}{u} \tag{2-1}$$

（1）测量的基本要求

在测量过程中，应保证计量单位的统一和量值的准确；应将测量误差控制在允许的范围内，以保证测量结果的精度；应正确、经济、合理地选择计量器具和测量方法，以保证一定的测量条件。

（2）测量的要素

一个完整的测量过程应包括被测对象、计量单位、测量方法和测量的精度四个方面。

（3）测量对象

在技术测量中指的是几何量，包括长度、角度、表面粗糙度以及形位公差等几何参数。

在矿物加工过程中，测量对象主要包括流量、温度、压力、物位、成分、密度、粒度及黏度等参数。由于各参数的种类繁多，性质各异，因此在测量之前应对其各自的特性、被测参数的定义及标准等都加以研究和熟悉。

（4）计量单位

以定量表示同种量的量值而约定采用的特定量。我国规定采用以国际单位制（SI）为基础的"法定计量单位制"。它是由一组选定的基本单位和由定义公式与比例因数确定的导出单位所组成的。如"米""千克""秒""安"等为基本单位。此外在工程中还经常用"毫米（mm）""微米（μm）"和"纳米（nm）"等长度单位。

（5）测量方法

测量方法是根据一定的测量原理，在实施测量过程中对测量原理的运用及其实际操作。测量方法可以广义地理解为测量原理、测量器具（计量器具）和测量条件（环境和操作者）的总和。

在实施测量的过程中，应该根据被测对象的特点和被测参数的定义来拟定测量方案、选择测量器具和规定测量条件，合理地获得可靠的测量结果。

（6）测量精度

测量精度表示测量结果与真值的一致程度。不考虑测量精度而得到的测量结果是没有任何意义的。在此，所谓的真值就是当某量能被完善地确定并能排除所有测量上的缺陷时，通过测量所得到的量值。由于测量会受到许多因素的影响，其过程总是不完善的，即任何测量都不可能没有误差。因此，对于每一个测量值都应给出相应的测量误差范围，并说明其可信度。

2.1.2　测量方法

检测技术的含义是根据被测量的特点，选用合适的检测装置与实验方法，通过测量和数据处理及误差分析，准确得到被测量的数值。测量方法是实现测量过程所采用的具体方法。应当根据被测量的性质、特点和测量任务要求来选择适当的测量方法。测量方法的类型很多，按照不同的分类方法划分如下：

① 按照测量手段可以将测量方法分为：直接测量和间接测量。

② 按照获得测量值的方式可以分为：偏差式测量、零位式测量、微差式测量。

③ 根据传感器与被测对象是否直接接触可以分为：接触式测量和非接触式测量。

④ 根据被测对象的变化特点可分为：静态测量、动态测量等。

2.1.3　测试系统

一个完整的检测系统或检测装置通常是由传感器、测量电路和显示记录装置等几部分组成，分别完成信息的获取、转换、显示和处理等
功能。当然其中还包括电源和传输通道等不可缺少的部分。图 2-1 给出了检测系统的组成框图。

（1）传感器

传感器是把被测量（如物理量、化学量、生物量等）变换为另一种与之有确定对应关系，并

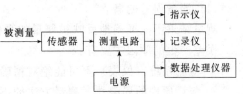

图 2-1　检测系统的组成框图

且便于测量的量（通常是电学量）的装置。传感器是检测系统与被测对象直接发生联系的部

件。它处于被测对象和检测系统的接口位置，是信息输入的主要窗口，为检测系统提供必需的原始信息。传感器是整个检测系统最重要的环节，检测系统获取信息的质量往往是由传感器的性能一次性确定的，因为检测系统的其他环节无法添加新的检测信息并且不易消除传感器所引入的误差。

检测技术中使用的传感器种类繁多，分类的方法也各不相同。从传感器应用的目的出发，可以根据被测量的性质将传感器分为：机械量传感器（如位移传感器、力传感器、速度传感器等）、热工量传感器（如温度传感器、压力传感器、流量传感器等）和化学量传感器（如生物量传感器）等。

从传感器研究的目的出发，着眼于变换过程的特征可以将传感器按输出量的性质分为：参量型传感器和发电型传感器两大类。参量型传感器的输出是电阻、电感、电容等无源电参量，相应的有电阻式传感器、电感式传感器、电容式传感器等；发电型传感器的输出是电压或电流，相应的有热电偶传感器、光电传感器、磁电传感器、压电传感器等。

（2）测量电路

测量电路的作用是将传感器的输出信号转换成易于测量的电压或电流信号。通常传感器输出的信号是微弱的，这就需要经由测量电路加以放大，以满足显示记录装置的要求。测量电路根据需要还能进行阻抗匹配、微分、积分、线性化补偿等信号处理工作。

测量电路的种类和构成是由传感器的类型决定的，不同的传感器所要求配用的测量电路经常具有自己的特色。

（3）显示记录装置

显示记录装置是检测人员和检测系统联系的主要环节，主要作用是使人们了解检测数值的大小或变化的过程。目前常用的有模拟式显示、数字式显示和图像式显示三种。

模拟式显示是利用指针与标尺的相对位置表示被测量数值的大小，如各种指针式电气测量仪表，其特点是读数方便、直观，结构简单，价格低廉，在检测系统中一直被大量应用。模拟式显示方式的缺点是，精度受标尺最小分度限制，而且读数时易引入主观误差。

数字式显示是直接以十进制数字形式来显示读数，实际上是专用的数字电压表，它可以联合打印机，打印记录测量数值，并且易于和计算机联机，使数据处理更加方便。数字式显示方式有利于消除读数的主观误差。

图像式显示是将输出信号送至记录仪，从而描绘出被测量随时间变化的曲线，作为检测结果。常用的自动记录仪器有笔式记录仪、光线示波器、磁带记录仪等。

2.2 测量数据的处理

2.2.1 测量误差

（1）测量误差的概念

测量结果不能准确地反映被测量的真值，存在一定的偏差，这个偏差就是测量误差。

误差产生的原因主要有：

① 检测系统（仪表）不可能绝对精确。

② 测量原理的局限性、测量方法的不尽完善。

③ 环境因素和外界干扰。

④ 测量过程中被测对象原有状态的改变。

（2）误差的表示方法

误差有两种表示方法：绝对误差（absolute error，E）和相对误差（relative error，E_r）。绝对误差是测量值（x）与真实值（x_T）之间的差值，即

$$E = x - x_T \qquad\qquad (2\text{-}2)$$

绝对误差的单位与测量值的单位相同，误差越小，表示测量值与真实值越接近，测量的准确度越高；反之，误差越大，测量的准确度越低。绝对误差有正负之分，当测量值大于真实值时，误差为正值，表示测量结果偏高；反之，误差为负值，表示测量结果偏低。

相对误差是指绝对误差相当于真实值（或实际值）的百分率，表示为

$$E_r = \frac{E}{x_T} \times 100\% = \frac{x - x_T}{x_T} \times 100\% \qquad\qquad (2\text{-}3)$$

由绝对误差的定义可知，相对误差也有大小、正负之分。相对误差反映的是误差在真实值中所占的比例大小，因此在绝对误差相同的条件下，待测量的值越大，相对误差越小；反之，则相对误差越大。相对误差通常用于衡量测量的准确程度。相对误差越小，准确程度越高。

使用相对误差只能说明不同测量结果的准确程度，但不适用于衡量测量仪表本身的质量。为了更合理地评价仪表质量，采用了引用误差的概念。

引用误差是绝对误差 E 与仪表量程 A 的比值，通常以百分数表示。引用误差也是一种相对误差，常应用于多挡和连续刻度的仪器仪表中，用于衡量测量仪表本身的质量。

最大引用误差：如果以测量仪表整个量程中，可能出现的绝对误差最大值 E_{max} 代替 E，则可得到最大引用误差。一台确定的仪表或一个检测系统的最大引用误差是一个定值。

（3）真值

在计算绝对误差和相对误差的过程中，均涉及真实值（x_T），简称真值。真值是指某一物理量本身具有的、客观存在的真实数值，一般将严格定义的理论值叫作理论真值。严格地说，用测量的方法是得不到真值的。

常见的主要有约定真值和相对真值两种形式。

约定真值主要是从计量学的角度而言的，如国际计量大会上确定的长度、质量、物质的量单位等。根据国际计量委员会通过并发布的各种物理参量单位的定义，利用当今最高科学技术复现的这些实物单位基准，其值被公认为国际或国家基准，称为约定真值。

相对真值是指人们设法采用各种可靠的分析方法，使用最精密的仪器，经过不同实验室、不同人员进行平行分析，用数理统计方法对分析结果进行处理，从而确定出的一个相对准确的标准值。如果高一级检测仪器（计量器具）的误差仅为低一级检测仪器误差的 $1/10 \sim 1/3$，则可认为前者是后者的相对真值。

（4）误差的分类

根据误差出现的规律可将误差分为系统误差、随机误差和粗大误差。

① 系统误差　在相同条件下，多次重复测量同一被测参量时，其测量误差的大小和符号保持不变，或在条件改变时，误差按某一确定的规律变化，或误差与某一个或几个因素成函数关系，这种测量误差称为系统误差。误差值恒定不变的又称为定值系统误差，误差值变化的则称为变值系统误差。系统误差主要是由某种固定的原因造成的，具有重复性、单向性。从理论上讲，系统误差的大小、正负是可以测定的，所以又称可测误差。

根据系统误差产生的具体原因，可以将其分为：方法误差、仪器误差、操作误差和主观

误差等几类。系统误差产生原因主要有：仪器的制造、安装或使用方法不正确，不良的读数习惯等。系统误差是一种有规律的误差，可以采用修正值或补偿校正的方法来减小或消除。

② 随机误差　亦称偶然误差，是指在相同条件下多次重复测量同一被测参量时，测量误差的大小与符号均无规律变化，这类误差称为随机误差。随机误差往往是由某些难以控制且无法避免的偶然因素造成的，是服从统计规律的误差。

随机误差产生原因主要是测量环境的偶然变化。虽然单次测量的随机误差没有规律，但多次测量的总体却服从统计规律，通过对测量数据的统计处理，能在理论上估计其对测量结果的影响。通常，用精密度表征随机误差的大小。精密度是指几次平行测量结果之间的相互接近程度。精密度越低，随机误差越大；精密度越高，随机误差越小。

③ 粗大误差　又称为坏值或异常值，是一种显然与实际值不符的误差。粗大误差是指明显超出预期的误差，特点是误差数值大，明显歪曲了测量结果。正常的测量数据应是剔除了粗大误差的数据，因此我们通常研究的测量结果误差中仅包含系统误差和随机误差。

产生粗大误差的原因主要有：测错、读错、记错以及未达到条件匆忙实验等。这种误差的实质就是错误，一旦发生只能重新进行测量和实验。

各次测量值的绝对误差等于系统误差和随机误差的代数和。

此外，根据使用条件还可将误差划分为基本误差和附加误差。基本误差是指仪器在标准条件下使用所具有的误差。附加误差是指当使用条件偏离标准条件时，在基本误差的基础上增加的新的系统误差。

研究测量误差的目的主要是：

a. 研究测量误差的性质，分析产生的原因，以寻求最大限度地消除或减小测量误差的途径。

b. 寻求正确处理测量数据的理论和方法，以便在同样条件下能获得最精确、最可靠地反映真实值的测量结果。

2.2.2　随机误差的统计处理

凡是测量都存在误差，用数字表示的测量结果都具有不确定性。如何更好地表达测量结果，对测量的可疑值或离群值有根据地进行取舍；如何比较不同测量工作者的测量结果以及用不同的方法得到的测量结果等，这些问题都需要用数理统计的方法加以解决。

随机误差是由没有规律的大量的微小因素共同作用产生的结果，因而不易掌握，也难以消除。但随机误差具有随机变量的一切特点，它的概率分布通常服从一定的统计规律。因此，可以用数理统计的方法，对其分布范围做出估计。

2.2.2.1　随机误差的分布规律

假定对某个被测参量等精度重复测量 n 次，其测量值分别为 X_1、X_2、$\cdots$、X_i、$\cdots$、X_n，则每次测量的测量误差，即随机误差（假定已消除系统误差）分别为：

$$
\begin{aligned}
x_1 &= X_1 - X_0 \\
x_2 &= X_2 - X_0 \\
&\cdots\cdots \\
x_i &= X_i - X_0 \\
x_n &= X_n - X_0
\end{aligned}
\tag{2-4}
$$

式中，X_0 为真值。

大量的试验结果还表明：随机误差的分布规律多数都服从正态分布。如果以偏差幅值（有正负）为横坐标，以偏差出现的次数为纵坐标，作图可以看出，满足正态分布的随机误差整体上具有下列统计特性：

① 有界性　随机误差的幅度均不超过一定的界限。

② 单峰性　幅度小的随机误差比幅度大的随机误差出现的概率大。

③ 对称性　等值而符号相反的随机误差出现的概率接近相等。

④ 抵偿性　随机误差满足在相同条件下，当测量次数 $n \to \infty$ 时，全体随机误差的代数和等于 0，即

$$\lim_{n \to \infty} \sum_{i=1}^{n} x_i = 0 \tag{2-5}$$

因此，提出随机误差符合一定的分布规律需满足以下两个前提：

① 系统误差被尽力消除或减小到可以忽略的程度。

② 随机误差虽然是由大量的没有规律的微小因素共同作用产生的，但是随机误差具有随机变量的一切特点。概率分布通常服从一定的统计规律，且多数都服从正态分布。

（1）正态分布

高斯于 1795 年提出的连续型正态分布随机变量 x 的概率密度函数表达式为：

$$f(x) = \frac{1}{\sigma \sqrt{2\pi}} e^{-(x-\mu)^2 / 2\sigma^2} \tag{2-6}$$

$$\sigma = \lim_{n \to \infty} \sqrt{\frac{\sum_{i=1}^{n} (x_i - \mu)^2}{n}} \tag{2-7}$$

式中　σ——随机变量 x 的标准偏差（简称标准差），代表了随机误差对测量结果的影响程度；

　　　　μ——随机变量的数学期望值，即总体平均值；

　　　　e——自然对数的底；

　　　　σ^2——随机变量的方差；

　　　　n——随机变量的个数。

μ 和 σ 是决定正态分布曲线的特征参数。μ 是正态分布的位置特征参数；σ 为正态分布的离散特征参数。μ 值改变，σ 值保持不变，正态分布曲线的形状保持不变而位置由于 μ 值改变而沿横坐标移动，如图 2-2 所示。μ 值不变，σ 值改变，则正态分布曲线的位置不变，但形状改变，σ 对正态分布的影响如图 2-3 所示。

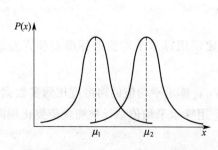

图 2-2　μ 对正态分布的影响示意图

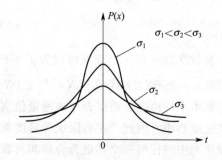

图 2-3　σ 对正态分布的影响示意图

从图 2-2 和图 2-3 中可看出：分析随机误差时，标准差 σ 表征测量数据的离散程度。σ 越小，数据越集中，测量的精密度（表示几次平行测量结果之间的相互接近程度）越高。

（2）均匀分布

均匀分布的特点是：在某一区域内，随机误差出现的概率处处相等，而在该区域外随机误差出现的概率为零。均匀分布的概率密度函数 $\varphi(x)$ 为：

$$\varphi(x)=\begin{cases}\dfrac{1}{2a}, & (-a\leqslant x\leqslant a)\\ 0, & |x|>a\end{cases} \tag{2-8}$$

式中，a 为随机误差 x 的极限值。

均匀分布的随机误差概率密度函数的图形呈直线形，如图 2-4 所示。

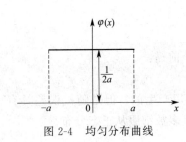

图 2-4　均匀分布曲线

2.2.2.2　测量数据的随机误差估计

测量数据的随机误差可以通过测量真值、测量值的均方根误差、算术平均值的标准差和测量结果的置信度（正态分布时）等进行估计。

（1）测量真值估计

在实际工程测量中，测量次数 n 不可能无穷大，而测量真值 X_0 通常也不可能已知。根据对已消除系统误差的有限次等精度测量数据样本 X_1、X_2、$\cdots$、X_i、$\cdots$、X_n 求其算术平均值，即：

$$\overline{X}=\frac{1}{n}\sum_{i=1}^{n}X_i \tag{2-9}$$

式中，$\overline{X}$ 为被测参量真值 X_0（或数学期望 μ）的最佳估计值。

（2）测量值的均方根误差估计

对已消除系统误差的一组 n 个等精度测量数据 X_1、X_2、$\cdots$、X_i、$\cdots$、X_n 采用其算术平均值近似代替测量真值 X_0 后，计算结果总会有偏差，偏差的大小，常使用贝塞尔（Bessel）公式来计算：

$$\hat{\sigma}=\sqrt{\frac{\sum_{i=1}^{n}(X_i-\overline{X})^2}{n-1}}=\sqrt{\frac{\sum_{i=1}^{n}v_i^2}{n-1}} \tag{2-10}$$

（3）算术平均值的标准差估计

算术平均值的标准差为：

$$\sigma(\overline{X})=\frac{1}{\sqrt{n}}\sigma(X) \tag{2-11}$$

测量次数 n 是一个有限值，为了不产生误解，建议用算术平均值的标准差和方差的估计值 $\hat{\sigma}(\overline{X})$ 与 $\hat{\sigma}^2(\overline{X})$ 代替 $\sigma(\overline{X})$ 与 $\sigma^2(\overline{X})$。

算术平均值的方差仅为单次测量值 X_i 方差的 $1/n$，算术平均值的离散度比测量数据 X_i 的离散度要小。因此，在有限次等精度重复测量中，用算术平均值估计被测量值要比用测量数据序列中的任何一个都更为合理和可靠。

式（2-11）表明：

① n 较小时，增加测量次数 n，可减小测量结果的标准偏差，提高测量的精密度。

② 增加测量次数 n，使数据采集和处理的工作量增加，且因测量时间不断增大而使"等精度"的测量条件无法保持，由此产生新的误差。

③ 测量次数 n 一般取 4～24 次。

（4）正态分布时测量结果的置信度

对于正态分布，由于测量值在某一区间出现的概率与标准差 σ 的大小相关，故一般把测量值 X_i 与真值 X_0 的偏差 Δx 的置信区间取为 σ 的若干倍，即

$$\Delta x = \pm k\sigma \tag{2-12}$$

式中，k 为置信系数。

对于正态分布，测量偏差 Δx 落在某区间的概率表达式：

$$P\{|x-\mu| \leqslant k\sigma\} = \int_{\mu-k\sigma}^{\mu+k\sigma} \frac{1}{\sqrt{2\pi}\,\sigma} e^{\frac{-(x-\mu)^2}{2\sigma^2}} dx \tag{2-13}$$

令 $\delta = x - \mu$，则有：

$$P(|\delta| < k\sigma) = \int_{-k\sigma}^{+k\sigma} \frac{1}{\sqrt{2\pi}\,\sigma} e^{\frac{-\delta^2}{2\sigma^2}} d\delta = \int_{-k\sigma}^{+k\sigma} P(\delta) d\delta \tag{2-14}$$

置信系数 k 值确定后，置信概率便可确定。由式（2-14）知，当 k 分别选取 1、2、3 时，测量误差 Δx 分别落入正态分布置信区间 $\pm\sigma$、$\pm 2\sigma$、$\pm 3\sigma$ 的概率值分别如下：

$$P\{|\delta| \leqslant \sigma\} = \int_{-\sigma}^{+\sigma} P(\delta) d\delta = 0.6827$$

$$P\{|\delta| \leqslant 2\sigma\} = \int_{-2\sigma}^{+2\sigma} P(\delta) d\delta = 0.9545$$

$$P\{|\delta| \leqslant 3\sigma\} = \int_{-3\sigma}^{+3\sigma} P(\delta) d\delta = 0.9973$$

图 2-5 为不同置信区间的概率分布示意图。

2.2.3 系统误差的处理方法

在工程测量中，系统误差与随机误差总是同时存在的，但系统误差往往远大于随机误差。为保证和提高测量精度，需要研究发现系统误差，进而研究校正和消除系统误差的原理、方法与措施。系统误差的特点是具有规律性，一般可通过实验和分析研究确定与消除。

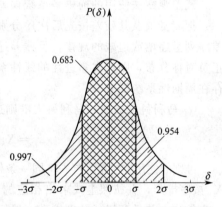

图 2-5　不同置信区间的概率分布示意图

系统误差主要有以下类型：①大小与方向不随时间变化的恒差型系统误差。②随时间呈线性变化的线性变差型系统误差。③随时间作某种周期性变化的周期变差型系统误差。

系统误差（Δx）随测量时间变化的几种常见关系曲线如图 2-6 所示。

图 2-6 中，曲线 1 表示测量误差的大小与方向不随时间变化的恒差型系统误差；曲线 2 为测量误差随时间以某种斜率呈线性变化的线性变差型系统误差；曲线 3 表示测量误差随时间作某种周期性变化的周期变差型系统误差；曲线 4 为上述三种关系曲线的某种组合形态，呈现复杂规律变化的复杂变差型系统误差。

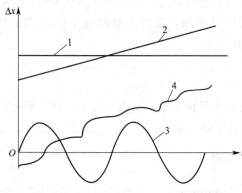

图 2-6 系统误差的集中常见关系曲线

2.2.3.1 系统误差的判别和确定

（1）恒差系统误差的确定

① 实验比对法 对于不随时间变化的恒差型系统误差，通常可以用实验比对的方法发现和确定。实验比对的方法又分为标准器件法（简称标准件法）和标准仪器法（简称标准表法）两种。

② 原理分析与理论计算法 因转换原理、检测方法或设计制造方面存在不足而产生的恒差型系统误差可通过原理分析与理论计算来加以修正。此类误差的表现形式为：在传感器转换过程中存在零位、传感器输出信号与被测参量间存在非线性、传感器内阻大而信号调理电路输入阻抗不够高、处理信号时可略去高次项或采用精简化的电路模型等。

③ 改变外界测量条件法 有些检测系统在工作环境或被测参量数值变化的情况下，测量系统误差也会随之变化。对这类检测系统需要通过逐个改变外界测量条件，以发现和确定仪器在不同工况条件下的系统误差。

（2）变差系统误差的确定

变差系统误差即测量系统误差按照某种确定规律变化。可采用以下方法确定是否存在变差系统误差：

① 残差观察法 残差（也即剩余偏差）是各测量值与全部测量数据算术平均值之差。根据测量数据的各个剩余误差大小和符号的变化规律来判断有无按某种规律变化的变差系统误差。该法仅适用于规律变化的系统误差的确定。

残差观察法使用的前提是系统误差比随机误差大。具体通过如下过程来实现：

把测量值及其残差按先后次序分别列表，观察和分析残差值的大小和符号的变化。若残差序列呈递增或递减的规律，且残差序列减去其中值后的新数列在以中值为原点的数轴上呈正负对称分布，则存在累进性的线性系统误差；如果偏差序列呈有规律的交替重复变化，则存在周期性系统误差。

② 马利科夫准则 马利科夫准则适用于判断、发现和确定线性系统误差。

$$\nu_i = X_i - \frac{1}{n}\sum_{i=1}^{n}X_i = X_i - \overline{X} \tag{2-15}$$

准则的使用方法是：首先将同一条件下重复测量得到的一组测量值 X_1、X_2、…、X_i、…、X_n 按序排列，并按照上式求出相应的残差 ν_1、ν_2、…、ν_i、…、ν_n，将残差序列以中间值 ν_k 为界分为前后两组，分别求和，然后把两组残差和相减，即：

$$D = \sum_{i=1}^{k}\nu_i - \sum_{i=s}^{n}\nu_i \tag{2-16}$$

当 n 为偶数时，取 $k = n/2$、$s = n/2 + 1$；当 n 为奇数时，取 $k = (n+1)/2 = s$。

若 D 近似等于零，表明不含线性系统误差；若 D 明显不为零（且大于 ν_i），则表明存在线性系统误差。

③ 阿贝-赫梅特准则 阿贝-赫梅特准则适用于判断、发现和确定周期性系统误差。

该准则的使用方法是：将同一条件下重复测量得到的一组测量值 X_1、X_2、…、X_n 按序排列，并根据式(2-15)求出残差 ν_1、ν_2、$\cdots$、ν_n，然后计算 A：

$$A = \Big| \sum_{i=1}^{n-1} \nu_i \nu_{i+1} \Big| = | \nu_1 \nu_2 + \nu_2 \nu_3 + \cdots + \nu_{n-1} \nu_n | \tag{2-17}$$

如果式(2-17)中 $A > \sigma^2 \sqrt{n-1}$ 成立（σ^2 为本测量数据序列的方差），则表明存在周期性系统误差。

2.2.3.2 减小和消除系统误差的方法

（1）针对产生系统误差的主要原因采取对应措施

对测量过程中可能产生的系统误差的环节作仔细分析，寻找产生系统误差的主要原因，并采取相应措施是减小和消除系统误差最基本和最常用的方法。

（2）采用修正方法减小恒差系统误差

具体做法是：测量前先通过标准器件法或标准仪器法比对，得到该检测仪器系统误差的修正值，制成系统误差修正表；用该检测仪器进行具体测量时将测量值与修正值相加，从而大大减小或基本消除该检测仪器原先存在的系统误差。

（3）采用交叉读数法减小线性系统误差

交叉读数法，又称对称测量法，这种方法用于消除线性变化的系统误差，是在时间上将测量顺序等间隔对称安排，取各对称点两次交叉读入测量值，然后取其算术平均值作为测量值，即可有效地减小测量的线性系统误差。

（4）采用半周期偶数测量法减小周期性系统误差

对于周期性变化的系统误差，可用半周期偶数测量法消除，即相隔半个周期进行一次测量。取两次读数的算术平均值，即可有效地减小周期性系统误差。因为相差半周期的两次测量，其误差在理论上具有大小相等、符号相反的特征。所以这种方法在理论上能很好地减小和消除周期性系统误差。如图 2-7 所示。

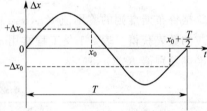

图 2-7　半周期法读数示意图

此外，对于系统误差，还可以采用交换法、补偿法、差分法、比值补偿法等进行减小和消除。

2.2.4　粗大误差的处理方法

在测量和实验中，当对同一试样进行多次平行测定时，发现某一组测量值中，往往有个别数据与其他数据相差较大，将这一测量数值称为可疑值（也称离群值或极端值）。如果确定该数值是由于过失造成的，则可以直接弃去不要，否则不能随意舍弃或保留，应该用统计检验的方法，确定该可疑值与其他数据是否来源于同一总体，是否存在粗大误差，以决定其取舍。常用拉伊达（Pauta）准则和格鲁布斯（Grubbs）准则进行处理和判断。

（1）拉伊达准则

拉伊达准则是对于服从正态分布的等精度测量，其某次测量误差 $|X_i - X_0|$ 大于 3σ 的可能性仅为 0.27%。因此，把测量误差大于标准误差 σ（或其估计值）的 3 倍测量值作为测量坏值予以舍弃。实际应用的拉伊达准则表达式为：

$$|\Delta X_k| = |X_k - \overline{X}| > 3\hat{\sigma} = K_L \tag{2-18}$$

在应用拉伊达准则时，需要注意以下几点：

① 拉伊达准则只适用于测量次数较多（$n>25$）、测量误差分布接近于正态分布的情况使用。

② 当等精度测量次数较少（$n \leqslant 20$）时，采用基于正态分布的拉伊达准则，其可靠性将变差，且容易造成鉴别值界限太宽而无法发现坏值。

③ 当测量次数 $n<10$ 时，拉伊达准则将彻底失效，不能判别任何粗大误差。

当测量次数 $n<10$ 时，则需采用 $4\bar{d}$ 法，即用 s 代替 σ，用 $\bar{d}$ 代替 δ，故可粗略地认为，偏差大于 $4\bar{d}$ 的个别测量值可以舍去。

采用该法在判断可疑值取舍时虽然存在较大误差，但是由于其使用起来比较简单，不需要查表，至今仍被许多人采用。但是当该法与其他检验法判断的结果发生矛盾时，应以其他法判断的结果为准。

采用 $4\bar{d}$ 法判断可疑值时，首先应求出除可疑值外的其余测量数值的平均值和平均偏差，然后将可疑值与平均值 $\bar{x}$ 进行比较，如可疑值与平均值的差的绝对值大于 $4\bar{d}$，则将该可疑值舍去，否则应保留。

（2）格鲁布斯准则

格鲁布斯准则是以小样本测量数据，以 t 分布为基础用数理统计方法推导得出的。在小样本测量数据中满足表达式：

$$|\Delta X_k| = |X_k - \overline{X}| > K_G(n,\alpha)\hat{\sigma}(x) \tag{2-19}$$

格鲁布斯准则的鉴别值 $K_G(n,\alpha)$ 是和测量次数 n、危险概率 α 相关的数值，可通过查相应的数表获得。表 2-1 是工程常用 $\alpha=0.05$ 和 $\alpha=0.01$ 在不同测量次数时，对应的格鲁布斯准则鉴别值 $K_G(n,\alpha)$ 表。

表 2-1 $K_G(n,\alpha)$ 数值表

n \ α	0.01	0.05	n \ α	0.01	0.05	n \ α	0.01	0.05
3	1.16	1.15	12	2.55	2.29	21	2.91	2.58
4	1.49	1.46	13	2.61	2.33	22	2.94	2.60
5	1.75	1.67	14	2.66	2.37	23	2.96	2.62
6	1.91	1.82	15	2.70	2.41	24	2.99	2.64
7	2.10	1.94	16	2.74	2.44	25	3.01	2.66
8	2.22	2.03	17	2.78	2.47	30	3.10	2.74
9	2.32	2.11	18	2.82	2.50	35	3.18	2.81
10	2.41	2.18	19	2.85	2.53	40	3.24	2.87
11	2.48	2.23	20	2.88	2.56	50	3.34	2.96

当 $\alpha=0.05$ 或 0.01 时，可得到鉴别值 $K_G(n,\alpha)$ 的置信概率 P 分别为 0.95 和 0.99。即按式（2-19）得出的测量值大于按表 2-1 查得的鉴别值 $K_G(n,\alpha)$ 的可能性仅分别为 0.5% 和 1%，说明该数据是正常数据的概率很小，可以认定该测量值为坏值并予以剔除。

注意：若按式（2-19）和表 2-1 查出多个可疑测量数据时，只能舍弃误差最大的可疑数据，然后按剔除后的测量数据序列重新计算 $\overline{X}$、$\hat{\sigma}(x)$，并重复进行以上判别，直到判明无坏值为止。

2.2.5 测量数据的 MATLAB 处理

在实际的实验和工程测量以及电子信号处理中，通常是通过不同的方式测得或采集到一些离散数据点，在对这些数据点进行利用之前，必须先对这些数据点进行分析和处理，如剔除误差较大的或明显不正确的点，以提高数据的准确性；有时由于条件限制，不能通过现有的测量手段得到希望的数据量，则可以通过测量其他的量，并对所测得的数据进行运算，便可间接地得到所希望的数据等等，这些都称为数据处理。目前，可以进行数据处理的数学软件大约有 30 多个，但是比较起来，它们在数值分析、算法处理和绘制图形等方面的效率远远低于 MATLAB 软件。

MATLAB 是美国 MathWorks 公司从 1984 年开始推出的一种高性能数值计算软件，经过多年来的升级、改进和不断完善，现已发展成为集数学运算、图形处理、程序设计和系统建模为一体的著名编程语言软件。MATLAB 以矩阵运算为基础，把计算、可视化、程序设计融合到一个交互的工作环境中，从而实现工程计算、仿真、数据分析及可视化、绘图、应用程序开发等功能。

MATLAB 具有用法简单、灵活、程序结构性强、延展性好等优点，已经逐渐成为科学计算、视图交互系统和程序中首选的编程语言工具。由于它功能强大、适合多学科和多种工作平台，所以在国外的大学里已经成为一种必须掌握的基本编程语言。而在国内的研究设计单位和工业部门中，MATLAB 也已经成为研究和解决工程问题的重要应用软件。MATLAB 在测量数据测试处理领域有着多个方面的应用，具体安装可以参考相关手册，下面介绍 MATLAB 在测试分析技术中常用的几种功能。

（1）简单数值运算

MATLAB 中提供了许多简单的功能函数，可以直接对测量得到的数据进行数值计算，由于其命令名字和英文意思相当，因此命令十分简单。

【例 2-1】 随机测量矿浆管道的公称直径，测得它们（样本）的直径（单位：mm）分别为：74.001，74.005，74.003，74.001，74.000，73.998，74.006，74.002。试求样本的平均值 d、方差 a^2，标准差 a 和平均标准偏差 anp。

解 用 MATLAB 编程如下：

>>d＝[74.001 74.005 74.003 74.001 74.000 73.998 74.006 74.002];k＝8;
>>mean(d)％求平均值
>>a2＝var(d)％方差＝a2
>>a＝std(d)％标准差＝a
>>anp＝a/sqrt(k)％平均标准偏差＝anp
　ans＝
　　74.0020　　％输出平均值
　a2＝
　　6.8571e-006 ％输出方差
　a＝
　　0.0026　　　％输出标准差
　anp＝
　　9.2582e-004　％输出平均标准偏差

（2）数据误差处理

对测量所得的数据进行处理时，有时需要首先找出粗大误差的数据并将其剔除，这样可以增加测量的准确性。判断粗大误差的依据有拉伊达准则和肖维涅（chauvenet）准则，而肖维涅准则的精度更高。下面举例来说明采用肖维涅准则先剔除粗大误差，然后再求平均值和标准误差。

【例 2-2】 有一组电阻测量值为：101.2，101.8，101.3，101.0，101.5，101.3，101.2，101.4，101.3，101.1（单位：Ω）。现求其平均值及其标准误差，如有异常值舍去。

解 用 MATLAB 编程如下：

```
>>R=[101.2 101.8 101.3 101.0 101.5 101.3 101.2 101.4 101.3 101.1];
>>R1=sort(R);%对实验数据递增排序
>>r=R1';
>>n=length(r);
>>mean1=mean(r);
>>std1=std(r);
>>c=log(n-1.69)/2.84+1.22-n/3300;%求肖维涅准则的系数
>>min=mean1-c*std1;%找出具有粗大误差的数据
>>B=find(r<P);
>>m1=length(B);
>>max=mean1+c.*std1;
>>A=find(r>max);
>>m2=length(A);
>>k=r(m1+1/n-m2);%剔除具有粗大误差的数据
>>mean2=mean(k);%求平均值
>>std2=std(k);%求标准误差
>>sprintf('%s%0.1f%s%0.1f%s','R=',mean2,'±',std2,'Ω');%输出结果
ans=
R=101.3±0.2Ω
```

结果符合误差理论的要求，增加了科学性。

（3）绘制数据图

MATLAB 软件拥有强大的绘图功能，可以非常容易地产生在测量数据处理中经常使用的柱形图和散点图，还可以用散点图描绘测量图线。这使得图示图解法在处理测量数据时变得很方便，把一些繁杂的工作变得简单明了。

【例 2-3】 平面光栅单色仪的使用实验中，波长（λ）和光强（I）的数据有几十个，见表 2-2。

表 2-2 波长和光强关系表

λ/nm	300	320	340	360	380	400	420	440	460	480	500	520	540
I	1	2	7	25	62	120	218	368	546	732	919	1096	1252
λ/nm	560	580	600	620	640	660	680	700	720	740	760	780	800
I	1368	1446	1533	1538	1458	1258	988	696	455	266	143	72	42

如果用手工绘图将十分费事，使用 MATLAB 绘图命令就可以很方便地绘出光谱图。

解 用 MATLAB 编程如下：

```
>>x=300:20:800;
>>y=[1,2,7,25,62,120,218,368,546,732,919,1096,1252,1368,1446,1533,1538,
```

1458,1258,988,696,455,266,143,72,42];

$\gg$scatter(x,y,'*');

$\gg$hold on;

$\gg$xi=300:1:800;

$\gg$yi=interp1(x,y,xi,'spline');

$\gg$plot(x,y,'*',xi,yi,'b-');

$\gg$grid on

（4）MATLAB 线性回归分析

① 多元线性回归　在 MATLAB 统计工具箱中使用命令 regress(　) 实现多元线性回归，调用格式

b＝regress(y,x)

或

[b,bint,r,rint,statsl]＝regess(y,x,alpha)

其中，因变量 y 为 $n*1$ 的矩阵；自变量 x 为 $[ones(n,1)，x1，\cdots，xm]$ 的矩阵；n 表示数据点个数；m 表示自变量个数；alpha 为显著性水平（缺省时设定为 0.05）；输出向量 b、bint 为回归系数估计值和它们的置信区间；r、rint 为残差及其置信区间。stats 是用于检验回归模型的统计量，有三个数值，第一个是 $R°$，其中 R 是相关系数，第二个是 F 统计量值，第三个是与统计量 F 对应的概率 P，当 $P<\alpha$ 时拒绝 H_0，回归模型成立。

画出残差及其置信区间，用命令 rcoplot(r,rint)

【例 2-4】　已知某湖八年来湖水中 COD 浓度实测值（y）与影响因素湖区工业产值（$x1$）、总人口数（$x2$）、捕鱼量（$x3$）、降水量（$x4$）资料，建立污染物 y 的水质分析模型。

解　a. 输入数据

x1=[1.376，1.375，1.387，1.401，1.412，1.428，1.445，1.477]

x2=[0.450，0.475，0.485，0.500，0.535，0.545，0.550，0.575]

x3=[2.170，2.554，2.676，2.713，2.823，3.088，3.122，3.262]

x4=[0.8922，1.1610，0.5346，0.9589，1.0239，1.0499，1.1065，1.1387]

y=[5.19，5.30，5.60，5.82，6.00，6.06，6.45，6.95]

b. 保存数据（以数据文件 .mat 形式保存，便于以后调用）

save data x1 x2 x3 x4 y

load data％（取出数据）

c. 执行回归命令

x=[ones(8,1),x1,x2,x3,x4];

或者

x=[x1' x2' x3' x4'];

[b,bint,r,rint,stats]＝regress(y,x)

得结果：

b＝（－16.5283,15.7206,2.0327,－0.2106,－0.1991)'

stats＝(0.9908,80.9530,0.0022)

即最终拟合曲线模型为：

y＝－16.5283＋15.7206＊x1＋2.0327＊x2－0.2106＊x3＋0.1991＊x4

R^2＝0.9908，F＝80.9530，P＝0.0022

② 非线性回归　非线性回归可由命令 nlinfit 来实现，调用格式为

$[beta,r,j]=nlinfit(x,y,'model',beta0)$

其中，输入数据 x，y 分别为 $n×m$ 矩阵和 n 维列向量，对一元非线性回归，x 为 n 维列向量 model 是事先用 m-文件定义的非线性函数，beta0 是回归系数的初值，beta 是估计出的回归系数，r 是残差，j 是 Jacobian 矩阵，它们是估计预测误差需要的数据。

预测和预测误差估计用命令

$[y,delta]=nlpredci('model',x,beta,r,j)$

【例 2-5】 对例 2-4 中 COD 浓度实测值（y），建立时序预测模型，这里选用 logistic 模型。

解 a. 对所要拟合的非线性模型建立的 m-文件 model.m 如下：

function yhat＝model(beta,t)

yhat＝beta(1)./(1＋beta(2)*exp(-beta(3)*t))

b. 输入数据

t＝1:8

load data y%在 data.mat 中取出数据 y

beta0＝[50,10,1]'

c. 求回归系数

$[beta,r,j]=nlinfit(t',y','model',beta0)$

得结果：

beta＝(56.1157,10.4006,0.0445)'

d. 预测及作图

$[yy,delta]=nlprodei('model',t',beta,r,j);$

plot(t,y,'k+',t,yy,'r')

③ 逐步回归　逐步回归的命令是 stepwise，它提供了一个交互式画面，通过此工具可以自由地选择变量，进行统计分析。调用格式为：

stepwise(x,y,inmodel,alpha)

其中 x 是自变量数据，y 是因变量数据，分别为 $n×m$ 和 $n×l$ 矩阵，inmodel 是矩阵的列数指标（缺省时为全部自变量），alpha 为显著性水平（缺省时为 0.5）。

结果产生三个图形窗口，在 stepwise plot 窗口，虚线表示该变量的拟合系数与 0 无显著差异；实线表示有显著差异，红色线表示从模型中移去的变量，绿色线表明存在模型中的变量，点击一条会改变其状态。在 stepwise table 窗口中列出一个统计表，包括回归系数及其置信区间，以及模型的统计量剩余标准差（RMSE），相关系数（R-square），F 值和 P 值。

对不含常数项的一元回归模型，在 MATLAB 中进行回归分析的程序为：

b＝regress(y,x)

[b,bint,r,rint,stats]＝regress(y,x)

[b,bint,r,rint,stats]＝regress(y,x,alpha)

说明

$b＝regress(y,x)$ 返回基于观测 y 和回归矩阵 x 的最小二乘拟合系数的结果。

[b,bint,r,rint,stats]＝regress(y,x) 则给出系数的估计值 b；系数估计值的置信度 95% 的置信区间 bint；残差 r 及各残差的置信区间 rint；向量 stats 给出回归的 R^2 统计量和 F 以及 P 值。

［b，bint，r，rint，stats］＝regess(y，alpha) 给出置信度为 1～alpha 的结果，其他符号意义同上。

结果说明：b 为回归模型中的常数项及回归系数；bint 为各系数的 95％置信区间；r 和 rint 为对应每个实际值的残差和残差置信区间；stats 向量的值分别为拟合优度、F 值和显著性概率 P。

MATLAB 的其他应用功能不再一一列举，感兴趣的读者可以参考 MATLAB 的相关应用手册。

2.3 传感器基础

传感器是一种检测装置，能感受到被测参量的信息，并能将感受到的信息，按一定规律变换成为电信号或其他所需形式的信息输出，以满足信息的传输、处理、存储、显示、记录和控制等要求。其权威的定义为《传感器通用术语》(GB/T 7665—2005) 所描述："能感受规定的被测量件并按照一定的规律（数学函数法则）转换成可用信号的器件或装置，通常由敏感元件和转换元件组成"。

简单来说，若把机械设备看做一个机器人，那传感器就是它的耳、鼻、舌、眼、口等那些可以感触到外围世界的感觉器官。

2.3.1 传感器的分类及组成

如同人们在日常生活中通过感觉器官来感知外界环境，做出相应的判断从而决定下一步如何行动一样。传感器的作用实际上就是机械设备的感觉器官，它能把温度、湿度、压力、重力等等一切外界指标，经电子器件（敏感元件、转换器件、转换电路）的信息转换，将测量到的信息转换为可被传输、处理、识别和利用的电信号，其逻辑关系见图 2-8。为了方便应用，工程上习惯把敏感元件、转换器件和转换电路这三者统一集成在一块电路板上，因此通常情况下传感器拥有较为简洁的外观，如图 2-9 所示。

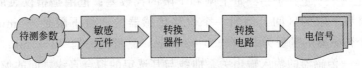

图 2-8 传感器工作原理图

图 2-9 常见传感器图片

（1）敏感元件

敏感元件是一种能够将被测量转换成易于测量的物理量的预变换装置，而输入、输出间具有确定的数学关系（最好为线性相关）。如弹性敏感元件将力转换为位移或应变输出。

（2）转换器件

转换器件的作用是将敏感元件输出的非电物理量转换成电信号（如电阻、电感、电容等）形式。例如将温度转换成电阻变化，位移转换为电感或电容等传感元件。

（3）转换电路

转换电路将电信号量转换成便于测量的电量，如电压、电流、频率等。

当然以上组成形式也不是一成不变的，有的传感器比上述形式复杂得多，而有些传感器仅拥有上述的几个功能模块，比如有的传感器（如热电偶）只有敏感元件，感受被测量时直接输出电动势；有的传感器由敏感元件和转换元件组成，无须基本转换电路，如压电式加速度传感器；还有的传感器由敏感元件和基本转换电路组成，如电容式位移传感器。

传感器的分类方式很多，有按输出量的形式进行的分类、有按工作机理的不同进行的分类、有按转换原理的不同进行的分类、有按信息的传递方式不同进行的分类、有按能量的传递方式不同进行的分类等等。较为常用的分类方式是按其检测的目的进行划分的，如可以将测量压力的传感器统一划分为压力传感器、测量温度的传感器划分为温度传感器等，依次类推，可以划分出位移传感器、速度传感器、湿度传感器、亮度传感器等。

2.3.2　传感器的基本特性及性能

传感器的基本特性可大致分为静态特性和动态特性，在静态作用下显示出的输入输出特性关系称为静态特性；反之，在动态作用下表现出的输入输出特征关系称为动态特性。这里主要介绍静态特性，传感器变换的被测量数值处在稳定状态时，传感器的输入输出关系称为传感器的静态特性。描述传感器静态特性的主要技术指标是：量程和范围、线性度、重复性、迟滞、灵敏度、分辨力、静态误差、稳定性、漂移等。

① 量程和范围——量程是指测量上限和下限的代数差；范围是指仪表能按规定精确度进行测量的上限和下限的区间。例如一个位移传感器的测量下限是−5mm，测量上限是+5mm，则这个传感器的量程为5−(−5)=10mm，测量范围是−5～5mm。

② 线性度——传感器的输入输出关系曲线与其选定的拟合直线之间的偏差。

③ 重复性——传感器在同一工作条件下，输入量按同一方向作全量程连续多次测量时，所得特性曲线间的一致程度。

④ 迟滞——传感器在正向（输入量增大）和反向（输入量减小）行程过程中，其输出/输入特性的不重合程度。

⑤ 灵敏度——传感器输出的变化值与相应的被测量的变化值之比。

⑥ 分辨力——传感器在规定测量范围内，可能检测出的被测信号的最小增量。

⑦ 静态误差——传感器在满量程内，任一点输出值相对理论值的偏离程度。

⑧ 稳定性——传感器在室温条件下，经过规定的时间间隔后，其输出与起始标定时的输出之间的差异。

⑨ 漂移——在一定时间间隔内，传感器在外界干扰下，输出量发生与输入量无关的、不需要的变化。漂移包括零点漂移和灵敏度漂移。由于传感器所测量的非电量有不随时间变化或变化很缓慢的，也有随时变化较快的，所以传感器的性能指标除上面介绍的静态特性所

包含的各项指标外，还有动态特性，它可以从阶跃响应和频率响应两方面来分析。

2.3.3　传感器的选型

现代传感器在原理与结构上千差万别，如何根据具体的测量目的、测量对象以及测量环境合理地选用传感器，是在进行某个量的测量时首先要解决的问题。当传感器确定之后，与之相配套的测量方法和测量设备也就可以确定了。测量结果的成败，在很大程度上取决于传感器的选用是否合理。

（1）根据测量对象与测量环境确定传感器的类型

要进行一个具体的测量工作，首先要考虑采用何种原理的传感器，这需要分析多方面的因素之后才能确定。因为，即使是测量同一物理量，也有多种原理的传感器可供选用，哪一种原理的传感器更为合适，则需要根据被测量的特点和传感器的使用条件考虑以下一些具体问题：量程的大小；被测位置对传感器体积的要求；测量方式为接触式还是非接触式；信号的引出方法，有线或是非接触测量；传感器的来源，国产还是进口，价格能否承受，还是自行研制等。在考虑上述问题之后就能确定选用何种类型的传感器，然后再考虑传感器的具体性能指标。

（2）灵敏度的选择

通常，在传感器的线性范围内，当然是希望传感器的灵敏度越高越好。因为只有灵敏度高时，与被测量变化对应的输出信号的值才比较大，更有利于信号处理。但要注意的是，传感器的灵敏度高，与被测量无关的外界噪声也容易混入，会被放大系统放大，影响测量精度。因此，要求传感器本身应具有较高的信噪比，减少从外界引入的干扰信号。传感器的灵敏度是有方向性的。当被测量是单向量，而且方向性要求较高时，则应选择其他方向灵敏度小的传感器；如果被测量是多维向量，则要求传感器的交叉灵敏度越小越好。

（3）频率响应特性

传感器的频率响应特性决定了被测量的频率范围，必须在允许频率范围内保持不失真的测量条件，实际上传感器的响应总有一定延迟，希望延迟的时间越短越好。传感器的频率响应高，可测的信号频率范围就宽，而且由于受到结构特性的影响，机械系统的惯性较大，所以频率低的传感器可测信号的频率较低。在动态测量中，应根据信号的特点（稳态、瞬态、随机等）响应特性，以免产生过火的误差。

（4）线性范围

传感器的线性范围是指输出与输入成正比的范围。从理论上讲，在此范围内，灵敏度保持定值。传感器的线性范围越宽，则其量程越大，并且能保证一定的测量精度。在选择传感器时，当传感器的种类确定以后，首先要看其量程是否满足要求。但实际上，任何传感器都不能保证绝对的线性，其线性度也是相对的。当所要求的测量精度比较低时，在一定的范围内，可将非线性误差较小的传感器近似看作线性的，这会给测量带来极大的方便。

（5）稳定性

传感器使用一段时间后，其性能保持不变的能力称为稳定性。影响传感器长期稳定性的因素除传感器本身结构外，主要是传感器的使用环境。因此，要使传感器具有良好的稳定性，传感器必须要有较强的环境适应能力。

在选择传感器之前，应对其使用环境进行调查，并根据具体的使用环境选择合适的传感器，或采取适当的措施，减小环境的影响。传感器的稳定性有定量指标，超过使用期后，在使用前应重新进行标定，以确定传感器的性能是否发生变化。在某些要求传感器能长期使用而又不能轻易更换或标定的场合，所选用的传感器稳定性要求更严格，要能够经受住长时间的考验。

（6）精度

精度是传感器的一个重要性能指标，它是关系到整个测量系统测量精度的一个重要环节。传感器的精度越高，其价格越昂贵，因此，传感器的精度只要满足整个测量系统的精度要求就可以，不必选得过高。这样就可以在满足同一测量目的的诸多传感器中选择比较便宜和简单的传感器。

如果测量目的是定性分析的，选用重复精度高的传感器即可，不宜选用绝对量值精度高的；如果是为了定量分析，必须获得精确的测量值，就需选用精度等级能满足要求的传感器。对于某些特殊使用场合，无法选到合适的传感器，则需自行设计制造传感器。自制传感器的性能应满足使用要求。

2.4 测试系统特性

2.4.1 测试系统静态特性

（1）线性度

传感器的静态特性是在静态标准条件下，利用一定等级的标准设备，对传感器进行往复循环测试，得到输入/输出特性（列表或画曲线）。通常希望这个特性（曲线）为线性，这对标定和数据处理会很方便。但实际的输出与输入特性只能接近线性，对比理论直线有偏差，如图 2-10 所示。实际曲线与其两个端尖连线（称理论直线）之间的偏差称为传感器的非线性误差。取其最大值与输出满度值之比作为评价线性度（或非线性误差）的指标。

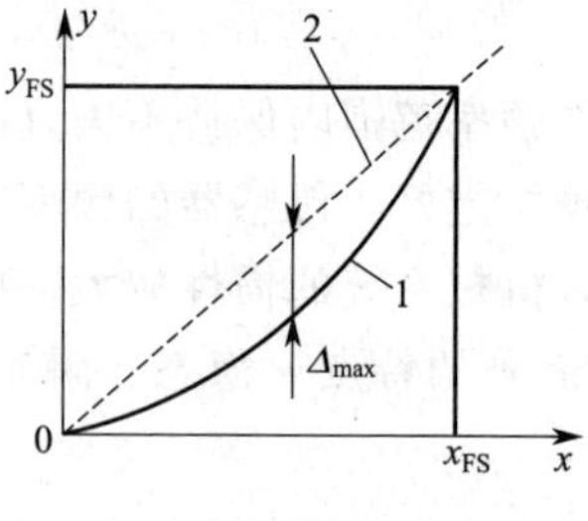

图 2-10 传感器线性度示意图
1—实际曲线；2—理想曲线

$$\gamma_L = \pm \frac{\Delta_{max}}{y_{FS}} \times 100\% \qquad (2\text{-}20)$$

式中 γ_L——线性度（非线性误差）；

y_{FS}——输出满度值；

Δ_{max}——最大非线性绝对误差。

（2）灵敏度

传感器在静态标准条件下，输出变化与输入变化的比值称灵敏度，用 S_0 表示，即

$$S_0 = \frac{输出量的变化量}{输入量的变化量} = \frac{\Delta_y}{\Delta_x} \qquad (2\text{-}21)$$

对于线性传感器来说，它的灵敏度 S_0 是个常数。

（3）迟滞

传感器在正向（输入量增大）、反向（输入量减小）行程中输出/输入特性曲线的不重合程度称为迟滞，迟滞误差一般以满量程输出 y_{FS} 的百分数表示

$$\gamma_H = \frac{\Delta H_m}{y_{FS}} \times 100\% \text{或} \gamma_H = \pm \frac{1}{2} \frac{\Delta H_m}{y_{FS}} \times 100\% \qquad (2\text{-}22)$$

式中，ΔH_m 为输出值在正向、反向行程间的最大差值。

迟滞特性一般由实验方法确定，如图 2-11 所示。

（4）重复性

传感器在同一条件下，被测输入量按同一方向作全量程连续多次重复测量时，所得输出/输入曲线的不一致程度，称为重复性，如图 2-12 所示。重复性误差用满量程输出 y_{FS} 的百分数表示，即

$$\gamma_R = \pm \frac{\Delta R_m}{y_{FS}} \times 100\% \tag{2-23}$$

式中，ΔR_m 为输出最大重复性误差。

重复特性也用实验方法确定，常用绝对误差表示，如图 2-12 所示。

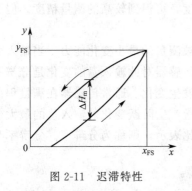

图 2-11　迟滞特性

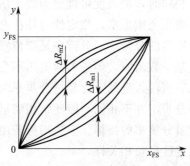

图 2-12　重复特性

（5）分辨力

传感器能检测到的最小输入增量称为分辨力，在输入零点附近的分辨力称为阈值。分辨力与满度输入比的百分数称为分辨率。

（6）漂移

在传感器内部因素或外界干扰的情况下，传感器的输出变化称为漂移。当输入状态为零时的漂移称为零点漂移。在其他因素不变的情况下，传感器的输出随着时间的变化产生的漂移称为时间漂移；随着温度的变化产生的漂移称为温度漂移。

（7）精度

表示测量结果和被测量的"真值"的靠近程度。精度一般是用校验或标定的方法来确定，此时"真值"则靠其他更精确的仪器或工作基准来给出。国家标准中规定了传感器和测试仪表的精度等级，如电工仪表精度分七级，分别是 0.1、0.2、0.5、1.0、1.5、2.5、5 级。精度等级（S）的确定方法是：首先算出绝对误差与输出满度量程之比的百分数，然后靠近比其低的国家标准等级值即为该仪器的精度等级。

2.4.2　测试系统动态特性

所谓动态特性，是指传感器在输入变化时它的输出特性。在实际工作中，传感器的动态特性常用它对某些标准输入信号的响应来表示。这是因为传感器对标准输入信号的响应容易用实验方法求得，并且它对标准输入信号的响应与它对任意输入信号的响应之间存在一定的关系，往往知道了前者就能推出后者。最常用的标准输入信号有阶跃信号和正弦信号两种，所以传感器的动态特性也常用阶跃响应和频率响应来表示。

传感器的线性度：通常情况下，传感器的实际静态特性输出是条曲线而非直线。在实际

工作中，为使仪表具有均匀刻度的读数，常用一条拟合直线近似地代表实际的特性曲线，线性度（非线性误差）就是这个近似程度的一个性能指标。如将零输入和满量程输出点相连的理论直线作为拟合直线，或将与特性曲线上各点偏差的平方和最小的理论直线作为拟合直线，则此拟合直线称为最小二乘法拟合直线。

传感器的灵敏度：灵敏度是指传感器在稳态工作情况下输出量变化 Δy 对输入量变化 Δx 的比值。它是输出/输入特性曲线的斜率。若传感器的输出和输入之间显线性关系，则灵敏度 S 是一个常数。否则，它将随输入量的变化而变化。

灵敏度的量纲是输出、输入量的量纲之比。例如，某位移传感器，在位移变化 1mm 时，输出电压变化为 200mV，则其灵敏度应表示为 200mV/mm。当传感器的输出、输入量的量纲相同时，灵敏度可理解为放大倍数。提高灵敏度，可得到较高的测量精度。但灵敏度愈高，测量范围愈窄，稳定性也往往愈差。

传感器的分辨率：分辨率是指传感器可感受到的被测量的最小变化能力。当输入变化值未超过某一数值时，传感器的输出不会发生变化，即传感器对此输入量的变化是分辨不出来的。只有当输入量的变化超过分辨率时，其输出才会发生变化。通常传感器在满量程范围内各点的分辨率并不相同，因此常用满量程中能使输出量产生阶跃变化的输入量的最大变化值作为衡量分辨率的指标。上述指标若用满量程的百分比表示，则称为分辨率。分辨率与传感器的稳定性呈负相关性。

思考题与习题

2.1　测量方法有哪些？

2.2　什么是测量？矿物加工过程中所涉及的测量对象及方法有哪些？

2.3　简述测试系统的组成。

2.4　简述测量误差的类型及处理方法。

2.5　如何估计一组测量数据的随机误差？

2.6　什么是粗大误差？如何消除？

2.7　测量数据的 MATLAB 软件处理方法有哪些优势？

2.8　传感器的选型原则是什么？

2.9　测试系统的静态特性与动态特性指的是什么？

2.10　已知某粉体搅拌时间 $t=[2\ 4\ 6\ 8\ 10]$min 对应的对水体的吸附率为 $y=[20\%\ 30\%\ 50\%\ 70\%\ 85\%]$。用 MATLAB 软件编程求取搅拌时间—吸附率的光滑曲线，并用一元线性回归方法得到磨矿时间与磨矿细度的函数关系式。

第3章

矿物加工过程主要参数检测

按照矿物的加工过程，要控制和调节的变量很多。矿物加工过程中检测的内容决定于选矿方法，同时也决定于选矿工艺流程。重选厂、浮选厂、磁选厂的工艺过程不同，其可选参数有很大的差异，选矿厂和选煤厂的选矿控制参数也是不同的。在矿物加工过程中，一般要调节的变量主要有：矿仓的料位、矿浆、液体的液位、固体物料的流通量、矿浆及液体的流量、矿石的块度、矿浆中矿砂的粒度、矿浆密度、矿石中金属的含量、矿浆 pH 值、矿浆中有关离子的成分、压力、温度、原矿和滤饼的水分、充气量、真空度等。下面就矿物加工过程需要测试的参数进行阐述。

3.1 矿浆、水流量检测

3.1.1 测试基本原理

矿浆、水流量是指单位时间内流过某管道截面的水（矿浆）的体积或质量，即水（矿浆）体积流量或水（矿浆）质量流量。流体的性质各不相同，如各种矿浆流体的黏度、腐蚀性、导电性等各不一样，很难用同一种方法测量其流量。尤其是工业生产过程中情况复杂，某些场合的池体伴随着高温、高压，甚至是气液两相或液固两相的混合流体流动。目前用于流体测量的检测方法较多，如节流压差法、容积法、速度法、流体阻力法、流体振动法等。

（1）节流压差法

在管道中安装一个直径比管径小的节流件，如文丘里管等。当管道内的流体流经节流件时，由于截面突然缩小，流速将出现局部收缩，流速加快。依据能量守恒定律，动压能和静压能在一定条件下可以互相转换，流速加快必然导致压力降低，于是在节流件前后产生静压差，而静压差的大小和流过的流体流量有一定的函数关系，所以通过测量节流件前后的压差即可求得流量。

流体流经节流装置时的节流现象如图 3-1 所示，当连续

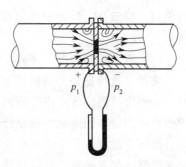

图 3-1　节流装置示意图

流动的流体遇到安插在管道内的节流装置时，由于节流装置的截面积比管道的截面积小，造成流体流通面积的突然缩小，在压头作用下流体的流速增大，挤过节流孔，形成流束收缩。在挤过节流孔后，流速又由于流通面积的增大和流束的扩大而降低。

与此同时，在节流装置前后的管壁处的流体静压力产生差异，形成静压力差 Δp，$\Delta p = p_1 - p_2$，并且 $p_1 > p_2$，此即节流现象。也就是节流装置的作用在于造成流束的局部收缩，从而产生压差。并且流过的流量越大，在节流装置前后所产生的压差也就越大，因此可通过测量压差来衡量流体流量的大小。

（2）容积法

应用容积法可连续地测量密闭管道中流体的流量，它是由壳体和活动壁构成的流体计量室。当流体流经该测量装置时，会在其入、出口之间产生压力差，此流体压力差推动活动壁旋转，将流体一份一份地排出，记录总的排出量，则可得出一段时间内的累积流量。

（3）速度法

测出流体的流速，再乘以管道截面积，则得出流量。对于一定的管道，其截面积是固定的。流量的大小仅与流体的流速大小有关，流速大流量大，流速小流量小。由于该方法是根据流速而来的，故称为速度法。

（4）流体阻力法

这种方法是利用流体流动时，给设置在管道中的阻力体以作用力，而作用力大小和流量大小有关的原理测量流体流量，故称为流体阻力法。常用的靶式流量计其阻力体是靶，由力平衡传感器把靶受的力转换为电量，实现测量流量的目的；转子流量计是利用设置在锥形测量管中可以自由运动的转子（浮子）作为阻力体，它受流体自下而上的作用力而悬浮在锥形管道中的某个位置，其位置高低和流体流量大小有关。

（5）流体振动法

这种方法是在管道中设置特定的流体流动条件，使流体流过后产生振动，而振动的频率与流量有确定的函数关系，从而实现对流体的测量。

① 旋进式　在测管入口处装一组固定的螺旋叶片，使流体流入后产生旋转运动。叶片后面是一个先缩后扩的管段，旋转流被收缩段加速，在管道轴线上形成一条高速旋转的涡线。该涡线进入扩张段后，受到从扩张段后返回的回流部分流体的作用，使其偏离管道中心，涡线发生进动运动，而进动频率与流量成正比。利用灵敏的压力或速度检测元件将其频率测出，即可求得流体流量。

② 卡门涡街式　在被测流体的管道中插入一个断面为非流线形的柱状体，如三角柱体或圆柱体等，称为旋涡发生体。当流体流过柱体两侧时，会产生两列交替出现而又有规则的旋涡列。旋涡分离的频率与流速成正比，通过测量旋涡分离频率可测出流体的流速和瞬时流量。

（6）质量流量测量

质量流量测量分为间接式和直接式。间接式质量流量测量是在直接测出体积流量的同时，再测出被测流体的密度或测出压力、温度等参数，求出流体的质量。因此，测量系统的构成将由测量体积流量的流量计（如节流差压式、涡轮式等）和密度计或带有温度、压力等的补偿环节组成，其中还有相应的计算环节。直接式质量流量测量是直接利用热、差压或动量来检测，如双涡轮质量流量计，它是一根轴上装有两个涡轮，两涡轮间由弹簧联系，当流体由导流器进入涡轮后推动涡轮转动，涡轮受到的转矩和质量流量成正比。由于两涡轮叶片倾角不同，受到的转矩是不同的。因此，使弹簧受到扭转，产生扭角，扭角的大小正比于两个转矩之差，即正比于质量流量，通过两个磁电式传感器分别把涡轮转矩变换成交变电势，两个电势的相位差即是扭角。

3.1.2 测试仪器及测试系统

（1）压差式节流计——标准节流装置

目前节流装置的设计、使用已日趋标准化，图 3-2 为标准节流装置示意图。

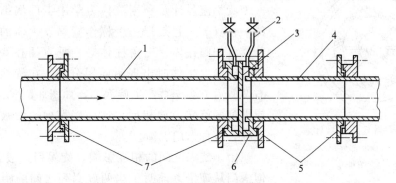

图 3-2 标准节流装置

1—上游直管段；2—导压管；3—孔板；4—下游直管段；5，7—连接法兰；6—取压环室

标准节流装置的使用条件：

① 被检测介质应充满全部管道截面并连续地流动。

② 管道内的流束（流动状态）是稳定的。

③ 在节流装置前后要有足够长的直管段，并且要求节流装置前后长度为两倍管道直径，管道的内表面上不能有凸出物和明显的粗糙不平现象。

④ 各种标准节流装置的使用管径 D 的最小值规定如下。

孔板：$0.05 \leqslant m \leqslant 0.70$ 时，$D \geqslant 50mm$；

喷嘴：$0.05 \leqslant m \leqslant 0.65$ 时，$D \geqslant 50mm$；

文丘里管：$0.2 \leqslant m \leqslant 0.50$ 时，$100mm \leqslant D \leqslant 800mm$。

（2）容积式流量计——椭圆齿轮流量计

椭圆齿轮流量计的工作原理如图 3-3 所示。互相啮合的一对椭圆形齿轮在被测流体压力的推动下产生旋转运动。在图 3-3（a）中，椭圆齿轮 1 两端分别处于被测流体的入口侧与出口侧。

由于流体经过滤量计会有压力降，故入口侧和出口侧压力不等，所以椭圆齿轮 1 将产生旋转，而椭圆齿轮 2 是从动轮，被齿轮 1 带着转动。当转至图 3-3（b）的状态时，齿轮 2 成为主动轮，齿轮 1 变成从动轮。由图可见，由于两齿轮的旋转，它们便把齿轮与壳体之间所形成的新月形空腔中的流体从入口侧推至出口侧。

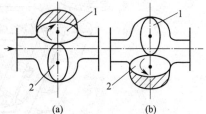

图 3-3 椭圆齿轮流量计

每个齿轮旋转 1 周，就有 4 个这样容积的流体从入口推至出口。因此，只要计量齿轮的转数即可得知有多少体积的被测流体通过仪表。椭圆齿轮流量计就是将齿轮的转动通过一套减速齿轮传动，传递给仪表指针指示检测流体的体积流量。

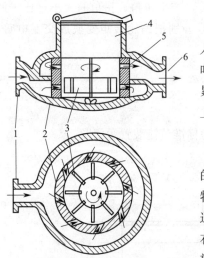

图 3-4　叶轮式流量计

1—进水口；2—筒状部件；3—叶轮；

4—安装齿轮处；5—上排孔；6—出水口

（3）速度式流量计——叶轮式流量计

叶轮式流量计，其结构如图 3-4 所示。自进水口 1 流入的水经筒状部件 2 周围的斜孔，沿切线方向冲击叶轮，叶轮轴经过齿轮逐级减速，带动各个十进位指针以指示累计总流量，齿轮装在图中 4 处，水流再经筒状部件的上排孔 5，汇至总出水口 6。

（4）振动式流量计——旋涡流量计

旋涡流量计是利用流体力学中卡门涡街的原理制作的一种仪表，它是把一个称作旋涡发生体的对称形状的物体（如圆柱体、三角柱体等）垂直插在管道中，流体通过旋涡发生体时出现附面层分离，在旋涡发生体的左右两侧后方会交替产生旋涡列，如图 3-5 所示，左右两侧旋涡列的旋转方向相反。这种旋涡列通常被称为卡门旋涡列，也称卡门涡街。

由于旋涡之间的相互影响，旋涡列一般是不稳定的，但卡门从理论上证明了当两旋涡列之间的距离 h 和同列的两个旋涡之间的距离 L 满足公式 $h/L = 0.281$ 时，非对称的旋涡列就能保持稳定。此时旋涡的频率 f 与流体的流速 v 及旋涡发生体的宽度 d 有下述关系：

$$f = St \frac{v}{d} \qquad (3-1)$$

式中，St 为斯特劳尔数。

（5）质量流量计——直接式质量流量计

在质量流量测量中有时需直接测出质量流量，以提高测量精度和反应速度。科里奥利力（简称科氏）质量流量计就是一种常用的直接式质量流量计。

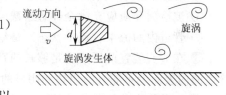

图 3-5　旋涡发生原理

它是根据牛顿第二定律建立的力、加速度和质量三者的关系，来实现对质量计量的装置。科氏质量流量计结构如图 3-6 所示。两根几何形状和尺寸完全相同的 U 形检测管 2，平

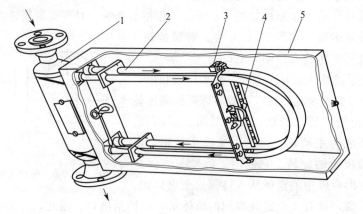

图 3-6　科氏质量流量计结构示意图

1—支承管；2—检测管；3—电磁检测器；4—电磁激励器；5—壳体

行地、牢固地焊接在支承管 1 上,构成一个音叉,以消除外界振动的影响。两检测管在电磁激励器 4 的激励下,以其固有的振动频率振动,两检测管的振动相位相反。由于检测管的振动,在管内流动的每一流体微团都得到一科氏加速度,U 形管便受到一个与此加速度相反的科氏力。由于 U 形管的进、出口所受的科氏力方向相反,从而使 U 形管发生扭转,其扭转程度与 U 形管框架的扭转随性成反比,而与管内瞬时质量流量成正比。在音叉每振动一周的过程中,位于检测管的进流侧和出沉侧的两个电磁检测器各检测一次输出一个脉冲,其脉冲宽度与检测管的扭摆度,亦即瞬时质量流量成正比。利用一个振动计数器使脉冲宽度数字化,并将质量流量用数字显示出来,再用数字积分器积累脉冲数量,即可获得一定时间内质量流量的总量,检测管受力及运动图如图 3-7 所示。

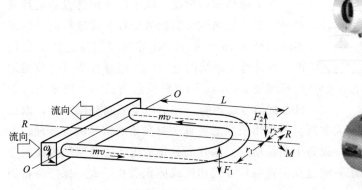

图 3-7　检测管受力及运动图

图 3-8　涡街流量计

3.1.3　应用实例

　　涡街流量计现已广泛使用在矿浆流量测量中,图 3-8 所示的就是上海美河自动化仪表有限公司生产的一组涡街流量计,适用于测量过热蒸汽、饱和蒸汽、一般气体、液体。其特点为:①涡街流量计结构简单、无运动磨损部件。②涡街流量计测量精确度、可靠性高,不需现场调试。③涡街流量计可远距离传输流量信号,能与计算机联网,实现集中管理。④放大板采用独特设计,气、液通用。

3.2　固体物料流量检测

　　散状固体颗粒物料质量流量检测的常用方法主要有四种:失重式、皮带秤式、科里奥利式和冲量式。在这四种测量方法中,皮带秤研究的历史最为悠久,已经有上百年的发展史,在工农业生产中有着广泛的应用。失重式测量方法主要应用在化工、食品加工、冶金等行业的配料加工中,由于机构往往十分庞大,所以无法作为通用的质量流量检测装置。冲量式和科里奥利式是目前比较先进的颗粒物料质量流量检测方法,是目前主流的技术发展方向。

3.2.1　测试基本原理

　　(1)失重式质量流量检测技术

　　失重式质量流量检测技术主要应用在化工、食品加工、冶金等需要进行精确物料配比的行业中,其早期的工作方式普遍采用体积喂料模式(volumetric feeding mode)。在该模式下，喂料装置以恒定转速运转，喂送的物料体积与喂料装置（一般为螺旋喂送器）运转时成正比，该种方式的最大缺陷是工作在开环状态下，喂送精度容易受到物料疏密程度、喂料器转速及物料堵塞等因素的影响。20 世纪 90 年代以后，开始出现了失重式连续配料系统，采用闭环工作方式，可以通过控制电机的转速以恒定的质量流量向外供料。

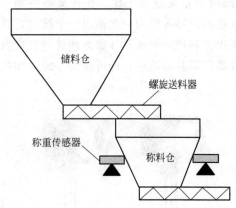

图 3-9 失重式质量流量测量装置工作原理图

图 3-9 是失重式质量流量测量装置的工作原理图，该测量装置工作时首先由储料仓向称料仓快速注入一定量的固体颗粒物料，然后称料仓开始放料，称重传感器检测出物料的减少量，物料在单位时间内的质量减少量便是质量流量，测量的原理和方法都比较简单。

为了提高测量精度，除了改善硬件设备的性能以外，主要是通过增加信号处理和改进控制算法来实现。早在 1990 年 Kalat 等就对测量过程中的随机信号进行了系统的分析，采用直接调节滤波器增益和间接 Kalman 调节滤波器增益的办法来去除随机干扰信号的影响，并给出了控制补偿矩阵，取得了很好的效果。近些年，北京化工大学周星等采用限幅滤波算法对采集的信号进行处理，有效地去除了测量过程中的脉冲干扰，提高了测量精度。国外商品化的设备中普遍采用控制方式切换的工作模式，即称料仓在注料的过程中将喂料方式切换成体积喂料模式，保持喂料的连续性，并通过算法进行补偿。

总体来讲，失重式质量流量测量装置主要应用在水泥、冶金、化工、陶瓷等工业生产过程中，用于大流量的检测与控制，技术上已经比较成熟，但不适宜作为小型化的质量流量实时检测设备，应用范围受到限制。将测量设备接入工业控制网络，采用数字化数据传输、记录，更加智能化的控制模式是其新的应用发展方向。

（2）皮带秤质量流量检测技术

皮带秤起源于 19 世纪末西方工业发展时期，英国在 1907 年公布了第一个自动秤检定规程，1908 年公布了第一个皮带秤专利，到现在皮带秤已历经了百年的发展历史。早期的机械配重式皮带秤被称为第一代皮带秤；20 世纪 50 年代出现的模拟式电子皮带秤被称为第二代皮带秤，并开始使用基于模拟积分放大电路的二次仪表，显示系统的实时流量和累积流量；70 年代，随着微电子和计算机技术的发展，出现了第三代皮带秤——数字式电子皮带秤，皮带秤的显示、控制和报警等功能大大增强；随着近些年计算机技术和网络技术的迅猛发展，皮带秤正开始向网络化、全数字化和智能化方向发展。我国皮带秤的研究起步较晚，20 世纪 50 年代末才开始生产出第一台机械式皮带秤，从 60 年代末开始生产电子式皮带秤。电子皮带秤作为散状固体物料连续称量计量设备，实质上是一种动态计量过程，在实际工作过程中皮带一般具有 $1\sim5m/s$ 的运动速度，甚至更高，因此要求皮带秤既能抵抗皮带跳动带来的影响，又要具有较好的快速响应特性，速度和称量是皮带秤的两个关键因素。

现代电子皮带秤的基础理论和主体机械结构方面的研究于 20 世纪 80 年代取得了重要进展，并形成了比较完善的理论体系和优化的机械结构。基础理论研究主要是关于影响皮带秤测量精度的因素和皮带秤测力系统模型方面的研究。Philips 公司于 20 世纪 60 年代中期便开展了此领域的系统研究，获得了皮带秤方面的专门知识，形成了具有 Philips 特色的电子皮带秤；英国 Abbortt 博士领导的科研小组从 20 世纪 80 年代开始从事皮带秤基础理论方面的研究，为皮带秤的测量误差理论做出了重要贡献，为提高皮带秤的测量精度提供了理论依据；美国 Thayer 衡器公司的 Hyer 博士和美国著名的衡器专家 Colijn 则在 80 年代分别建立了基于应变能和简支梁理论的皮带秤重力数学模型；相比之下国内没有专门的基础理论研究工作。主体机械结构主要是指皮带秤的称重装置，也称为秤架，它决定皮带秤的载荷检测方法，影响皮带秤的测量精度。早期皮带秤大多采用单托辊杠杆式秤架，该类秤架容易受到"皮带效应"的影响，其精度和稳定性程度均不高。为了克服单托辊秤架的缺点，国内外的一些衡器制造公司相继推出了双杠杆、全悬浮等多种多托辊秤架结构。总的来说，皮带秤目前已经形成了被广泛接受的标准结构形式和应用基础理论，处于比较成熟的阶段。

当前对如何提高皮带秤的测量精度方面的研究主要集中在信号处理和控制方法的研究上。从理论上讲，皮带秤的测量精度取决于物料的质量和皮带的速度的精确程度，在实际运行中，皮带秤作为计量装置时，一般在恒定速度下运转，恒定的转速通过闭环控制来实现；当皮带秤作为配料秤使用时，往往需要皮带秤保持一个恒定的配送流量，通过调节皮带秤的运转速度达到精量控制的目的，在这种情况下，速度控制的稳定性和快速响应性是保证配料精度的关键。速度是可控制量，可以通过控制算法的改进提高皮带驱动电机速度的稳定性和动态响应特性；物料的动态称量过程是不可控的，称重传感器的动态响应过程取决于传感器的性能，如何快速有效地获取传感器的稳态示值，主要通过动态补充或滤波等措施来实现。国内外针对如何提高皮带秤的测量精度主要也就体现在滤波和控制算法两个方面。

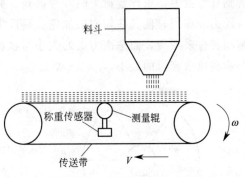

图 3-10　皮带秤的工作原理图

皮带秤的工作原理图如图 3-10 所示，皮带秤的测量辊安装在称重传感器上用来感测皮带上方的颗粒物料质量，从而计算出皮带上方物料的单位长度上的载荷，皮带驱动控制器使物料传送皮带以速度 $v(t)$ 运转。皮带秤质量流量的计算公式可表示为下式：

$$q(t) = \frac{m(t)v(t)}{l} \tag{3-2}$$

式中　$q(t)$——瞬时质量流量，kg/s；

　　　$m(t)$——皮带上方的瞬时物料质量，kg；

　　　l——皮带的传送长度，m。

(3) 科里奥利质量流量检测技术

科里奥利质量流量计是应用科里奥利力（简称科氏力，Coriolis force）而设计的一类流量检测设备。由于其可以直接测量质量流量、在较大的流量范围内都能保持较高测量精度的特点，科氏质量流量计被认为是当前测量颗粒物料质量流量最先进的测量方法。科氏力由法国数学家、工程师 G. Coriolis 于 1835 年发现，而将科氏力应用于流量仪表的开发则开始于 20 世纪 50 年代初，到 70 年代首先由美国的 MicroMotion 公司推出应用于流体测量的质量流量计。而对于散状固体颗粒物料的测量技术则要晚一些，其技术实现的难度要比流体类的测量要大，其理论研究和科氏流体物料质量流量计的研究同步，即开始于 20 世纪 50 年代，但是由于计算机技术方面的原因，商品化应用直到 90 年代才开始，目前主要产品为德国申克（Schenck）公司的 MultiCor 型质量流量计。

相对于流体类科里奥利质量流量而言，科氏固体颗粒物料质量流量计的相应研究则要少得多，查阅近 20 年来的国外文献资料，几乎没有关于科氏固体颗粒物料质量流量计理论推导和误差分析方面的文献，20 世纪 90 年代后期才有相关的理论和实际应用方面的论文。文章的发表时间和商用化产品推向市场的时间几乎是同步的，而这些文献都是由开发厂家的技术人员所写的，理论推导十分简单，大多是有针对性地介绍具体测量装置的性能和应用的实例，其典型的应用领域是水泥厂和面粉加工厂等需要有大流量物料计量和配送的场合，测量的固体物料对象以粉体材料为主。

科里奥利固体颗粒物料质量流量计中有一个旋转的计量盘，计量盘由分料盘和一些围绕在分料盘周围的导向叶片组成（图 3-11），中心引出一驱动轴，由安装在其壳体上方的电机来驱动。计量盘是内部全封尘设计的，在其一侧的上方有一偏心的进料口，而在其底部有一中心出口的排料锥体（图 3-12）。计量盘在恒定的角速度下旋转，被计量的固体物料由上部落到计量盘上，被计量盘上的叶片捕获，并由于离心力的作用使其沿径向被加速，同时由于科氏力的作用，使其在切向被加速。科氏力在切线方向上产生一个反作用扭矩，这个扭矩由驱动装置来平衡，而平衡力矩的大小与物料的质量流量相关，找出两者的相互关系便可检测出物料质量流量的大小。

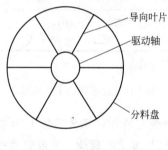

图 3-11　计量盘示意图

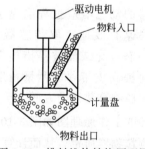

图 3-12　排料锥体结构原理图

（4）冲量式质量流量检测技术

冲量式固体颗粒质量流量计是利用从一定高度下落的物料的冲力与质量流量之间的正比关系来实现测量的。冲量式固体颗粒质量流量计的研究开始于 20 世纪 60 年代初，刚开始研究时测量部件直接感测物料下落时的垂直分力，理论上虽然可行，但实际应用中物料容易黏结而造成比较严重的零点偏移和误差，限制了其应用发展。到 20 世纪 80 代开始，利用物料冲力水平分力感测物料流量的测量方法诞生，使冲量法的应用和研究得到普遍关注。目前，冲量式质量流量计在电力、采矿、化工、水泥、冶金等领域得到了广泛的应用，对固体颗粒物料质量流量的测量而言，它成了普遍程度仅次于皮带秤的测量方法。和其他常用测量方法一样，冲量式质量流量检测方法在理论和技术上都是成熟的，近十几年来国内外都没有做理论性的深入研究，国外主要是在一些应用领域做些有针对性的、以提高测量精度为目的的应用研究。将冲量式质量流量计应用到精确农业测产系统中是目前最受关注的研究方向，近几年国内也有不少研究人员开始从事该领域的研究，但远没有国外的研究深入而系统。相对而言，国内更多的研究是针对非闸间质量流量的测量，在引进设备的基础上进行国产化或自主知识产权方面的研究工作相对较多，早期国产化的一些设备往往在精度上不够理想。近些年来，一些高校进行了改进传感器的类型、引入先进的数据传输方式、对流量实行闭环控制等全方位的自主研究，使流量计的性能有了显著的提升。随着 20 世纪 90 年代精细农业技术的发展，农田作物产量信息采集作为精细农业的一个重要环节，绘制产量图的重要步骤和前提，正在受到统一关注。精细农业测产系统方面的研究成为冲量式质量流量检测技术的一个新的应用领域，测量系统安装在联合收割机上以后，借助 GPS 系统实现田间作物产量的实时定位测量，目前主要是针对谷物的质量流量和产量的测量。虽然，在这个领域也有其他测量方法的应用，如光电式容积法、核辐射法等，但这些方法的测量精度容易受到谷物含水率等物理特性的影响，冲量式质量流量计对这些因素相对不敏感，可以适应多灰尘的恶劣工作环境，因此受到普遍的关注和应用，是联合收割机测产系统中应用最广泛的质量流量传感器。测量方法结构原理如图 3-13 所示。

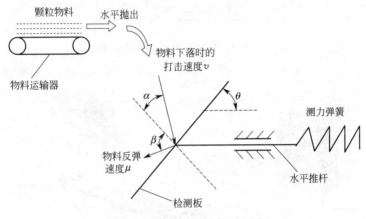

图 3-13　测量方法结构原理图

3.2.2　测试仪器及测试系统

（1）失重式质量流量计

失重式测量方法在使用过程中，称料仓是不能添加物料的，当称料仓物料达到下限时，由储料仓快速加料至上限位置然后继续工作，这势必造成称量配料的不连续性，这是该类测量装置的主要缺陷。为了解决这一问题，国外商品化的设备中普遍采用控制方式切换的工作模式，即料仓在注料的过程中将喂料方式切换成体积喂料模式，保持喂料的连续性，并通过算法进行补偿。国内李新桥等为实现超细粉体材料的配比而设计的失重配料系统也采用了相同的办法，为了提高使用的灵活性，在计算机内部还存储了针对不同物料配比时注料过程的控制模式。采用这种切换工作模式的缺点是：为保证控制精度，必须使注料过程尽可能短，从而造成大的冲击，同时改变了下层物料的疏密程度，增加了注料过程的测量误差。图 3-14 就是一款智能自动控制送料的新型失重式质量流量计。

（2）皮带秤质量流量计

阵列式皮带秤是一种新型的电子皮带秤，它的精度可以达到 0.2 级，远远超过其他电子皮带秤，如图 3-15 所示。阵列式皮带秤的出现解决了普通电子皮带秤精度不高、结果不稳定等问题，为工业生产、码头贸易等提供了极大的便利。

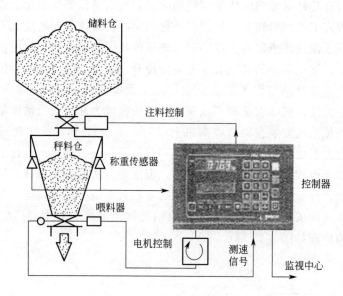

图 3-14　新型失重式质量流量计

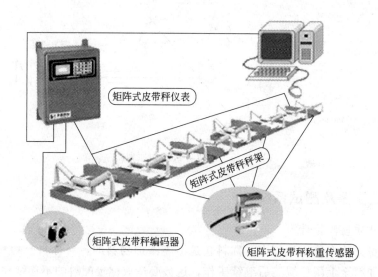

图 3-15　阵列式皮带秤质量流量计

（3）科里奥利流量计

图 3-16　高准 T 系列科里奥利流量计

图 3-16 所示的是西安高准机电科技有限公司生产的高准 T 系列科里奥利质量流量计，它的内置平衡杆成就了最佳的单直管质量流量测量，减少了过程控制中的可变性综合的卫生型应用范围，易于进行在线清洗（CIP）和在线杀菌（SIP），通过 EHEDG 认证、3 A 授权以 ASME BPE 设计认证，直径与适合在任何方位排水的标准工艺管道相匹配，自排空设计实现了快速的产品转换，无外形影响，单流量通道易于机械清洁，高度抛光的表面适于超纯介质。

（4）冲量式质量流量计

图 3-17 所示的是辽阳自动化仪表集团有限公司生产的 LFD 型粉体冲量式流量计，适用于冶金、石化、水泥、粮食等工业生产过程中颗粒不大的固体粉料进行在线连续测量。流量计算仪可显示瞬时流量、累积流量并输出与流量成比例的 4～20mA DC 信号；LFD-A 型流量变送器（一次表）可直接输出与流量成比例的 4～20mA DC 电流信号，与计算机、流量计算仪配套，显示瞬时流量、累积流量；流量计可与调节器和给料机配套，实现对固体质量流量的计量、配料定量控制、流量调节等功能。

图 3-17 LFD 型粉体冲量式流量计

3.3 温度检测

温度是表征物体冷热程度的物理量，是物体内部分子无规则运动剧烈程度的标志，与自然界中的各种物理和化学过程相联系。温度也是矿物加工过程中最常遇到的测量参数之一。

3.3.1 概述

3.3.1.1 温度对矿物加工工艺流程的影响

温度变化对矿山工业生产工艺如磨矿、分级、浓密及浮选等有重大影响，在矿物富集和精选过程中的影响更为突出。矿物选矿质量和生产运行水平明显地与矿物回收率和品位有关。大量关于温度对矿物加工影响的研究工作已经或正在进行。世界各地正在建设中的现代矿物加工厂，只要其所在地的昼夜或季节温度变化剧烈，圆锥式破碎机就能考虑出解决办法，因而能优化选矿生产。

如果温度低于设计温度时会引起下列不良情况：

① 磨矿时细粒比例减小。

② 机械及水力分级、水力循环及其他分级形式效率降低。

③ 浮选精矿指标降低、浮选时间延长，浮选槽能力降低以及药剂消耗量增加。

④ 过滤速度降低，滤饼温度加大。

⑤ 浓度时间加长，沉降速度降低，浓缩溢流含细粒物料。

⑥ 循环水中游悬浮物（细粒），化学组成发生变化。

⑦ 选矿总效率降低。

温度对悬浮液或矿浆的物理、化学及物理-化学性质有明显的影响。可观测到密度和黏度、溶解性（溶解度和速度）、结晶率、吸附性、湿度、沉降形式、颗粒运动形式、表面活化剂被界面吸收率、表面张力以及动作电位等均有影响。上述影响及变化，对矿浆的分级、分离、浓密、选矿富集到的回收率和品位影响很大。温度下降对选矿参数的影响见表 3-1。

表 3-1 温度下降对选矿参数的影响

参数 / 流程	黏度	细粒含量	沉降速度	溢流中细粒含量	过滤速度	滤饼湿度	浮选指标	药剂可溶性	停滞时间
磨矿	↑	↓							↑
浓密	↑		↓	↑					↑
过滤	↑				↓	↑			↑
浮选	↑						↓	↓	↑

随着矿浆温度的降低，矿浆的黏度加大，产品中细粒部分下降。这直接造成磨矿能力降低、磨矿时间延长、矿物解离不充分、分级工序入流粒级分布不平衡等，从而使磨矿负荷增大。

相关工厂与实验室试验结果表明，随着温度的上升，水力旋流器的分离点呈直线下降趋势，而特性曲线下降形式不变。这种影响是由于矿浆随温度的变化引起黏度的变化而决定的。

温度变化引起的矿浆黏度以及化学组分的变化不可避免地影响磨矿效率，而影响的程度则取决于温度的高低。解决方法有：降低进料流速、延长磨矿时间、增大磨矿能力、预热矿浆、使用化学添加剂以及提高闭路循环速度等，但是这些方法自然地会加大成本。

3.3.1.2　温标

温度的测量是以热平衡为基础的。温标是衡量物体温度高低的标准尺度，是温度的数值表示方法。温标主要包含两个方面的内容：一是给出温度数值化的一套规则和方法；二是给出温度的测量单位。

建立温标的过程是十分曲折的，从 17 世纪的摄氏温标、华氏温标、热力学温标、1968 国际实用温标到 1990 国际温标，反映了测温技术的漫长发展过程。

① 摄氏温标　摄氏温标以水银为测温物质。规定水的冰点为 0℃，水的沸点为 100℃，将这两点间的水银体积均分 100 格，每格定为 1 度，记为 1℃，一般用 t 表示。摄氏温标是工程上最通用的温度标尺。

② 国际温标　1990 国际温标（ITS-90）是以热力学理论为基础，规定以气体温度计为基准仪器，理想气体的压力为零时所对应温度为绝对零度，水的三相点（固、液、气三相平衡点）温度为 273.16℃，在这两点间均分 273.16 格，每格称 1 "开尔文"（K），一般用 T 表示。国际温标还规定了多个固体点作为温度的基准点，例如，以铜的凝固点为 1357.77K（1084.62℃），氧的三相点为 54.3548K（−218.7961℃）等。规定了四个温区，第一温区：0.65～5K；第二温区：3.0～24.5561K；第三温区：13.8033～1234.93K；第四温区：961.78K 以上。对每一温区规定了标准仪器及相应的差值公式进行温度分度，以达到连续测温的目的。

国际温标同时使用国际开尔文温度（T_{90}）和国际摄氏温度（t_{90}），它们的单位分别为开尔文（K）和摄氏度（℃），其相互关系为 $t_{90} = T_{90} - 273.15$。如水的三相点温度，即可表示为 273.16K，也可表示为 0.01℃。

人们发现许多物质的物理性质与温度有关，这是测量温度的基础，因此出现了各种温度计。若按测温元件是否与被测介质接触分，有接触式测温和非接触式测温两大类。各种工业测温方法中，热电偶、热电阻使用最广泛。工业上常用的测温方法见表 3-2。

表 3-2　工业上常用的测温方法

测温方式	温度计或传感器	测温范围/℃	主要特点
接触式	热膨胀式 ①液体膨胀式（玻璃温度计） ②固体膨胀式（双金属温度计）	−100～600 −80～600	结构简单，价廉，一般用于直接读数
	压力式 ①气体式 ②液体式	−200～600	耐振，价廉，准确度不高，滞后性大，可转换成电信号
	热电偶	−200～1700	种类多，结构简单，价廉，感温部小，广泛用于电测
	热电阻 ①金属热电阻 ②半导体热敏电阻	−260～600 −260～350	种类多，精度高，感温部较大，广泛用于电测 体积小，响应快，灵敏度高，广泛用于电测
非接触式	辐射式温度计 ①光学高温计 ②比色高温计 ③红外光电温度计	−20～3500	不干扰被测温度场，可对运动体测温，响应较快。温度计结构复杂，价高，需定标修正测量值

3.3.2　接触式测温技术

温度最本质的性质是当两个冷热程度不同的物体接触后就会产生导热换热，换热结束后两物体处于热平衡状态，即它们具有相同的温度。接触式测温法就是利用这一原理工作的。接触式测温常用热电偶或热电阻作为感温元件。

热电阻是中低温常用的一种温度传感器，其工作原理是基于电阻的热效应，即电阻的阻值随着温度的变化而变化。热电阻的构成包括电阻体（最主要部分）、瓷绝缘套管、接线盒 3 部分，见图 3-18。常用的热电阻是铂、铜等金属热电阻。工业用的热电阻也是标准化的。铜电阻有 Cu_{50} 和 Cu_{100} 两种分度号，分别表示在 $t=0℃$ 时铜电阻的阻值分别为 50Ω 和 100Ω。同样的，铂电阻有 Pt_{10}、Pt_{100} 和 Pt_{1000} 三种。它们在不同温度下的电阻值的表格形式也称分度表。其中最广泛的是 Pt_{100} 热电阻。

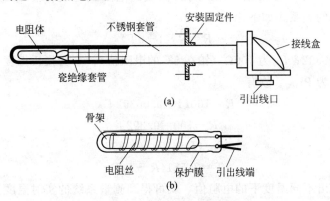

(a)

(b)

图 3-18　热电阻结构示意图

利用导体或半导体的电阻率随温度变化的性质测温的方法，称为热电阻测温法。测温元件可分为金属热电阻和半导体热敏电阻。热电阻的测温范围主要在中、低温区域。绝大多数金属只有正的电阻温度系数，温度越高电阻越大。利用这一规律可制成电阻温度传感器。

电阻温度传感器（RTD）是最精确的一种方法。在 RTD 中，器件电阻与温度成正比。

RTD 最常用的电阻材料是铂，其次是铜，有些还可用镍。RTD 拥有很宽的温度测量范围，根据其构造，RTD 可测量-270~850℃的温度范围。

热电阻的材料要求电阻温度系数大；电阻率尽可能大；热容量要小；在测量范围内，应具有稳定的物理和化学性能；电阻与温度的关系最好接近于线性；应有良好的可加工性。

采用 RTD 测量温度的方法基本都是让电流通过 RTD 并测量其电压。常用的线路连接方法有二线法、三线法和四线法。

3.3.2.1 Pt_{100} 热电阻

（1）Pt_{100} 热电阻的基本原理

一般金属导体具有正的电阻温度系数，即电阻率随温度的升高而增加。在一定温度范围内，电阻与温度的关系为：

$$R_t = R_0 + \Delta R_t \tag{3-3}$$

或可写成：

$$R_t = R_0(1 + \alpha T) \tag{3-4}$$

式中　R_t——温度为 t 时的电阻值，Ω；

　　　R_0——温度为 0℃时的电阻值，Ω；

　　　α——电阻温度系数。

铂热电阻是利用铂丝的电阻值随着温度的变化而变化这一基本原理设计和制作的，按 0℃时的电阻值 $R(\Omega)$ 的大小分为 10Ω（分度号为 Pt_{10}）和 100Ω（分度号为 Pt_{100}）等，测温范围均为-200~850℃。10Ω 铂热电阻的感温元件是用较粗的铂丝绕制而成，耐温性能明显优于 100Ω 的铂热电阻，主要用于 650℃以上的温区；100Ω 铂热电阻主要用于 650℃以下的温区，虽也可用于 650℃以上温区，但在 650℃以上温区不允许有 A 级误差。100Ω 铂热电阻的分辨率比 10Ω 铂热电阻的分辨率大 10 倍，对二次仪表的要求相应地小一个数量级，因此在 650℃以下温区测温应尽量选用 100Ω 铂热电阻。

因铂热电阻在热电阻中的精度是最高的，并且具有抗振动、稳定性好、耐高压的特点，所以被制成各种标准温度计供计量和校准使用。

Pt_{100} 温度传感器是一种用铂（Pt）材料做成的电阻式温度传感器，属于正电阻系数，其电阻和温度变化的关系式如下：

$$R = R_0(1 + \alpha T) \tag{3-5}$$

式中，$\alpha = 0.00392$；R_0 为 100Ω（铂在 0℃的电阻值）；T 为摄氏温度，因此铂做成的电阻式温度传感器称为 Pt_{100}。故有

$$R = 100(1 + 0.00392T)$$
$$R - 100 = 0.392T$$
$$T = (R - 100)/0.392$$
$$T = 2.551(R - 100)$$

因此，只要测出不同温度下的电阻值，就可得到测量系统的实时温度。

Pt_{100} 热电阻在 0℃的电阻阻值为 100Ω，在 0~100℃变化时，最大非线性偏差小于 0.5℃。Pt_{100} 热电阻与热电偶不同，属于无源传感器，在使用时需要设计额外的激励来产生电信号输出。

总体来说，在 $0℃ \leqslant t \leqslant 850℃$ 温度区间中，Pt_{100} 的阻值与温度并不是绝对的线性关系而是一条抛物线。Pt_{100} 阻值与温度的关系为：

$$R = 100(1 + At + Bt^2) \tag{3-6}$$

其中，$A = 3.90802 \times 10^{-3}$；$B = -5.80 \times 10^{-7}$。

当温度在 $0 \sim 850\,℃$ 范围时，可使用线性关系式。

其实对于所有的热电阻而言，其电阻与温度的关系公式都是：

$$R_t = R_0(1 + At + Btt)，\text{或 } R_t = R_0[1 + At + Btt + C(t - 100)ttt]$$

式中，t 为摄氏温度；R_0 为 $0\,℃$ 时的电阻值；A、B、C 都为规定的系数。

Pt_{100} 测温原理是根据其电阻值得到温度值，因此需要精确知道 Pt_{100} 的电阻值，知道 Pt_{100} 电阻值后就可以求出相对应的温度值。但是一般情况下电阻值并不能直接测量，因此需要转换电路，将电阻值变为单片机可以检测的电压信号。之前提到的二线法、三线法和四线法均属于测量电阻值的转换电路的连接方式。惠斯通电桥电路是一种可以精确测量电阻的仪器。

采用 Pt_{100} 进行温度测量的系统原理图见图 3-19。

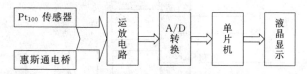

图 3-19　Pt_{100} 系统原理图

（2）Pt_{100} 与单片机（PLC）模拟量输入模块的连接

使用 RTD（Pt_{100}）测量温度的方法有多种。第一种是让电流通过 RTD 并测量其上电压的二线电阻测温方法，如图 3-20 所示。

该法的优点是仅需要使用两根导线，因而容易连接与实现。缺点是引线内阻参与温度测量，从而引入一些误差。

电阻温度计的二线制连接：对于二线制连接，必须在模块前连接器上的端子 M＋ 和 I_c＋ 之间插入一个连接插头，在端子 M－ 和 I_c－ 之间插入另一个连接插头，如图 3-21 所示。

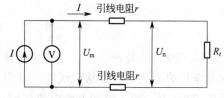

图 3-20　典型二线电阻测温方法示意图

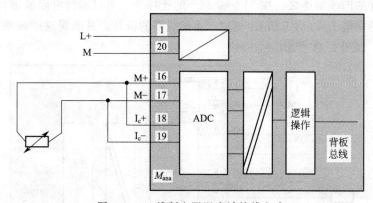

图 3-21　二线制电阻温度计接线方式

二线方法的一种改进就是三线方法，即第二种用 RTD 测量温度的方法。

所谓三线制接法，就是热电阻作为桥路的一个桥臂，从现场热电阻两端引出三根材质、

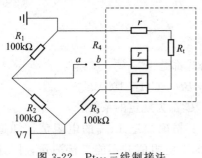

图 3-22　Pt_{100} 三线制接法

长短、粗细均相同的连接导线，其中两根导线被接入相邻的两对抗桥臂中，另一根与测量桥路电源负极相连，如图 3-22 所示。实际测量时的三线制接法也可采用让电流通过电阻并测量其电压的方法，但使用第三根线需对引线电阻进行补偿。由于流过两桥臂的电流相等，因此当环境温度变化时，两根链接导线因阻值变化而引起的压降变化相互抵消，不影响测量桥路输出电压的大小。这种引线方式可以较好地消除引线电阻的影响，提高测量精度。所以工业热电阻大多采取这种方法。

电阻温度计的三线制连接：对于三线制连接，通常必须在 M－ 和 I_c－ 之间放一个连接插头。进行连接时，确保连接线路 I_c＋ 和 M＋ 直接连接到电阻温度计，如图 3-23 所示。

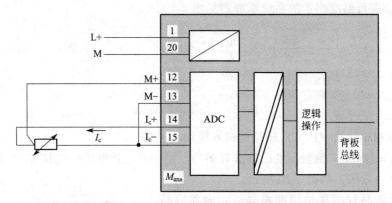

图 3-23　三线制电阻温度计接线方式

第三种方法是四线法，与其他两种方法一样，四线法中也同样采用让电流通过电阻并测量其电压的方法。但是从引线的一端引入电流，而在另一端测量电压。电压是在电阻温度传感器 RTD 上，而不是和电源电流在同一点上测量，这意味着将引线电阻完全排除在温度测量路径以外。换句话说，引线电阻不是测量的一部分，因此不会产生误差。四线法有助于消除温度测量中的大部分噪声与不确定性。

电阻温度计的四线制连接：在 M＋ 和 M－ 的连接处，可以测量电阻温度计产生的电压。进行连接时，请观察 I_c＋/M＋ 和 I_c－/M－ 连接线路的极性，并确保这些线路是直接与电阻温度计相连接，如图 3-24 所示。

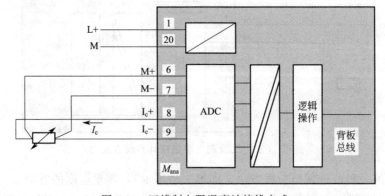

图 3-24　四线制电阻温度计接线方式

对于四线制连接和三线制连接，模块通过端子 I_c+ 和 I_c- 提供恒定电流，这样可以在测量电路的电压突降时给予补偿。此时必须将恒定电流电缆直接连接到电阻温度计上。与二线制测量相比，使用三线制或四线制元件补偿测量返回的结果更加精确。

无论是采用二线、三线还是四线配置，RTD 都是一种稳定而又精确的测温器件，其测试电阻均为：$R_{test}=U_m/I=U_n/I=R_t$。

（3）Pt_{100} 热电阻的技术参数及特点

Pt_{100} 温度传感器的主要技术参数如下。测量范围：$-200 \sim +850℃$；允许偏差值 $\Delta/℃$：A 级 $\pm(0.15+0.002|t|)$，B 级 $\pm(0.30+0.005|t|)$；热响应时间 $<30s$；最小置入深度：热电阻的最小置入深度 $\geqslant 200mm$；允通电流 $\leqslant 5mA$。另外，Pt_{100} 温度传感器还具有抗振动、稳定性好（耐酸碱、不会变质、相当线性）、准确度高、耐高压等优点。

在此应该注意电流不能大于 $5mA$，而电阻是随温度变化的，所以电压也要注意。为了提高温度测量的准确性，应使用 1V 电桥电源、A/D 转换器的 5V 参考电源要稳定在 1mV 级；在价格允许的情况下，Pt_{100} 传感器、A/D 转换器和运放的线性度要高。同时，利用软件矫正其误差，可以使测得温度的精度在 $\pm 0.2℃$。

（4）铂热电阻的类型及应用特点

除了铂热电阻的分度外，感温元件骨架的材质也是决定铂热电阻使用温区的主要因素，常见的感温元件骨架有陶瓷元件、玻璃元件、云母元件等，由铂丝分别绕在不同的骨架上再经过复杂的工艺可加工成不同的铂热电阻。由于骨架材料本身的性能不同，陶瓷元件铂热电阻适用于 850℃ 以下温区，玻璃元件铂热电阻适用于 550℃ 以下温区。近年来市场上还出现了大量的厚膜和薄膜铂热电阻感温元件，厚膜铂热电阻元件是用铂浆料印刷在玻璃或陶瓷底板上，薄膜铂热电阻元件是用铂浆料溅射在玻璃或陶瓷底板上，再经光刻加工而成，这种感温元件仅适用于 $-70 \sim 500℃$ 温区，但这种感温元件用料省、可机械化大批量生产、效率高、价格便宜。

就结构而言，铂热电阻还可以分为工业铂热电阻和铠装铂热电阻。工业铂热电阻也叫装配铂热电阻，即是将铂热电阻感温元件焊上引线组装在一端封闭的金属管或陶瓷管内，再安装上接线盒而成；铠装铂热电阻是将铂热电阻元件、过渡引线、绝缘粉组装在不锈钢管内再经模具拉实的整体，具有坚实、抗震、可绕、线径小、使用安装方便等优点。

3.3.2.2 铂铑 10-铂热电偶

热电偶是工业上最常用的温度检测元件之一。热电偶工作原理是基于赛贝克（Seeback）效应，即两种不同成分的导体两端连接成回路，如两连接端温度不同，则在回路内产生热电流的物理现象，如图 3-25 所示。热电偶是电势输出型感温元件，动态响应较快，性能稳定，易于实现自动测量，是工程技术中首选的测温元件。

热电偶的输出电势较小，仅为几毫伏或几十毫伏，因此特别要注意防止周围电磁场的干扰，要根据所用的测试线路对所测热电势适当放大。

热电偶在使用中具有以下优点：

① 测量精度高　因热电偶直接与被测对象接触，不受中间介质的影响。

② 测量范围广　常用的热电偶从 $-50 \sim +1600℃$ 均可连续测量，某些特殊热电偶最低可测到 $-269℃$（如金铁镍铬），最高可达 $+2800℃$（如钨-铼）。

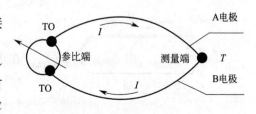

图 3-25　热电偶工作原理

③ 构造简单，使用方便　热电偶通常是由两种不同的金属丝组成，而且不受大小和开头的限制，外有保护套管，用起来非常方便。

（1）热电偶测温基本原理

将 A、B 两种材料的导体或半导体首尾相接，构成闭合回路，如图 3-26 所示，导体两

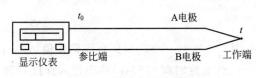

图 3-26　热电偶测温回路

接点温度为 t 及 t_0，记 t 为热端（又称工作端），t_0 为冷端（又称参考端）。当两接点之间存在温差即 $t \neq t_0$ 时，回路内就会产生电动势，因而在回路中形成一定大小的电流，这种现象称为热电效应。热电偶就是利用这一效应来工作的。将 A、B 两导体称为热电极，由 A、B 导体组成的回路称热电回路。

热电偶产生的热电势由两导体接触电势和单一导体温差电势组成。金属导体存在大量的自由电子，不同导体的自由电子密度也不同。当 A、B 两种导体接触时，自由电子会穿过接触面相互扩散，且由密度大的（假设为 A）导体向密度小的（假设为 B）导体扩散，导体 A 失去较多电子将带正电，导体 B 则带负电。于是在接触点将形成电场，电场方向由 B 指向 A。显然，该电场将阻碍电子的进一步扩散。这种扩散与阻碍扩散的最后结果使 A、B 间电子的双向运动达到动态平衡，在 A、B 的两接点间形成稳定的电位差，这就是接触电势。接触电势的大小既与材料 A、B 有关，也与接触点温度有关，通常记作 $e_{AB}(t)$，A、B 分别表示正极、负极。热电偶回路中两接点接触电势如图 3-27 所示。

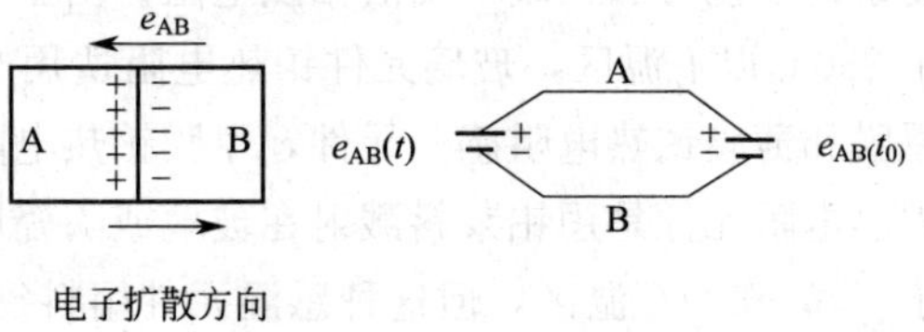

另外，对同一导体，其高温（$t'℃$）端的电子能量比低温（$t'_0℃$）端的电子能量大，高温端移向低温端的自由电子多于低温端移向高温端的电子。其结果使高温端失去电子，多带正电，低温端获得电子，多带负电，因此，在同一导体，高、低温端形成温差电势，如图 3-28 所示。

电子扩散方向

图 3-27　热电偶接触电势

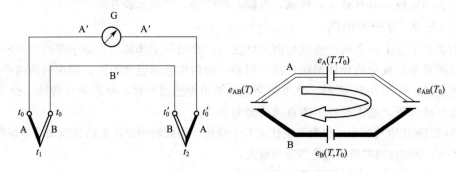

图 3-28　热电偶温差电势

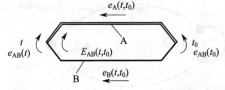

图 3-29　接触电势、温差电势和回路电势

温差电势与导体材料及高、低温端温差有关。在热电偶回路中，如图 3-29 所示，分别记为 $e_A(t, t_0)$ 及 $e_B(t, t_0)$，也可记为 $e_A(t) - e_A(t_0)$ 及 $e_B(t) - e_A(t_0)$，温差电势比接触电势小得多。

热电偶回路的合成电势：

$$E_{AB}(t,t_0)=e_{AB}(t)+e_B(t,t_0)-e_{AB}(t_0)-e_A(t,t_0)$$
$$=[e_{AB}(t)+e_B(t)-e_A(t)]-[e_{AB}(t_0)+e_B(t_0)-e_A(t_0)]$$
$$=f_{AB}(t)-f_{AB}(t_0)$$

式中，$f_{AB}(t)$、$f_{AB}(t_0)$ 分别为接触电势、温差电势合成的分电动势，与材料质量和温度有关。

若忽略温差电势，则有：

$$E_{AB}(t,t_0)=e_{AB}(t)-e_{AB}(t_0)$$

上式说明，当热电极材料 A、B 确定后，若使冷端温度 t_0 不变（接触电势为常数，用 C 表示），则热电势就只是热端温度 t 的单值函数：

$$E_{AB}(t,t_0)=e_{AB}(t)-C=f(t)$$

测出热电势，就可求出温度 t，这就是热电偶测温的基本原理。

热电偶确定后，正、负热电极也就确定了。这里，热端、冷端只是一种习惯性提法。测温时，冷端温度可高于热端，此时热电势为负值。

（2）中间导体定律

热电偶中间导体定律：热电偶回路中接入第三种导体后，只要该导体两端温度相同，则热电偶回路中所产生的总热电势与没有接入第三种导体时热电偶所产生的总热电势相同，即第三种导体对回路总热电势没有影响。

同理，如果在热电偶回路中接入更多种导体时，只要同一导体两端温度相同，这些导体均不影响热电偶回路中的总热电势。据此可以在热电偶回路中接入各种显示仪表、变送器和连接导线等。

利用上述特性，我们可以采用开路热电偶对液态金属或金属壁面进行温度测量，但在测量中必须保证两热电极所在的插入点温度一致。

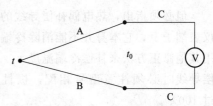

图 3-30　中间导体连接测温系统

在图 3-30 中，C 和毫伏表都是接入回路的中间导体，其两端温度均为 t_0，中间导体无温差电势，但 A 与 C、B 与 C 接点处有接触电势。由接触电势产生的原理可知，在 A、B 导体中接入一有限长的导体 C，并不影响 A、B 间自由电子的扩散，即：$e_{BC}(t_0)-e_{AC}(t_0)=-e_{AB}(t_0)$。

故整个回路电势

$$E_{ABC}(t,t_0)=e_{AB}(t)+e_B(t,t_0)+e_{BC}(t_0)-e_{AC}(t_0)-e_A(t,t_0)$$
$$=e_{AB}(t)+e_B(t,t_0)-e_{AB}(t_0)-e_A(t,t_0)$$
$$=E_{AB}(t,t_0)$$

因有中间导体定律，才能在回路中引入各种仪表及各种连接导线等，使热电偶测温成为可能。同样，也允许用各种金属焊接热电偶，可用所谓的开路热电偶对液态金属或金属壁面测温。

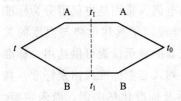

图 3-31　具有中间温度的热电偶回路

在热电偶测量温度时，要想得到热电势数值，必须要在热电偶回路中引入第二种导体，接入测量仪表。

（3）热电偶中间温度定律

在热电偶回路中，若接点温度如图 3-31 所示，则回路总电势满足：

$$E_{AB}(t,t_0)=E_{AB}(t,t_1)+E_{AB}(t_1,t_0)$$

此即热电偶中间温度定律的数学表达式。

根据此定律，只要给出参考端为 0℃的热电势与温度关系（即热电偶分度表），就可按不同参考端温度 t_1 测得的热电势 $E_{AB}(t, t_1)$，查出所测的工作端温度 t。

中间温度定律的另一个重要应用是为工业测温时加补偿导线提供理论依据。

为使热电偶参考端温度保持恒定，工作端和参考端距离有时会很长，由于热电偶的材料一般都比较贵重（特别是采用贵金属时），直接加长热电偶参比端成本太高。为了节省热电偶材料，降低成本，通常采用一种称为补偿导线的连接线加长热电偶，把热电偶的冷端（自由端）延伸到温度比较稳定的控制室内，连接到仪表端子上，如图 3-32 所示。补偿导线在一定温度范围内（0～150℃）具有和所连热电偶相同的热电性能，但价格会低很多。根据中间温度定律，连接补偿导线的热电回路和直接用长热电偶的热电回路有同样的热电性能。

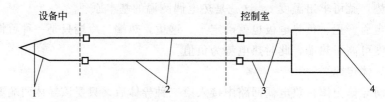

图 3-32　热电偶补偿导线法测温系统

1—热电偶；2—补偿导线；3—铜导线；4—显示仪表或信号转换装置

但必须指出，热电偶补偿导线的作用只起延伸热电极，使热电偶的冷端移动到控制室的仪表端子上，它本身并不能消除冷端温度变化对测温的影响，不起补偿作用。因此，还需采用其他修正方法来补偿冷端温度 $t_0 \neq 0℃$时对测温的影响，如图 3-33 所示。在使用热电偶补偿导线时必须注意型号相配，极性不能接错，补偿导线与热电偶连接端的温度不能超过 100℃。

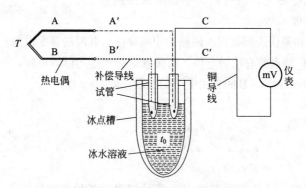

图 3-33　热电偶冷端补偿之冰点槽法

（4）热电偶的种类及结构形式

按照不同的测温要求，可用不同的热电极材料组成各种热电偶。常用热电偶可分为标准热电偶和非标准热电偶两大类。所谓标准热电偶是指国家标准规定了其热电势与温度的关系、允许误差、并有统一的标准分度表的热电偶，它有与其配套的显示仪表可供选用。标准化热电偶目前已成批生产和广泛使用、工艺成熟、性能稳定并列入专业标准或国家标准，具有统一分度表。非标准化热电偶指在使用范围或数量级上均不及标准化热电偶，尚未定型、无统一分度表、针对一些特殊的测温场合专门研制的热电偶，如超低温、超高温、高真空、核辐射环境等。

我国从 1988 年 1 月 1 日起，热电偶和热电阻全部按 IEC 国际标准生产，并指定 S、B、E、K、R、J、T、N 八种标准化热电偶为我国统一设计型热电偶，见表 3-3。标准热电偶是热电偶系列中精度较高，物理、化学性良好，高温下抗氧化性好，热电动势的稳定性和复现性均很好的热电偶。

为了保证热电偶可靠、稳定地工作，对它的结构要求如下：

① 组成热电偶的两个热电极的焊接必须牢固。

② 两个热电极彼此之间应很好地绝缘，以防短路。

③ 补偿导线与热电偶自由端的连接要方便可靠。

④ 保护套管应能保证热电极与有害介质充分隔离。

表 3-3　八种标准化热电偶

型号标志	材料	使用温度/℃	型号标志	材料	使用温度/℃
S	铂铑 10-铂	−50～1768	N	镍铬硅-镍硅	−270～1300
R	铂铑 13-铂	−50～1768	E	镍铬-铜镍合金（康铜）	−270～1000
B	铂铑 30-铂铑 6	0～1820	J	铁-铜镍合金（康铜）	−210～1200
K	镍铬-镍硅	−270～1372	T	铜铜镍合金（康铜）	−270～400

（5）S 型热电偶（铂铑 10-铂热电偶）

铂铑 10-铂热电偶（S 型热电偶）为贵金属热电偶。偶丝直径规定为 0.5mm，允许偏差 −0.015mm，其正极（SP）的名义化学成分为铂铑合金，其中含铑为 10%、含铂为 90%，负极（SN）为纯铂，故俗称单铂铑热电偶。该热电偶长期最高使用温度为 1300℃，短期最高使用温度为 1600℃。

S 型热电偶在热电偶系列中具有准确度最高、稳定性最好、测温温区宽、使用寿命长等优点。它的物理、化学性能良好，热电势稳定性及在高温下抗氧化性能好，适用于氧化性和惰性气氛中。由于 S 型热电偶具有优良的综合性能，符合国际使用温标的 S 型热电偶，长期以来作为国际温标的内插仪器，"ITS-90"虽规定今后不再作为国际温标的内查仪器，但国际温度咨询委员会（CCT）认为 S 型热电偶仍可用于近似实现国际温标。

标准铂铑 10-铂热电偶（L：1000mm；测温范围：300～1300℃；绝缘管 ϕ4mm× 550mm）在高温下有很好的抗氧化性能、热电动势的稳定性和复现性。因此，标准铂铑 10-铂热电偶作为标准计量器具，在 419.527～1084.62℃ 温区用于温度量值传递，也用于该温区内精密测温。标准铂铑 10-铂热电偶分为一等标准铂铑 10-铂热电偶和二等标准铂铑 10-铂热电偶两种。一等标准铂铑 10 铂热电偶在热电偶系列中准确度较高，物理、化学性能良好，在高温下有很好的抗氧化性能、热电动势的稳定性和复现性。因此，它作为标准计量器具，在 419.527～1084.62℃ 温区用于温度量值传递，也用于该温区内精密测温。

一等标准铂铑 10-铂热电偶正极为铂铑丝，负极为铂丝，上面套有长 550mm 的双孔绝缘瓷管；参考端正极套红色或粉色塑料管，负极套白色或蓝色塑料管；整支产品置于普通玻璃外套管中保存。一等标准热电偶用于检定二等标准热电偶；二等标准热电偶用于检定工业用热电偶以及精密测量 300～1300℃ 温度范围内的温度。标准铂铑 10-铂热电偶的主要技术参数见表 3-4。

表 3-4　标准铂铑 10-铂热电偶的主要技术参数

型号名称	精度等级	主要技术参数
WRPB-1 一等标准铂铑 10-铂热电偶	一等	使用温区：$300\sim1300℃$ 尺寸：$\phi0.5mm\times L1000mm$ $E(t_{Cu})=(10.575\pm0.015)mV$ $E(t_{Al})=\{5.860+0.37[E(t_{Cu})-10.575]\pm0.005\}mV$ $E(t_{Zn})=\{3.447+0.18[E(t_{Cu})-10.575]\pm0.005\}mV$ 稳定性：铜点（1084.62℃）$\leqslant5\mu V$
WRPB-2 二等标准铂铑 10-铂热电偶	二等	使用温区：$300\sim1300℃$ 尺寸：$\phi0.5mm\times L1000mm$ $E(t_{Cu})=(10.575\pm0.015)mV$ $E(t_{Al})=\{5.860+0.37[E(t_{Cu})-10.575]\pm0.005\}mV$ $E(t_{Zn})=\{3.447+0.18[E(t_{Cu})-10.575]\pm0.005\}mV$ 稳定性：铜点（1084.62℃）$\leqslant10\mu V$

S 型热电偶不足之处是热电势率较小，灵敏度低，高温下机械强度下降，对污染非常敏感，贵金属材料昂贵，因而一次性投资较大。

3.3.2.3　镍铬-镍硅热电偶

镍铬-镍硅热电偶属于标准热电偶中的 K 型热电偶。K 型热电偶通常由感温元件、安装固定装置和接线盒等主要部件组成。K 型热电偶是目前用量最大的廉金属热电偶，其用量为其他热电偶的总和。K 型热电偶的正极为镍、铬合金，名义成分含铬约为 10%，其余为镍；负极为镍、硅合金，含硅约为 3%，其余为镍。热电偶测量端温度为 1000℃时，其热电动势为（41.269±0.156）mV。

K 型热电偶作为一种温度传感器，通常和显示仪表、记录仪表和电子调节器配套使用。K 型热电偶丝直径一般为 1.2～4.0mm，可以直接测量各种生产中 0～1300℃的液体蒸气和气体介质以及固体的表面温度。

K 型热电偶具有线性度好、热电动势较大、灵敏度高、稳定性和均匀性较好、抗氧化性能强、价格便宜等优点，能用于氧化性、惰性气氛中，广泛为用户所采用。K 型热电偶两个重要缺点：K 型热电偶在 300～500℃由于镍铬合金的晶格短程有序而引起的热电动势不稳定；在 800℃左右由于镍铬合金发生择优氧化引起的热电动势不稳定。K 型热电偶不能直接在高温下用于硫、还原性或还原-氧化交替的气氛中和真空中，也不推荐用于弱氧化气氛。

3.3.3　非接触式测温技术

在现代化工业中，测温的方法也多种多样。传统的测温方式为热电阻和热电偶测量，因为测温元件需要与被测介质进行充分的热交换来达到热平衡状态，因而响应速度比较慢，该类测温方法因受耐高温材料的限制无法用于很高的温度测量，限制了热电阻和热电偶的测温范围。在当前，新出现的非接触式红外测温仪，响应速度快，测量精度也比较高，因而占据了很大的优势。

非接触式温度检测仪表（也称辐射式温度计）主要是利用物体的辐射能随温度而变化的原理制成。

3.3.3.1 红外测温技术

(1) 红外辐射概述

在自然界中，当物体的温度高于绝对零度（-273℃）时，由于它内部分子或原子无规则热运动的存在，就会不断地向周围空间辐射电磁波，其中就包括波段位于 $0.76 \sim 1000\mu m$ 的红外线，这种辐射都带有物体的特征信息。红外线辐射是自然界存在的一种最为广泛的电磁波辐射，它是基于任何物体在常规环境下都会产生自身的分子和原子无规则的运动，并不停地辐射出热红外能量，分子和原子的运动愈剧烈，辐射的能量愈大，反之，辐射的能量愈小。红外线是介于可见光以及微波之间的电磁辐射，具有电磁波的性质。红外线按波长的范围可分为近红外、中红外、远红外、极远红外四类，它在电磁波连续频谱中的位置是处于无线电波与可见光之间的区域。

地球的大气层对波长分别在范围 $3 \sim 5\mu m$ 和 $8 \sim 14\mu m$ 的红外辐射光的吸收就非常小，红外测温一般都选择这几个波段的红外光。这两个波段又有着不同的特点：$3 \sim 5\mu m$ 波段的红外光被称作是短波红外，而 $8 \sim 14\mu m$ 波段的红外光被称作是长波红外。大多数从事红外设计的人喜欢选择 $3 \sim 5\mu m$ 的短波红外，主要是因为这个范围内能够提供最佳的功能，使测温的设计变得更加容易；$8 \sim 14\mu m$ 的长波红外则主要用于低温和远距离的测温和检测。

物体所发出的红外辐射能量的大小与辐射波长、物体表面温度有着十分密切的关系，温度越高，物体所发出的红外辐射能力越强。因此可以通过测量物体自身红外辐射能量的大小来准确地测定物体表面温度，这就是红外辐射测温所依据的基础原理。

在 19 世纪初，英国天文学家威廉赫谢尔在重复牛顿的棱镜实验时发现，在可见光低频段区域中有热量存在，这些热量是由红外辐射产生的，后来证实辐射是红外线最重要的特征之一。1900 年，普朗克对黑体辐射能量与温度和波长的关系进行了定量的计算，最终推导出了普朗克辐射定律。黑体辐射定律和光电效应的发现，为利用红外辐射测温奠定了基础。此后，红外技术进入了全面发展的阶段。

和传统的接触式测温方式相比，红外测温技术具有无法比拟的优势。从红外测温发展的历史来看，红外测温技术发展主要集中在两个大的方面：一是技术的发展，近年来，红外测温技术在非制冷红外焦平面的发展下得到了比较快的发展；二是红外测温仪器的发展，它的发展是随着红外测温技术的发展而发展的。

(2) 红外测温技术方法的分类

红外测温有很多种方式，根据红外测温的方式不同，可以将目前的红外测温仪器主要分为两大类：一是基于全场分析的红外测温设备；二是基于逐点分析的红外测温系统。全场分析的原理是将整个物体的温度分布用红外镜头成像在红外焦平面阵列上面，整个物体的温度分布就组成了物体的红外热图像，全场分布的红外测温设备也被称作红外热像仪；逐点分析的测量原理则是把物体的某一局部的红外辐射通过单个红外探测器聚焦，然后根据已知物体的表面发射率，通过对比将物体的辐射功率转化成为我们能够轻易测得的温度信息，这种逐点分析的系统通常被称作红外测温仪。

目前常用的红外热像仪和红外测温仪均可进行温度的测量，但各自都有一定的弊端，不能很好地满足实际测量的需要。红外热像仪对被测物体表面温度变化的灵敏度比较高（0.06℃），其图像可以准确地反映各部分的温度差别（相对温度），但由于是利用其所在环境的温度进行定标的，所以不能准确反应各点温度的绝对值，特别是在高温段（>200℃）误差更大，且价格昂贵，无法进行大规模的推广应用。红外测温仪的准确度虽然高于红外热像仪，但是每次测量只能得到被测物某一小面元的平均温度值，不能反映被测物整体温度分布情况。

3.3.3.2　红外测温仪

（1）红外测温技术的发展

红外测温技术是红外领域的一个重要应用，是衡量一个国家红外技术发展水平的重要标志。国外从 20 世纪 80 年代就开始从事红外测温产品的研制。1954 年国外科学家 Pyatt 建议用三波长的比色温度计，以得到物体发射率与其发射波长之间的关系。这为红外测温的发展提供了良好的基础。

到 20 世纪 70 年代末，三波长的高温计问世，它能够在三种不同波长下测量很高温度的物体，温度上限可以达到 2000K；此外，三波长的高温计可以在滤光片的作用下形成四波长甚至六波长的高温计，这种高温计的测量范围也更高。随着红外测温技术的发展，到 90 年代，红外测温仪的精度和测温的范围继续得到改善。红外热像仪的发展让红外测温技术有了更进一步的发展。

我国的红外测温技术发展相对于国外来说比较落后，直到 20 世纪 60 年代，我国才成功地研制出了第一台红外测温设备，但是其响应时间很慢，测温精度也很低，目前已经被淘汰了，但是它标志了我国的红外测温技术已经开始起步。到了 90 年代，红外测温技术形成了一个比较大的产业，在国际上也有了统一的通用的标准。1984 年，武汉光学技术研究所成功地研制出了三波长的红外测温仪，这种红外测温仪的精度要比以前的红外测温仪高得多，实现了我国红外测温技术的飞跃。到了 90 年代末，我国就已经有了用光线作为光学系统的红外测温系统，它的电路处理部分使用单片机作为信号处理的元器件。到目前为止，我国不仅有了单色的测温仪，还有了双色的测温仪。

国外的红外测温仪主要有美国雷泰公司和德国 HEITRONICS 公司，他们的测温仪产品如 PM 系列、ST 系列、MX 系列、KT19 系列、KT15D 系列也得到了广泛的应用；另外还有瑞典 AGA 公司 TPT20、30、40、50 等也有较广泛的应用。我国在 60 年代研制了第一台红外测温仪，结束了全靠进口的历史；80 年代初期以后又陆续生产小目标、远距离、适合电业生产特点的测温仪器，如 HCW-Ⅲ 型、HCW-Ⅴ 型、YHCW-9400 型、WHD4015 型（双瞄准，目标 D 40mm，可达 15m）、WFHX330 型（光学瞄准，目标 D 50 mm，可达 30 m）等；1990 年之后又陆续生产出适合专业生产特点的测温仪器，如西光 IRT-1200D 型、IRT-3060D 型、IRT-3000A 型等。目前，美国 FLUKE 公司是世界上最大的红外测温仪生产商，其产品类别主要有三大类：便携式、在线式和扫描式，有上百个品种，测量温度范围广（-50～6000℃），在红外领域占据了 30％的市场份额。我国在红外测温仪方面的生产商主要有西安北方光电有限公司、中科院自动化所、西安沃尔仪器公司等。虽然在这一方面的研究起步比较晚，但是经过各大科研机构的努力，在精度和读数的一致性方面已经取得了较大的成绩。

红外测温仪具有非接触测量的特性，在对有一些距离的、运动的或有危险性的物体进行温度测量时，具有安全、快速、可靠、方便等优势。

（2）红外测温仪的测温理论

红外测温仪的测温理论是基于普朗克定律来实现的。19 世纪末，普朗克在"微观粒子能量是不连续的"这一假说基础上，克服了经典物理学上瑞利-金斯公式所遇到的困难，推导出了描述黑体辐射光谱分布的普朗克公式：

$$M_\lambda = \frac{2\pi hc^3}{\lambda^5} \frac{1}{\exp(hc/\lambda kT)-1} = \frac{c_1}{\lambda^5} \frac{1}{e^{c_2/\lambda T}-1} \tag{3-7}$$

式中　c——真空中光速，$c=3.0\times10^8\,\text{m/s}$；

　　　h——普朗克常数，$h=6.626\times10^{-34}\,\text{J}\cdot\text{s}$；

　　　k——玻耳兹曼常数，$k=1.38054\times10^{-28}\,\text{W}\cdot\text{s/K}$；

　　　c_1——第一辐射常数，$c_1=2\pi hc^2=3.7415\times10^8\,\text{W}\cdot\text{m}^2$；

　　　c_2——第二辐射常数，$c_2=hc/k=1.43879\times10^4\,\text{m}\cdot\text{K}$。

　　根据式(3-7)，可以得到黑体在不同温度下的辐射光谱随着波长变化的分布情况，如图3-34所示。

　　由普朗克公式得，黑体的温度越高，辐射度峰值就越靠近短波方向。在所有的红外辐射中，有很多种波长的红外辐射分量，在这些分量中，具有最大辐射能量的波长和黑体的温度 T 之间有如下关系式：

$$\lambda_{\max}=b/T \tag{3-8}$$

　　其中，$b=2897.8\mu\text{m}\cdot\text{K}$。因此，在 $273\sim473\text{K}$ 的温度范围内，$\lambda_{\max}$ 在 $6.1\sim10.6\mu\text{m}$ 之间，$2897.8/473=6.1$，$2897.8/273=10.6$。

　　式(3-8)可通过对式(3-7)求导数得出，称为维恩位移公式，还可表示为：

$$\lambda_{\max}T=b \tag{3-9}$$

　　式中，$b=2897.8\mu\text{m}\cdot\text{K}$，是个常量。式

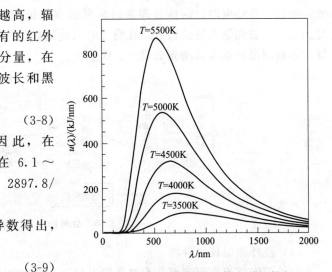

图 3-34　不同温度下的黑体光谱辐射度

(3-9)以最简单的形式给出了峰值波长与黑体热力学温度的关系，即黑体温度越高，峰值波长越短。

　　黑体辐射的基本定律是红外技术及其应用领域的理论基础，在红外测温方面，揭示了红外辐射随温度及波长变化规律的定量关系。

　　黑体是一种理想化的辐射体，它吸收所有波长的辐射能量，没有能量的反射和透过，其表面的发射率为1。应该指出，自然界中并不存在真正的黑体。普朗克提出黑体腔辐射的量子化振子模型，继而导出了黑体辐射的定律即以波长表示的黑体光谱辐射度，这是一切红外辐射理论的出发点，故也称黑体辐射定律。

　　自然界中存在的实际物体，几乎都不是黑体。为使黑体辐射定律适用于所有实际物体，必须引入一个与材料性质及表面状态有关的比例系数，即发射率。该系数表示实际物体的热辐射与黑体辐射的接近程度，其值在 0 和小于 1 的数值之间。根据辐射定律，只要知道了材料的发射率，就知道了任何物体的红外辐射特性。影响发射率的主要因素有材料种类、表面粗糙度、理化结构和材料厚度等。

　　在红外测温仪设计过程中，充分地了解辐射定律为红外测温仪选取红外波段提供了参考依据和设计基础。设计高温测温仪时宜选用短波段，而低温测温仪应该选用较长的工作波段，对于目标尺寸比较小时，由于红外辐射能量比较低，应尽量选择在峰值波长附近。

　　(3) 红外测温仪的系统组成

红外测温的基本原理是物体发出的红外辐射能量通过红外透镜的聚焦，聚到探测器上，由探测器把辐射信号转变为模拟信号，再通过数字信号处理系统的检测、放大滤波和转化等处理，得到物体的辐射强度与温度成一定的函数关系，对其进行黑体定标后，就可以根据函数关系测量物体的温度情况。

红外测温仪一般由光学系统（透镜和滤光片）、光电探测器、信号放大器及信号处理、显示输出等部分组成，其核心是红外探测器，将入射辐射能转换成可测量的电信号（见图3-35）。光学系统汇聚其视场内的目标红外辐射能量，视场的大小由测温仪的光学零件及其位置确定，通常物距比设定为12：1。具体工作过程是：根据物体的红外辐射特性，依靠其内部光学系统将物体的红外辐射能量汇聚到探测器（传感器），并转换成电信号，再通过放大电路、补偿电路、线性处理及目标发射率校正后，在显示终端显示被测目标物体的温度。由于设备光学系统的构造，在测量时只能测量物体表面温度，不能透过玻璃进行温度测量，不能测量光亮或者抛光金属边、面温度。

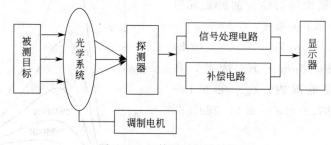

图 3-35　红外测温系统结构

（4）红外测温仪的种类

红外测温仪根据原理可分为单色测温仪和双色测温仪（辐射比色测温仪）。当用红外辐射测温仪测量目标的温度时首先要测量出目标在其波段范围内的红外辐射量，然后由测温仪计算出被测目标的温度。单色测温仪与波段内的辐射量成比例，双色测温仪与两个波段的辐射量之比成比例。

单色红外测温是针对不同的测温范围选择典型的波长区段，其温度是由该波长区段内的辐射能量确定的。黑体在波长 λ_1 至 λ_2 区段所发出的辐射能为：

$$\Delta E_b = \int_{\lambda_1}^{\lambda_2} E_{b\lambda}\,d\lambda \tag{3-10}$$

实际物体在波长 λ_1 至 λ_2 区段所发出的辐射能为：

$$\Delta E = \varepsilon \int_{\lambda_1}^{\lambda_2} \frac{c_1 \lambda^{-5}}{e^{c_2/(\lambda T)} - 1}\,d\lambda \tag{3-11}$$

式(3-11)正是红外辐射测温的数学描述。

对于双色红外测温来说，它是针对不同测温范围选择两个典型的波长区段，其温度是由两个独立波长带内的辐射能量的比值确定的。由式(3-11)可知，双色红外辐射测温的数学描述为：

$$\frac{\Delta E_1}{\Delta E_2} = \frac{\displaystyle\int_{\lambda_1}^{\lambda_2} \frac{c_1 \lambda^{-5}}{e^{c_2/(\lambda T)} - 1}\,d\lambda}{\displaystyle\int_{\lambda_1}^{\lambda_2} \frac{c_1 \lambda^{-5}}{e^{c_2/(\lambda T)} - 1}\,d\lambda} \tag{3-12}$$

单色测温仪在进行测温时，视窗需要让整个光的通路无碍，而且保持视窗清洁，即被测目标面积应充满测温仪视场。建议被测目标尺寸超过视场大小的50%为好。如果目标尺寸小于视场，背景辐射能量就会进入测温仪的视场干扰测温读数，造成误差；相反，如果目标大于测温仪的视场，测温仪就不会受到测量区域外面的背景影响。

双色测温仪的温度是由两个独立波长带内的辐射能量的比值来确定的。因此当被测目标很小，没有充满现场，测量通路上存在烟雾、尘埃、阻挡对辐射能量有衰减时，都不会对测量结果产生影响。甚至在能量衰减了95%的情况下，仍能保证要求的测温精度。对于目标细小，又处于运动或振动之中的目标，有时在视场内运动，或可能部分移出视场的目标，在此条件下，使用双色测温仪是最佳选择。如果测温仪和目标之间不可能直接瞄准，测量通道弯曲、狭小、受阻等情况下，双色光纤测温仪是最佳选择。这是由于其直径小、有柔性，可以在弯曲、阻挡和折叠的通道上传输光辐射能量，因此可以测量难以接近、条件恶劣或靠近电磁场的目标。

红外测温仪的最主要功能就是测定温度，主要包括三种：红外点温仪、红外行扫仪、红外热电视。

红外点温仪是一种非成像型的红外测温仪器。顾名思义，它只能对一个非常小的面积（可以看作是一个点）进行测温，按照设计原理的差别，可以将红外点温仪分为全辐射测温仪、比色测温仪和亮度测温仪三个大类。红外点温仪早在20世纪早期就已经问世，它的测温范围比较窄，不适于测量面积比较大的温度，到现在为止，仍然以其低廉的价格和实用的特点成为很多领域的得力工具。

红外行扫仪，就是检测物体一条线的温度。它的实现原理一般是通过一个物体的运动规律或者是需要飞机的合作才能对物体的温度进行检测。由于红外行扫仪的实现比较困难，而且商用价值也不太大，因此，红外行扫仪的应用现在还不是太普遍。

红外热电视是相对于红外点温仪而言的。它能对物体进行一个二维的温度检测，而不需要像红外点温仪一样对物体的多点进行测量，其使用方便性大大超过了红外点温仪。而且它的温度检测不需要制冷机制，就能达到比较好的性能。但是其技术指标相对于红外热像仪来说，还有很大的差距。

（5）红外测温技术的应用

近几十年来，世界各国争相发展红外探测技术，并大规模地应用于军事领域。在军事上，红外探测用于制导、火控跟踪、目标侦查、夜视镜、武器瞄准、舰船导航等等。由于各国保密，使得在相当长的时间内，红外技术的发展受到一定的阻碍。近年来，红外技术才被作为一门非接触性测试技术在温度测量领域得到应用和发展。

红外测温技术在国民经济、国防和科学研究中已经得到了广泛的应用，成为现代光电子技术基础的重要组成部分，得到世界各国越来越高的重视。红外测温仪具有测温范围宽、精度高、反应灵敏以及非接触式测量等优点，红外辐射测温被广泛应用于军用和民用领域中。

（6）红外测温仪的性能指标确定

① 确定红外测温仪的测温范围　测温范围是红外测温仪最重要的一个性能指标。如Optris（欧普士）产品测温范围覆盖−50～＋3000℃，但这不能由一种型号的红外测温仪来完成，每种型号的红外测温仪都有自己特定的测温范围。根据黑体辐射定律，在光谱短波段，由温度引起的辐射能量的变化将超过由发射率误差引起的辐射能的变化，因此，

在测温时应选用短波的较好。一般来说，测温范围越窄，监控温度的输出信号分辨率越高，精确度越高，测温越准确；测温范围过宽，测温精度会降低，误差较大。

例如，如果被测目标温度为1000℃，首先确定是在线式还是便携式。如果是便携式，满足这一温度的型号很多，如3iLR3、3i2M、3i1M等。如果测量精度是主要的，最好选用2M或1M型号的，因为如果选用3iLR型，其测温范围很宽，则高温测量性能便差一些；如果用户除测量1000℃的目标外，还要照顾低温目标，那只好选择3iLR3。

② 确定波长范围 目标材料的发射率和表面特性决定测温仪的光谱。相应波长对于高反射率合金材料，有低的或变化的发射率。在高温区，测量金属材料的最佳波长是近红外，可选用$0.8\sim1.0\mu m$。其他温区可选用$1.6\mu m$、$2.2\mu m$和$3.9\mu m$。由于有些材料在一定波长上是透明的，红外能量会穿透这些材料，对这种材料应选择特殊的波长。如测量玻璃内部温度选用$1.0\mu m$、$2.2\mu m$和$3.9\mu m$（被测玻璃要很厚，否则会透过）波长；测玻璃表面温度选用$5.0\mu m$；测低温区选用$8\sim14\mu m$为宜。如测量聚乙烯塑料薄膜选用$3.43\mu m$，聚酯类选用$4.3\mu m$或$7.9\mu m$，厚度超过0.4mm的选用$8\sim14\mu m$。如测火焰中的CO用窄带$4.64\mu m$，测火焰中的NO_2用$4.47\mu m$。

③ 确定红外测温的光学分辨率（距离系数） 光学分辨率K由D与S之比确定，即红外测温仪探头到目标之间的距离D与被测目标直径S之比。光学分辨率越高，即D/S比值越大，测温仪的成本越高。如果红外测温仪需在远离目标的条件下使用，而又要测量小目标，就应选择高光学分辨率的红外测温仪来保证测温准确性；反之，则选择低光学分辨率的红外测温仪。

④ 确定红外测温仪的响应时间 响应时间表示红外测温仪对被测温度变化的反应速度，定义为到达最后读数的95%能量所需要的时间，它与光电探测器、信号处理电路以及显示输出系统的时间常数有关。确定响应时间主要依据目标的运动速度和目标的温度变化速度。如果目标的运动速度或升温速度很快时，要选用快速响应的红外测温仪，对于静止的或目标热过程存在热惯性时，可以放宽测温仪的响应时间要求。总之红外测温仪响应时间的选择要和被测目标的情况相适应。

⑤ 环境条件的影响 红外测温仪所处的环境条件如蒸汽、尘土、烟雾等都会阻挡仪器的光学系统而影响精确测温。在环境温度高，存在灰尘、烟雾或蒸汽的条件下，可选用厂商提供的适当水冷套、空气吹扫器等附件，有效地解决环境的影响，并保护测温仪，实现准确测温。在周围环境很大程度地影响测量能量信号时，可以选择双色测温仪实现准确测温。如，在噪声、电磁场、震动或难以接近的环境条件，或其他恶劣条件下，烟雾、灰尘或其他颗粒降低测量能量信号时，光纤双色测温仪是最佳选择。在噪声、电磁场、震动和难以接近的环境条件下，或其他恶劣条件时，宜选择光线比色测温仪。

在密封的或危险的材料应用中（如容器、真空炉等真空设备），如果测温仪需要通过窗口进行观测，窗口材料必须透明，并能透射所用测温仪的工作波长范围。在低温测量应用中，通常用Ge或Si材料作为窗口，不透可见光，人眼不能通过窗口观察目标。如操作员需要通过窗口观察目标，应采用既透红外辐射又透可见光的光学材料，如ZnSe或BaF_2等作为窗口材料。

红外测温仪不能透过玻璃进行测温，玻璃有很特殊的反射和透过特性，不允许精确红外温度读数，但可通过红外窗口测温。红外测温仪也最好不应用于光亮的或抛光的金属表面的测温（不锈钢、铝等）。红外测温仪只能测量表面温度，不能测量内部温度。

（7）红外测温仪的选择

随着技术的不断发展，红外测温仪最佳的设计和新进展为用户提供了各种功能和多用途的仪器，扩大了选择余地。在选择测温仪型号时应首先确定测量要求，如被测目标温度、被测目标大小、测量距离、被测目标材料、目标所处环境、响应速度、测量精度、用便携式还是在线式等；在现有的各种型号的测温仪对比中，选出能够满足上述要求的仪器型号；在诸多能够满足上述要求的型号中选择出在性能、功能和价格方面的最佳搭配。在选择红外测温仪时，可从以下3个方面进行考虑：

① 性能指标方面，如温度范围、光斑尺寸、工作波长、测量精度、窗口、显示和输出、响应时间、保护附件等。

② 环境和工作条件方面，如环境温度、窗口、显示和输出、保护附件等。

③ 其他选择方面，如使用方便、维修和校准性能以及价格等，也对测温仪的选择产生一定的影响。

目前红外测温仪响应时间最快可达微秒数量级，测温范围从1℃到−50～+3000℃，工作波段从可见光到远红外区，最小目标可测面积甚至更小，具有发射率设定、最大值、最小值、平均值、峰值选取、峰值保持、数字显示、输出打印和测温精度高等特点。因此，红外测温技术是一种非常有效的在线监测手段。

3.3.3.3　热成像测温仪

由于分子的热运动，物体会发射红外线，红外辐射能量与其绝对温度的4次方成正比。热像仪通过摄取被测物体红外辐射通量的分布，得到物体发射红外辐射通量的分布图像，此图即为热像图。根据这一特性，热像仪就能测出物体的温度场。

红外热像仪就是一种显示红外热图像的直接测量物体表面温度及温度分布的分析仪器。它是利用红外辐射的热效应，将物体发出的红外辐射通过红外探测器转化成我们肉眼能看见的图像。红外热像仪是通过红外探测器将物体辐射的功率信号转换成电信号后，经放大处理、转换，然后经过成像装置的输出信号就可以一一对应地模拟扫描物体表面温度的空间分布，经电子系统处理，传至显示屏上，得到与物体表面热分布相应的红外热像图。运用这一方法，便能实现对目标进行远距离热状态图像成像和测温并进行分析判断。这种热像图与物体表面的热分布场相对应。实质上，被测目标物体各部分红外辐射的热像分布图由于信号非常弱，与可见光图像相比，缺少层次和立体感，因此，在实际测量过程中为更有效地判断被测目标的红外热分布场，常采用一些辅助措施来增加仪器的实用功能，如图像亮度、对比度的控制、实标校正、伪彩色描绘等技术。

（1）红外热像仪的系统组成及工作原理

红外热像仪的基本原理是通过探测物体向外辐射的能量，再根据物体的辐射系数以及辐射能量与物体表面温度的对应关系推算出物体表面的实际温度，它将物体的热分布转换为可视图像，并在监视器上以灰度级或伪彩色显示出来，从而得到被测目标的温度分布场。因此，根据被测样品的表面温度分布结果，可以直接发现异常的热点或热区。红外热成像仪的成像原理如图3-36所示。

红外热成像测温系统由红外成像系统、测温系统、视频显示系统三大部分组成。其中红外成像系统组成如图3-37所示。

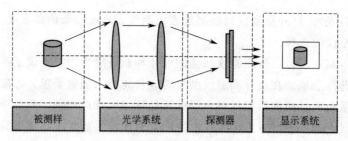

图 3-36　红外热成像仪的成像原理

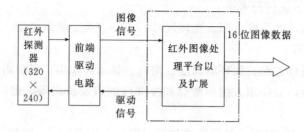

图 3-37　红外成像系统组成

红外热像仪一般由光学系统扫描器、红外探测器信号处理电路、显示记录装置等几部分组成。目标的辐射图形经光学系统会聚和滤光，聚焦在焦平面上。焦平面内安装一个探测元件，光学会聚系统与探测器之间有一套光学机械扫描装置，从目标入射到探测器上的红外辐射，随着扫描镜的转动而移动，按次序扫过目标空间的整个视场，在扫描过程中，入射的红外线使探测器产生响应，探测器的响应是与红外辐射的能量成正比的电压信号，扫描过程使二维的物体辐射图形转换成一维的模拟电压信号序列，该信号经过放大处理后，由视频监视系统实现热像显示和温度测量。测温视频显示流程图如图 3-38 所示。

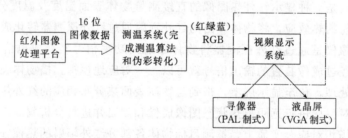

图 3-38　测温视频显示流程图

（2）红外热像仪的特点及发展

红外热成像测温技术就是红外焦平面技术成熟发展的产物。作为一门全新的测温技术，它最大的特点就是非接触式测温。除此之外，与传统的测温方式相比，它还有很多优点：测温准确度高；测温速度快；测温范围宽；不受时间限制，可昼夜工作；可以测量微小目标温度等。

红外热像仪分为制冷型和非制冷型。制冷红外热像系统又有一代、二代和三代之分。非制冷热成像技术采用热电探测器探测静物的热辐射，利用热电探测器对红外辐射引起的温度变化敏感性，而温度变化速度和探测器的某些电参量成正比，通过光电和电光转换成像。其主要优点是可以在一般环境温度下工作，不需要制冷；缺点是灵敏度低和响应速度慢。

自从红外热像仪问世以来，就得到了广泛的应用，并且技术还处于不断发展之中。红外成像由于对各领域都非常有用，因此红外成像技术在国内、外都得到了极大的重视，发展也比较快。国外的红外成像技术发展非常成熟，因此，在此基础上的红外测温技术也发展迅猛。

红外热像仪是一种利用红外探测器将看不见的红外辐射转换成可见图像的被动成像仪器，是目前发展较快、性能最高的现代化多层次、多方面应用中不可缺少的红外辐射测温系统，也是一个国家军事力量的重要技术指标。到目前为止，红外热像仪还在不断发展中，并且不断地从军用转向民用。目前美、英等国正致力于加强前视红外系统信息处理能力如自动人工目标分类，便携式整机配个人计算机可产生实时、高分辨力图像来解决研究领域和工业领域中的问题。世界上除一些大军工企业公司如美国的公司、休斯飞机公司之外，许多人商业公司如三菱电气、日本横河电机、瑞典公司、法国公司、红外系统工程公司等也正在积极从事红外热成像技术的研究及产品开发。

红外热像仪主要包括日本的 TVS-2000、TVS-100，美国的 PM-250，瑞典 AGA 公司生产的 AGA-THV510、550、570 等。我国红外热像仪的发展起步比较晚，首次在昆明研制成功，已经实现了国产化，但是距离国际先进水平还有一定的差距。

3.3.4 其他温度检测仪表

① 玻璃管温度计　由玻璃温包、毛细管、工作液体和刻度标尺组成，可直接读数，温度计结构简单、使用方便、价格低廉。测量范围一般在 $-20 \sim 300 ℃$。

② 压力式温度计　根据封闭容器中气体或液体受热压力增大的原理制作，具有结构简单、指示直观、使用方便等特点。

③ 双金属温度计　将两种膨胀系数不同的金属薄片叠焊在一起，其中一端固定，另一端随温度的变化而产生位移。这种温度计的测量范围较宽，为 $-80 \sim 600 ℃$。但测量滞后较大。

④ 集成温度传感器　利用晶体三极管发射的电压正比于所处温度的原理，通过集成电路制造工艺制成的可直接使用的温度传感器。在外接电压下，输出电流与温度具有良好的线性关系。

3.4　压力检测

3.4.1　概述

在矿物加工过程中，常常需要对压力进行检测。比如通过压力传感器检测搅拌桶的矿浆高度或者药剂桶中的药剂高度；通过压力变送器检测矿浆流动过程中的压力降来判断矿浆在流动过程中所产生的阻力；通过在泵上安装压力表和真空表来检测泵的工作状态和气蚀情况；在浮选柱底端安装压力变送器来检测浮选泡沫的高度或者液位的高度。

（1）压力测量的概念及单位

压力是垂直而均匀地作用在单位面积上的力，即物理学中常称的压强。它的大小是由受力面积和垂直作用力两个因素所决定，用数学式表示为：

$$p = F/A \tag{3-13}$$

式中　p——压力，Pa；

　　　F——垂直作用力，N；

A——受力面积，m^2。

1Pa 就是 1N 的力作用在 $1m^2$ 面积上所产生的压力。

在压力测量中，常有绝对压力、表压力、负压或真空度之分。

① 绝对压力　是指被测介质作用在容器单位面积上的全部压力，它是以绝对零压为基准来表示的压力，用符号 p_j 表示。绝对真空下的压力称为绝对零压，用来测量绝对压力的仪表称为绝对压力表。

② 大气压　地面上空气柱所产生的平均压力称为大气压，用符号 p_q 表示。用来测量大气压力的表叫气压表。

③ 表压力　它是以大气压为基准来表示的压力。也就是绝对压力与大气压力之差，称为表压力，用符号 p_b 表示。即 $p_b = p_j - p_q$。

④ 真空度　当绝对压力小于大气压力时，表压力为负值（即负压力），此负压力的绝对值，称为真空度，用符号 p_z 表示。用来测量真空度的仪表称为真空表。既能测量压力值又能测量真空度的仪表叫压力真空表。

⑤ 标准大气压　把纬度为 45° 的海平面上的大气压叫做标准大气压。它相当于 0℃ 时 760mm 高的水银柱底部的压力，即 760mmHg（101325Pa）。

压力的法定计量单位是帕（Pa），常用于表示压力的单位还有千帕（kPa）、兆帕（MPa）、毫米水柱（mmH_2O，$1mmH_2O = 9.80665Pa$）、毫米汞柱（mmHg，1mmHg = 133.322Pa）、巴（bar，$1bar = 10^5Pa$）、标准大气压（atm，1atm = 101325Pa）、工程大气压（kgf/cm^2，$1kgf/cm^2 = 98.0665kPa$）等。

（2）压力测量

压力测量方式可分为液柱式、弹性式、活塞式、数字式等。

压力的测量范围宽广，可以从超真空如 $1.33 \times 10^{-13} Pa$ 直到超高压 280MPa。

3.4.2　压力变送器

压力变送器是工业实践中最为常用的一种传感器，其广泛应用于各种工业自控环境，涉及水利水电、铁路交通、智能建筑、生产自控、航空航天、军工、石化、油井、电力、船舶、机床、管道等众多行业。下面就简单介绍一些常用压力变送器的原理及其应用。

（1）应变片压力变送器原理与应用

力学传感器的种类繁多，如电阻应变片压力变送器、半导体应变片压力变送器、压阻式压力变送器、电感式压力变送器、电容式压力变送器、谐振式压力变送器及电容式加速度传感器等。但应用最为广泛的是压阻式压力变送器，它具有极低的价格和较高的精度以及较好的线性特性。下面主要介绍这类传感器。

在了解压阻式压力变送器时，首先认识一下电阻应变片这种元件。电阻应变片是一种将被测件上的应变变化转换成为一种电信号的敏感器件。它是压阻式应变变送器的主要组成部分之一。电阻应变片应用最多的是金属电阻应变片和半导体应变片两种。金属电阻应变片又有丝状应变片和金属箔状应变片两种。通常是将应变片通过特殊的黏合剂紧密的黏合在产生力学应变基体上，当基体受力发生应力变化时，电阻应变片也一起产生形变，使应变片的阻值发生改变，从而使加在电阻上的电压发生变化。这种应变片在受力时产生的阻值变化通常较小，一般这种应变片都组成应变电桥，并通过后续的仪表放大器进行放大，再传输给处理电路（通常是 A/D 转换和 CPU）显示或执行机构。

如图 3-39 所示，是电阻应变片的结构示意图，它由基体材料、金属应变丝或应变箔、绝缘保护片和引出线等部分组成。根据不同的用途，电阻应变片的阻值可以由设计者设计，但电阻的取值范围应注意：阻值太小，则所需的驱动电流太大，同时应变片的发热致使本身的温度过高，在不同的环境中使用，使应变片的阻值变化太大，输出零点漂移明显，调零电路过于复杂。而电阻太大，阻抗太高，抗外界的电磁干扰能力较差。一般均为几十欧至几十千欧。

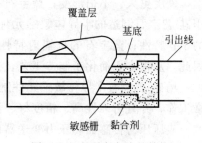

图 3-39　电阻应变片的结构

电阻应变片的工作原理：金属电阻应变片的工作原理是吸附在基体材料上应变电阻随机械形变而产生阻值变化的现象，俗称为电阻应变效应。金属导体的电阻值可用下式表示。

$$R = \rho L / S \tag{3-14}$$

式中　ρ——金属导体的电阻率，$\Omega \cdot cm^2 / m$；

　　　S——导体的截面积，cm^2；

　　　L——导体的长度，m。

以金属丝应变电阻为例，当金属丝受外力作用时，其长度和截面积都会发生变化，从式（3-14）中可以很容易地看出，其电阻值也会发生改变。假如金属丝受外力作用而伸长时，其长度增加，而截面积减少，电阻值便会增大；当金属丝受外力作用而压缩时，长度减小而截面积增大，电阻值则会减小。只要测出电阻的变化（通常是测量电阻两端的电压），即可获得应变金属丝的应变情况。

（2）陶瓷压力变送器原理及应用

抗腐蚀的压力变送器没有液体的传递，压力直接作用在陶瓷膜片的前表面，使膜片产生微小的形变，厚膜电阻印刷在陶瓷膜片的背面，连接成一个惠斯通电桥（闭桥），由于压敏电阻的压阻效应，使电桥产生一个与压力成正比的高度线性、与激励电压也成正比的电压信号，标准的信号根据压力量程的不同标定为 2.0/3.0/3.3（mV/V）等，可以和应变式传感器相兼容。通过激光标定，传感器具有很高的温度稳定性和时间稳定性，传感器自带温度补偿 0～70℃，并可以和绝大多数介质直接接触。

陶瓷是一种公认的高弹性、抗腐蚀、抗磨损、抗冲击和振动的材料。陶瓷的热稳定特性及它的厚膜电阻可以使它的工作温度范围高达 −40～135℃，而且具有测量的高精度、高稳定性。电气绝缘程度＞2kV，输出信号强，长期稳定性好。高特性、低价格的陶瓷传感器将是压力变送器的发展方向，在欧美国家有全面替代其他类型传感器的趋势，在中国，越来越多的用户使用陶瓷传感器替代扩散硅压力变送器。

（3）扩散硅压力变送器原理及应用

工作原理：被测介质的压力直接作用于传感器的膜片上（不锈钢或陶瓷），使膜片产生与介质压力成正比的微位移，使传感器的电阻值发生变化，和用电子线路检测这一变化，并转换输出一个对应于这一压力的标准测量信号。

（4）蓝宝石压力变送器原理与应用

利用应变电阻式工作原理，采用硅-蓝宝石作为半导体敏感元件，具有无与伦比的计量特性。

蓝宝石系由单晶体绝缘体元素组成，不会发生滞后、疲劳和蠕变现象；蓝宝石比硅要坚固，硬度更大，不怕形变；蓝宝石有着非常好的弹性和绝缘特性（1000℃以内）。因此，利用硅-蓝宝石制造的半导体敏感元件，对温度变化不敏感，即使在高温条件下，也有着很好的工作特性；蓝宝石的抗辐射特性极强；另外，硅-蓝宝石半导体敏感元件，无 p-n 漂移，因此，从根本上简化了制造工艺，提高了重复性，确保了高成品率。

用硅-蓝宝石半导体敏感元件制造的压力传感器和变送器，可在最恶劣的工作条件下正常工作，并且可靠性高、精度好、温度误差极小、性价比高。

表压压力传感器和压力变送器由双膜片构成：钛合金测量膜片和钛合金接收膜片。印刷有异质外延性应变灵敏电桥电路的蓝宝石薄片，被焊接在钛合金测量膜片上。被测压力传送到接收膜片上（接收膜片与测量膜片之间用拉杆坚固地连接在一起）。在压力的作用下，钛合金接收膜片产生形变，该形变被硅-蓝宝石敏感元件感知后，其电桥输出会发生变化，变化的幅度与被测压力成正比。

传感器的电路能够保证应变电桥电路的供电，并将应变电桥的失衡信号转换为统一的电信号输出（0～5mA，4～20mA 或 0～5V）。在绝对压力传感器和压力变送器中，蓝宝石薄片与陶瓷基极玻璃焊料连接在一起，起到了弹性元件的作用，将被测压力转换为应变片形变，从而达到压力测量的目的。

（5）压电压力传感器原理与应用

压电传感器中主要使用的压电材料包括有石英、酒石酸钾钠和磷酸二氢铵。其中石英（二氧化硅）是一种天然晶体，压电效应就是在这种晶体中发现的，在一定的温度范围之内，压电性质一直存在，但温度超过这个范围之后，压电性质完全消失（这个高温就是所谓的"居里点"）。由于随着应力的变化电场变化微小（也就说压电系数比较低），所以石英逐渐被其他的压电晶体所替代。而酒石酸钾钠具有很高的压电灵敏度和压电系数，但是它只能在室温和湿度比较低的环境下才能够应用。磷酸二氢铵属于人造晶体，能够承受高温和相当高的湿度，所以已经得到了广泛的应用。

现在压电效应也应用在多晶体上，比如现在的压电陶瓷，包括钛酸钡压电陶瓷、PZT、铌酸盐系压电陶瓷、铌镁酸铅压电陶瓷等。压电效应是压电传感器的主要工作原理，压电传感器不能用于静态测量，因为经过外力作用后的电荷，只有在回路具有无限大的输入阻抗时才得到保存。但实际的情况不是这样，所以这决定了压电传感器只能够测量动态的应力。

压电传感器主要应用在加速度、压力和力等的测量中。压电式加速度传感器是一种常用的加速度计。它具有结构简单、体积小、重量轻、使用寿命长等优异的特点，在飞机、汽车、船舶、桥梁和建筑的振动和冲击测量中已经得到了广泛的应用，特别是航空和宇航领域中更有它特殊的地位。压电式传感器也可以用来测量发动机内部燃烧压力的测量与真空度的测量，也可以用于军事工业，例如用它来测量枪炮子弹在膛中击发的一瞬间膛压的变化和炮口的冲击波压力。它既可以用来测量大的压力，也可以用来测量微小的压力。

差压变送器的选型：从物理学角度来看，任何一个物体上受到的压力都包括大气压力和被测介质的压力（一般称为表压）两部分。作用在被测物体上的这两部分压力总和称为绝对压力。测量绝对压力的仪表称为绝压表。普通的工业压力表测量的都是表压值，也就是绝对压力与大气压的压差值。当绝对压力大于大气压值时测得的表压值为正值，称为正表压；当绝对压力小于大气压值时测得的表压值为负值，称为负表压，即真空度。测量真空度的仪表称为真空表。

① 为了保证压力测量精度，最小压力测量值应高于压力表测量量程的 1/3。

② 对需远距离测量或测量精度要求较高的场合，应选用压力传感器或压力变送器。

③ 在测量精度要求不高时，可选择电阻式或电感式、霍尔效应式远传压力变送器。

④ 气动基地式压力指示调节器适宜做就地压力指示调节。

⑤ 压力变送器、压力开关应根据安装场所的防爆要求合理选择。

3.4.3　差压力变送器

差压力变送器被测介质的两种压力通入高、低两压力室，作用在 δ 元件（即敏感元件）的内侧隔离膜片上，通过隔离片和元件内的填充液传送到测量膜片两侧。测量膜片与两侧绝缘片上的电极各组成一个电容器。

当两侧压力不一致时，致使测量膜片产生位移，其位移量和压力差成正比，故两侧电容量不等，通过振荡和解调环节，转换成与压力成正比的信号。压力变送器的工作原理和差压变送器相同，所不同的是低压室压力是大气压或真空。

A/D 转换器将解调器的电流转换成数字信号，其值被微处理器用来判定输入压力值。微处理器控制变送器的工作。另外，它进行传感器线性化，重置测量范围，工程单位换算、阻尼、开方，传感器微调等运算，以及诊断和数字通信。

微处理器中有 16 字节程序的 RAM，并有三个 16 位计数器，其中之一执行 A /D 转换。A/D 转换器把微处理器带来的并经校正过的数字信号微调数据，这些数据可用变送器软件修改。数据储存在 EEPROM 内，即使断电也保存完整。差压变送器工作原理如图 3-40 所示。

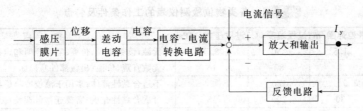

图 3-40　差压变送器工作原理

数字通信线路为变送器提供了一个与外部设备（如 275 型智能通信器或采用 HART 协议的控制系统）连接的接口。此线路检测叠加在 4～20mA 信号的数字信号，并通过回路传送所需信息。通信的类型为移频键控 FSK 技术并依据 Bell202 标准。

差压变送器根据以下几点选型：

① 测量范围、需要的精度及测量功能。

② 测量仪表面对的环境，如石油化工的工业环境，有可热（有毒）和爆炸危险气氛的存在，有较高的环境温度等。

③ 被测介质的物理化学性质和状态，如强酸、强碱、黏稠、易凝固结晶和汽化等工况。

④ 操作条件的变化，如介质温度、压力、浓度的变化。有时还要考虑从开始到参数达到正常生产时，气相和液相浓度与密度的变化。

⑤ 被测对象容器的结构、形状、尺寸、容器内的设备附件及各种进出口料管口都要考虑，如塔、溶液槽、反应器、锅炉汽包、立罐、球罐等。

⑥ 其他要求，如环保及卫生等要求。

3.5 物位检测

3.5.1 概述

物位是液位（液面）、料位（料面）以及界面的总称。对各种物料界面位置进行检测统称为物位测量，对物位进行测量的仪表被称为物位检测仪表。

物位测量的主要目的有两个：一是计量，即通过物位测量来确定容器中的原料、产品或半成品的数量，以保证连续供应生产中各个环节所需的物料或进行经济核算；二是通过物位反映生产状况，通过物位测量，了解物位是否在规定的范围内，以便使生产过程正常进行，保证产品的质量、产量和生产安全。

随着生产的不断发展，对物位测量也不断提出新的要求。由于物位测量受被测介质的物理性质（温度、密度和压力等）、化学性质（要求密闭等）的影响，所以与其他参数的测量相比，仍是比较薄弱的环节。近年来开始采用电容式、超声波式、放射性同位素式等物位测量方法。

物位测量仪表的种类很多，如果按液位、料位、界面可分为：

① 测量液位的仪表：玻璃管（板）式、称重式、浮力式（浮筒、浮球、浮标）、静压式（压力式、差压式）、电容式、电阻式、超声波式、放射性式、激光式及微波式等。

② 测量界面的仪表：浮力式、差压式、电极式和超声波式等。

③ 测量料位的仪表：重锤探测式、音叉式、超声波式、激光式、放射性式等。

各类物位检测仪表的工作条件及特点见表 3-5。

表 3-5 各类物位检测仪表的工作条件及特点

液位计类型	液位范围/m	过程温度/℃	过程压力/MPa	特 点
玻璃管式	1.5	250	2.5	无源，读数直观，价廉；需要照明和定期清洗，易破碎
浮球式	5	80	16	读数直观，价廉；机械部件易损坏
变介电常数电容式	3.5～20	120	3	不适合黏性液体；多用于液位或料位报警
差压式	30	200	15	可适合黏性介质；需要迁移量调校
压阻投入式	30	80	1	量程大；导气电缆和测量头容易受潮
磁致伸缩式	12	120	2	浮子易卡住；不适合黏性液体
超声波式	50	85	0.4	非接触式测量，多数安装在液面的上方；不适合雾气以及有泡沫的液体
雷达式	35	120	10	非接触式测量，不受蒸气、挥发雾的影响，可在灰尘等恶劣环境工作，能测量固体料位
核辐射式	60	600	20	非接触式测量，量程大，可以测量固体料位，适合在高温、高压等恶劣环境中工作；需要进行射线防护

液位计作为物位仪表的一种，是现代企业自动化的重要计量工具，主要用于生产过程中对罐、釜、塔等液位的检测与控制。液位测量包括对液面（界面）和料面的测量。按照习惯，"液面"主要指"液-气"界面，"界面"主要指"液-液"界面，"料面"主要指"固-气"界面。

液位的测量几乎遍及生产与生活的各个领域，尤其在工业生产领域，不但要求精度高，还需很好地适应工业现场的特殊环境。

随着科学技术与生产的迅速发展，液位自动检测领域出现了种类多样的测量手段，并且其功能越来越完善，各项性能指标越来越易适用于工业生产的要求，其数字化、自动化、智能化水平越来越高。液位测量涉及工业生产的各个领域，由于其使用和要求具有一定特殊性，对液位测量装置不但要求精度要高，还要求具有在恶劣环境下持续传感的能力，如要考虑压力、温度、腐蚀性、导电性，是否存在聚合、黏稠、汽化、起泡等现象，以及密度与密度变化、清洁及脏污程度、液面扰动等因素。此外还须具备数字化或线性化输出，对安全性、强度和可靠性都要求很高，往往要求在液位传感系统中具有报警和自我诊断的能力。因此液位传感器的研制就成为了关键和核心。

目前国内外在液位监测方面采用的技术和产品很多，传统的液位传感器按其采用的测量技术及使用方法分类已多达十余种，其中包括超声波、电容、压力、浮子、射频、光纤等传感器等。近年来国内外一些研制单位还在研制开发更新型的传感器。这些传感器的出现大大推动了液位测量技术的发展。高密封、防泄漏的磁性翻板液位计，属于机械式液位计，故无须额外供电，应用于有毒、有害、强腐蚀介质、高温、高压的场合，能够显示其优越性。

在矿物加工领域中，涉及的主要是浮选槽、浮选柱、泵池、搅拌桶、浓缩池等设备中矿浆液位检测以及矿仓中矿石的料位。

3.5.2　差压式液位计

（1）差压式液位计的基本原理

差压式液位计是利用容器内的液位改变时，液柱产生的静压也相应变化的原理而工作的，也称压力式液位计。静压式液位检测方法是根据液柱静压与液柱高度成正比的原理实现的。

图 3-41 为差压式液位计测量原理图。当差压计一端接液相，另一端接气相时，根据流体静力学原理，有：

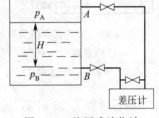

$$p_B = p_A + H\rho g \qquad (3-15)$$

式中　H——液位高度；

　　　ρ——被测介质密度；

　　　g——被测当地的重力加速度。

图 3-41　差压式液位计
测量原理图

由式(3-15)可得：

$$\Delta p = p_B - p_A = H\rho g \qquad (3-16)$$

当被测对象为敞口容器时，则 p_A 为大气压，即 $p_A = p_0$，式(3-16)变为：

$$p = p_B - p_0 = H\rho g \qquad (3-17)$$

在检测过程中，一般情况下被测介质的密度和重力加速度都是已知的，差压计测得的密闭容器中 A、B 两点差压 Δp 与液位的高度 H 成正比；而在敞口容器中，p 与 H 成正比。这样就把测量液位高度的问题变成了测量差压的问题，只要测出 Δp 或 p 就可知道敞口容器或密闭容器中的液位高度。因此，凡是能够测量压力或差压的仪表，均可测量液位。

图 3-42 为敞口容器的压力式液位测量示意图，图中的检测仪表可以用压力表，可以用压力变送器，也可以用差压变送器。当用差压变送器时，其负压室可直接通大气。

当检测仪表的安装位置与容器的底部在同一水平线上时，压力 p 与液位 H 的关系为 $p = H\rho g$，则

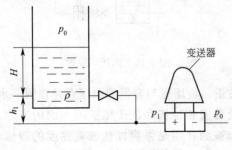

图 3-42　压力式液位检测

容器中待测液体的高度为：

$$H = \frac{p}{\rho g} \tag{3-18}$$

当检测仪表的安装位置与容器的底部不在同一水平线上时（即存在迁移），此时压力 p 与液位 H 的关系为 $p = H\rho g + h_1 \rho g$，则容器中待测液体的高度为：

$$H = \frac{p}{\rho g} - h_1 \tag{3-19}$$

差压式液位计的特点是：

① 检测元件在容器中几乎不占空间，只需在容器壁上开一个或两个孔即可。

② 检测元件只有一两根导压管，结构简单，安装方便，便于操作维护，工作可靠。

③ 采用法兰式差压变送器可以解决高黏度、易凝固、易结晶、强腐蚀性、含有悬浮物介质的液位测量问题。

④ 差压式液位计通用性强，可以用来测量压力和流量等参数。

使用差压计测量液位时，必须注意以下两个问题：

① 遇到含有杂质、结晶、凝固或易自聚的被测介质，用普通的差压变送器可能引起连接管线的堵塞，此时，需要采用法兰式差压变送器，如图 3-43 所示。

② 当差压变送器与容器之间安装隔离罐时，需要进行零点迁移。

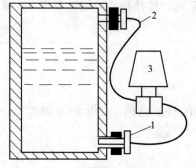

图 3-43　法兰式差压变送器
测量液位示意图

1—法兰式测量头；2—毛细管；3—变送器

（2）差压变送器测量范围、量程范围和迁移量的关系

差压变送器的测量范围等于量程和迁移量之和，即测量范围＝量程范围＋迁移量。如图 3-44 所示，a 线表示差压变送器量程为 30 kPa，无迁移量，测量范围等于量程为 30kPa；b 线表示差压变送器量程为 30kPa，迁移量为－30kPa，测量范围为－30～0kPa；c 线表示差压变送器量程为 30kPa，迁移量为 30kPa，测量范围为 30～60kPa。

（3）差压变送器的零点迁移问题

测量物位时，一般情况下我们要选择一个参考点来计量初始零液位，这时我们就涉及零点迁移的问题。

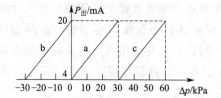

图 3-44　差压变送器测量范围、量程范围和迁移量的关系

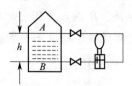

图 3-45　无迁移原理图

应用差压变送器测量液面时，如果差压变送器的正、负压室与容器的取压点处在同一水平面上，就不需要迁移。而在实际应用中，出于对设备安装位置和便于维护等方面的考虑，测量仪表不一定都能与取压点在同一水平面上；又如被测介质是强腐蚀性或重黏度的液体，不能直接把介质引入测压仪表，必须安装隔离液罐，用隔离液来传递压力信号，以防被测仪

表被腐蚀。这时就要考虑介质和隔离液的液柱对测压仪表读数的影响。

差压变送器测量液位的安装方式主要有三种，为了能够正确指示液位的高度，差压变送器必须做一些技术处理——迁移。迁移分为无迁移、负迁移和正迁移。

① 无迁移　即将差压变送器的正、负压室与容器的取压点安装在同一水平面上，如图3-45 所示。

设 A 点的压力为 p^-，B 点的压力为 p^+，被测介质的密度为 ρ，重力加速度为 g，则 $\Delta p = p^+ - p^- = \rho g h + p^- - p^- = \rho g h$；如果为敞口容器，$p^-$ 为大气压力，$\Delta p = p^+ = \rho g h$。由此可见，如果差压变送器正压室和取压点相连，负压室通大气，通过测 B 点的表压力就可知液面的高度。

当液面由 $h = 0$ 变化为 $h = h_{\max}$ 时，差压变送器所测得的差压由 $\Delta p = 0$ 变为 $\Delta p = \rho g h_{\max}$，输出由 4mA 变为 20mA。

假设差压变送器对应液位变化所需要的仪表量程为 30kPa，当液面由空液面变为满液面时，所测得的差压由 0 变为 30kPa，其特性曲线如图 3-46 中的（a）所示。

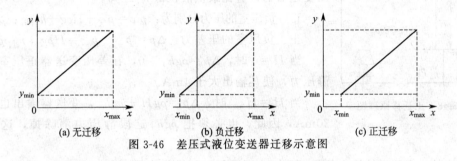

图 3-46　差压式液位变送器迁移示意图

② 负迁移　如图 3-47 所示，为了防止密闭容器内的液体或气体进入差压变送器的取压室，造成引压管线的堵塞或腐蚀，在差压变送器的正、负压室与取压点之间分别装有隔离液罐，并充以隔离液，其密度为 ρ_2。

差压变送器的正、负压室的压力分别为：

$$p_+ = p_气 + H\rho_1 g + h_1 \rho_2 g$$
$$p_- = p_气 + h_2 \rho_2 g$$

正、负压室的压差为：

$$\Delta p = p_+ - p_- = H\rho_1 g - (h_2 - h_1)\rho_2 g$$

当被测液位 $H = 0$ 时，$\Delta p = -(h_2 - h_1)\rho_2 g < 0$，在差压变送器的负压室存在一定静压力 $(h_2 - h_1)\rho_2 g$，使得变送器在 $H = 0$ 时输出电流小于 4mA；$H = H_{\max}$ 时，输出电流小于 20mA。

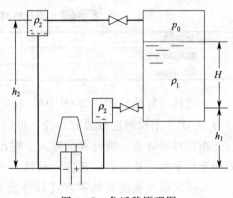

图 3-47　负迁移原理图

在实际工作中 $\rho_2 > \rho_1$，所以，在最高液位时，负压室的压力也远大于正压室的压力，使仪表输出仍小于实际液面所对应的仪表输出。这样就破坏了变送器输出与液位之间的正常关系。为了使仪表输出和实际液面相对应，就必须把负压室引压管线这段液柱产生的静压力 $\rho_2 g H$ 消除掉，要想消除这个静压力，就要调校差压变送器，也就是对差压变送器进行负迁移，$\rho_2 g H$ 这个静压力叫做迁移量。

调校差压变送器时，负压室接输入信号，正压室通大气。假设仪表的量程为 30kPa，迁移量 $\rho_2 gH = 30kPa$，调校时，负压室加压 30kPa，调整差压变送器零点旋钮，使其输出为 4mA；之后，负压室不加压，调整差压变送器量程旋钮，直至输出为 20mA，中间三点按等刻度校验。输入与输出的关系见表 3-6。

表 3-6   负迁移时差压变送器的输入与输出的关系

量程/%	0	25	50	75	100
输入/kPa	−30	−22.5	−15	−7.5	0
输出/mA	4	8	12	16	20

当液面由空液面升至满液面时，变送器差压由 $\Delta p = -30kPa$ 变化至 $\Delta p = 0kPa$，输出电流值由 4mA 变为 20mA，其特性曲线如图 3-46 中的（b）所示。

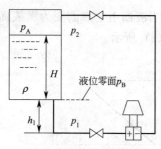

图 3-48   正迁移原理图

③ 正迁移   在实际测量中，变送器的安装位置往往与最低液位不在同一水平面上，如图 3-48 所示。容器为敞口容器，差压变送器的位置比最低液位低 h_1 距离。

正、负压室的压力分别为：$p_+ = p_气 + H\rho g + h_1\rho g$；$p_- = p_气$

正、负压室的压差为：$\Delta p = p_+ - p_- = H\rho g + h_1\rho g$

当 $H = 0$ 时，$\Delta p = \rho g h_1 > 0$，在差压变送器正压室存在一静压力，使其输出大于 4mA。

当 $H = H_{max}$ 时，$\Delta p = \rho g H + \rho g h_1$，变送器输出也远大于 20mA，因此，也必须把 $\rho g h_1$ 这段静压力消除掉，这就是正迁移。

调校时，正压室接输入信号，负压室通大气。假设仪表量程仍为 30kPa，迁移量 $\rho g h = 30kPa$。输入与输出的关系见表 3-7。

表 3-7   正迁移时差压变送器的输入与输出的关系

量程/%	0	25	50	75	100
输入/kPa	+30	+37.5	+45	+52.5	+60
输出/mA	4	8	12	16	20

正迁移特性曲线如图 3-46 中的（c）所示。如果现场所选用的差压变送器属智能型，能够与 HART 手操器进行通信协议，可以直接用手操器对其进行调校。

由此可见，正、负迁移的输入、输出特性曲线为不带迁移量的特性曲线，沿表示输入量的横坐标平移。正迁移向正方向移动，负迁移向负方向移动，而且移动的距离即为迁移量。

差压式液位变送器的零点迁移并没有改变液位计的总量程，也不改变液位计的灵敏度（曲线的斜率），正、负迁移的实质是通过调校差压变送器，改变量程的上、下限值，使液位计的测量下限和上限同时向正方向或负方向平移。在差压式液位变送器中，通常都设置了能够改变测量下限的机械式迁移机构或数字式迁移电路，使得液位为零时，输出电流被调校到下限值，例如 4mA。

（4）几种特殊状态介质物位的测量

① 具有腐蚀性或含有结晶颗粒，以及黏度大、易凝固等介质   当测量具有腐蚀性或含有结晶颗粒，以及黏度大、易凝固等介质的液位时，为解决引压管线腐蚀或堵塞的问题，可以采用法兰式差压变送器，如图 3-49 所示。变送器的法兰直接与容器上的法兰连接，作为

敏感元件的测量头 1（金属膜盒）经毛细管 2 与变送器的测量室相连通，在膜盒、毛细管和测量室所组成的封闭系统内充有硅油，作为传压介质，起到变送器与被测介质隔离的作用。变送器本身的工作原理与一般差压变送器完全相同。毛细管的直径较小（一般内径在 0.7~1.8mm），外面套以金属蛇皮管进行保护，具有可挠性，单根毛细管长度一般在 5~11m 可以选择，安装比较方便。法兰式差压变送器有单法兰、双法兰、插入式或平法兰等结构形式，可根据被测介质的不同情况进行选用。

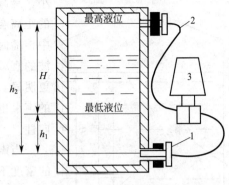

图 3-49　法兰式差压变送器测量液位示意图
1—法兰式测量头；2—毛细管；3—变送器

法兰式差压变送器测量液位时，同样存在零点"迁移"问题，迁移量的计算方法与前述差压式相同。如图 3-49 中 $H=0$ 时的迁移量为

$$\Delta p = h_1 \rho g - h_2 \rho_0 g \tag{3-20}$$

式中，ρ_0 为毛细管中硅油密度。

由于正、负压侧的毛细管中的介质相同，变送器的安装位置升高或降低，两侧毛细管中介质产生的静压作用于变送器正、负压室所产生的压差相同，所以迁移量不会改变，即式（3-20）与变送器的安装位置无关。

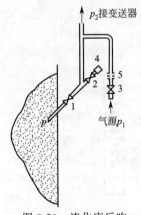

图 3-50　流化床反吹风取压系统
1~3—针阀；4—堵头；
5—限流孔板

② 流态化粉末状、颗粒状态介质　在石油化工生产中，常遇到流态化粉末状催化剂在反应器内流化床床层高度的测量。因为流态化的粉末状或颗粒催化剂具有一般流体的性质，所以在测量它们的床层高度或藏量时，可以把它们看作流体对待。测量的原理也是将测量床层高度的问题变成测量差压的问题，在进行上述测量时，由于有固体粉末或颗粒的存在，测压点和引压管线很容易被堵塞，因此必须采用反吹风系统，即采用吹气法差压变送器进行测量。

流化床内测压点的反吹风方式如图 3-50 所示，在有反吹风存在的条件下，设被测压力为 p，测量管线引至变送器的压力为 p_2（即限流孔板后的反吹风压力），反吹管线压降为 Δp，则有 $p_2 = p + \Delta p$，看起来仪表显示压力 p_2 较被测压力高 Δp，但实践证明，当采用限流孔板只满足测压点及引压管线不堵的条件时，反吹风气量可以很小，因而 Δp 可以忽略不计，即 $p_2 \approx p_0$，为了保证测量的准确性，必须保证反吹系统中的气量是恒流。适当的设计限流孔板，使 $p_2 \leqslant 0.528 p_1$，并维持 p_1 不发生大的变化，便可实现上述要求。

3.5.3　超声波物位计

（1）声波的性质

声波是一种机械波，是机械振动在介质中的传播过程。声波能以各种传播模式（纵波、横波、表面波等）在气体、液体、固体中传播，并有一定的传播速度。当振动频率在 10~20Hz 时可以引起人的听觉注意，称为闻声波；更低频率的机械波称为次声波；20Hz 以上频率的机械波称为超声波。

声波在穿过介质时会被吸收而衰减，气体吸收最强，衰减最大；液体次之；固体吸收最

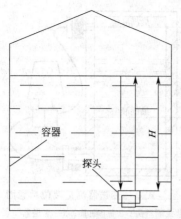

图 3-51　声波测距原理示意图

小，衰减最小。因此对于一给定强度的声波，在气体中传播的距离会明显比在液体和固体中传播的距离短。声波在介质中传播时，衰减的程度还与声波的频率有关，频率越高，声波的衰减也就越大，因此超声波比其他声波在传播时的衰减更明显。声波传播时方向性随声波频率的升高而变强，发射的声束也越尖锐。超声波可近似为直线传播，具有很好的方向性。

当声波由一种介质向另一种介质传播时，因为两种介质的密度不同和声波在其中传播的速度不同，在分界面上声波会产生反射和折射，当声波垂直入射时，如果两种介质的声阻抗相差悬殊，声波几乎全部被反射，如声波从液体或固体传播到气体，或由气体传播到液体或固体。

（2）超声波物位检测基本原理

超声波类似于光波，具有反射、透射和折射的性质。当超声波入射到两种不同介质的分界面上时会发生反射、折射和透射现象，这就是应用超声技术测量物位最常用的一个物理特性。超声技术应用于物位测量中的另一特性即是上述的超声波在介质中传播时的声学特性（如声速、声衰减、声阻抗等）。

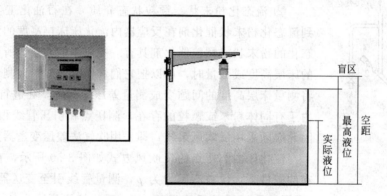

图 3-52　超声波测量液位示意图

声波式物位检测方法就是利用声波的这种反射特性，通过测量声波从发射至接收到物位界面所反射的回波的时间间隔来确定物位的高低，如图 3-51 和图 3-52 所示。当声波从一种介质向另一种介质传播时，在密度不同、声速不同的分界面上传播方向要发生改变，即一部分被反射（入射角＝反射角），一部分折射入相邻介质内。

当声波从液体或固体传播到气体，或相反的情况下，由于两种介质的密度相差悬殊，声波几乎全部被反射。因此，当置于容器底部的探头向液面发射短促的声脉冲波时，经过时间 t，探头便可接收到从液面反射回来的回声脉冲。

图 3-53 为用超声波检测物位的原理图。图中超声发射器被置于容器顶部，当它向液面发射短促的脉冲时，在液面处产生反射，回波被超声接收器接收。若超声发生器和接收器到液面的距离为 H，声波在空气中的传播速度为 u，则有如下简单关系：

$$H = \frac{1}{2}ut \tag{3-21}$$

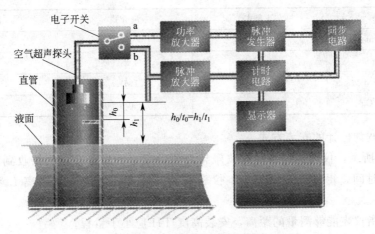

图 3-53　超声波测量液位原理

式中，t 为超声脉冲从发射到接收所经过的时间，当超声波的传播速度 u 为已知时，通过测量时间利用上式便可求得物位的量值。

（3）超声波物位计的结构组成

作为物位检测，一般采用 20Hz 以上频率的超声波段。工业生产中应用的超声波物位计可分为气介式、液介式、固介式三种。超声波物位计有分体式和一体式两种结构类型。分体式的超声波发射和接收为两个器件，一体式超声波的发生和接收为同一个器件。

超声波物位计由超声波发射、接收器（探头）及显示仪表组成，如图 3-54 所示。超声波物位计的原理：物位计以微处理机 8031 单片机为核心，进行超声波的发射、接收控制和数据处理，具有声速温度补偿功能及自动增益控制功能。

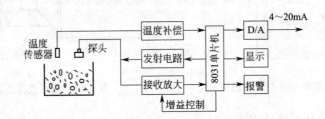

图 3-54　超声波物位计的测量方法

应用超声波进行物位测量，首先要解决的问题是如何发射和接收超声波，通常由超声波换能器来实现。目前应用最广泛的是压电式超声波换能器。压电式换能器产生超声波是基于某些晶体的压电效应及其可逆性能。所谓压电效应是指在压电晶体上有外力作用时，在其相对的两个面上便会产生异性电荷。如果用导线将两端面上的电极连接起来，就会有电流流过；当外力消失时，被中和的电荷又会立即分开，形成与原来方向相反的电流。如果作用于晶体端面上的外力是交变的，则一压一松就可以产生交变电场；反之，将交变电场加在晶体两个端面的电极上，便会沿着晶体厚度方向产生与交变电压同频率的机械振动，向附近发射声波。通常应用超声波测量物位大多是通过压电晶体换能器发射和接收声波。

超声波物位计的主要技术性能见表 3-8。

技术性能	气介式	液介式	固介式
测量范围/m	0.8~30	0.2~10	0.5~5
误差/mm	±5	±3	±0.2
声波频率	3kHz	1MHz	1MHz
环境温度/℃	-40~50	-40~50	-40~50

表 3-8 各种超声波物位计技术性能

（4）超声波物位计的安装方式

如图 3-55 所示，仪表的探头发射波碰到液位后反射回探头，探头接收到后计算从发射波到接收波的时间，得到测量距离 L，仪表安装高度 TH 减去测量距离 L 将得到当前液位 H。

仪表量程指仪表能够测量的距离，安装高度 TH 应小于量程。

仪表盲区指仪表在探头附近无法测量的区域，最高液位与探头间距应大于盲区，例如盲区为 0.3m，则液位与探头间距必须大于 0.3m。

探头发射波是个扩散过程，即有方向角，安装的时候要注意，否则可能打到池壁的凸起物或渠道边沿。超声波探头的安装方式如图 3-56。

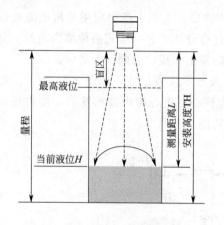

图 3-55 超声波物位计的测量范围

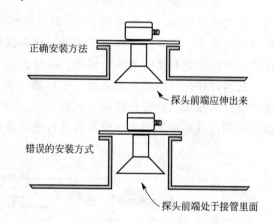

图 3-56 超声波探头的安装方式

（5）超声波物位计的测量方法

实际应用中可以采用多种方法。根据传声介质的不同，有气介式、液介式和固介式；根据探头的工作方式，又有自发自收的单探头方式和收、发分开的双探头方式。它们相互组合就可得到不同的测量方法。图 3-57 是超声波测量液位的几种基本方法。

（6）设置校正具方法

根据前面介绍，利用声速特性采用回声测距的方法进行物位测量，测量的关键在于声速的准确性。由于声波的传播速度与介质的密度有关，而密度是温度压力的函数，例如 0℃ 时空气中声波的传播速度为 331m/s，而当温度为 100℃ 时声波的传播速度增加到 387m/s。因此，当温度变化时，声速也要发生变化，而且影响比较大，使得所测距离无法准确。所以在实际测量中，必须对声速进行较正，以保证测量的精度。设置校正具的方法主要有固定校正具方法、活动校正具方法、固定距离标志方法三种。

① 固定校正具方法 固定校正具就是在传声介质中相隔固定距离所安装的一组探头与

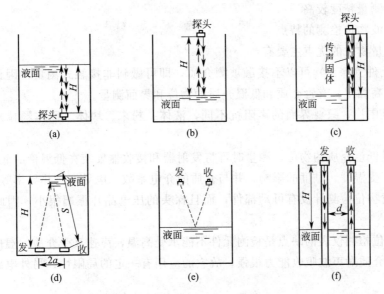

图 3-57　脉冲回波式超声波液位计的基本方案

(a) 液介式；(b) 气介式；(c) 固介式；

(d)~(f) 分别为 (a)~(c) 对应的一发一收双探头方式

反射板装置。在容器底部安装两组探头，即测量探头和校正探头。校正探头和反射板分别固定在校正具上，校正具安装在容器的最底部。校正探头可以在一定程度上消除声速变化的影响，并且可采用数字显示仪表直接显示出液位的高度。校正具的安装位置可视具体情况而定，如果容器内各处的介质温度相同，即各处的声速相等，校正具可以安放在容器内任何地方。在液位最低的情况下，为了让校正具仍浸没在介质中，一般把校正具水平地安装在接近容器的底部位置。此法在测量时需满足校正段声速与测量段声速相等，即 $v = v_0$。

② 活动校正具方法　实际上，因为校正具安装在某一固定位置，由于容器中的温度场或介质密度上下不均匀等，都将使声速的传播速度存在差别，因此固定校正具有时还是不能很好地对声速进行校正。对于密度分布不均匀的介质，或者介质存在有温度梯度时，可以采用浮臂式倾斜校正具的方法。此时，校正具是一根空心长管，此长管可以绕下端的轴转动，管上装有校正探头和反射板。长管的上端连接一个浮球，校正具的上端可以随液位升降。这样校正具测量时的声速与被测液位的声速基本上相等。此种方法对于 7m 多高的油罐液位测量可以达到 ±5mm 的精度，但缺点是安装不方便，要求容器的直径（或长度）要大于液面的可能高度。

③ 固定距离标志方法　在测量探头的上方，每隔一定距离 h（如 1m）就装一个小反射体。这样探头发出声脉冲后，每遇到一个小反射体就有一个米标志波的声脉冲反射回来，当声脉冲传播到液面时，还有较强的液面波声脉冲反射回来，应用电子学的方法从探头提供的接收信号中鉴别出各个米标志波脉冲和液面波脉冲，便可得到液位的高度为 $H = h_1 + h_2$（h_1 为以米为单位的液位数值；h_2 为小于 1m 的零数段）。例如：$H = 4582mm$，由于米标志波的个数不受介质的声速影响，只要小反射体的距离安装的准确，就可以准确地把米数确定下来，即 $h_1 = 4 \times 1000mm$。这样，只有 582mm 距离是由时间换算的，因而相对地降低了测量精度的要求。对于这个零数段，可以采用校正具与固定距离标志相结合的办法进行测量。此方法是将液位高度 H 分成 h_1、h_2 进行测量的，而 h_1 可以准确计量，h_2 采用活动校正具

法测量，因而测量精度较高。

（7）超声波物位检测的特点

超声波测量物位的优点主要有：

① 检测元件（探头）可以不接触被测介质，即可做到非接触式测量，因此，此表适用于强腐蚀性、高黏度、有毒介质和低温介质的物位和界面测量。

② 可测范围广，只要界面的声阻抗不同，液体、粉末、块体（固体颗粒）的物位都可测量。

③ 可测量低温介质的物位，测量时可将发射器和接收器安装在低温槽的底部。

④ 仪表不受湿度、黏度的影响，并与介质的介电系数、电导率、热导率等无关。

⑤ 超声波物位检测计没有可动部件，而且探头的压电晶片振幅很小，因此仪器结构简单，寿命长。

超声波物位检测仪表的缺点是检测元件不能承受高温，声速又受介质的温度、压力的影响，有些被测介质对声波吸收能力很强，故它的应用有一定的局限性。另外电路复杂，造价较高。

而且超声波毕竟是一种机械波，传播速度与介质（当介质不是空气时，直接对声速编程）有关，是介质温度与压力的函数。对于液位的精确丈量，必须考虑对这些因素进行补偿。当环境温度剧烈变化时，探头必须内置温度传感器。由于超声波的产生是基于元件的压电效应，目前压力补偿还无法做到，所以超声波检测技术不适用于高温高压的条件下。目前其最高工作温度可达150℃，压力不超过3bar（1bar=10^5Pa）。此外，超声波频率范围一般在10~100kHz之间，只有当超声波检测原件（探头）中的压电晶体停振后，才能用于反射波的接收。压电晶体的停振时间以及按声波周期所对应的发射时间有一个丈量盲区，盲区决定了在探头表面和容器内最高物位的最小间隔。一般情况下，丈量范围越大，波束的发射角越小，声波频率越低，波长（$\lambda = v/f$）越长，机械波衰减越小，所对应的盲区越大。低余振可以使盲区降到最小。

3.5.4 雷达物位计

（1）雷达物位计的工作原理

雷达物位计的工作原理类似于超声波气介式的测量方法。

以光速 c 传播的高频微波脉冲通过天线系统向被探测容器的液面发射，碰到液面后反射回来并被天线接收，雷达波的运行时间可以通过电子部件被转换成物位信号。用最新的微处理技术和调试软件可以准确地识别出物位的回波。天线接收反射的微波脉冲并将其传输给电子线路，微处理器对此信号进行处理，识别出微脉冲在物料表面所产生的回波。正确的回波信号识别一般只能软件完成，精度可达到毫米级。示意图如图3-58，图3-59所示。

雷达物位计是通过测量发射波与反射波之间的延时 Δt 来确定天线与反射面之间的高度（空高 h）。

$$\Delta t = \frac{2h}{c} \tag{3-22}$$

式中，光速 c=3.0×10^8m/s，它不受介质环境的影响，传播速度稳定。测得延迟时间 t，则可获得高度 h。

雷达物位计由处理器和天线构成，处理器包含 MPU、微波处理模块、信号调理、

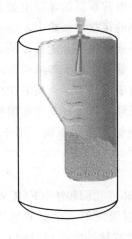
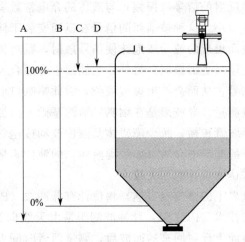

图 3-58　雷达物位计测量示意图

A—量程设定；B—低位调整；C—高位调整；D—盲区范围

测量的基准面是：螺纹底面或法兰的密封面

HART 调制解调模块、MINILCD 显示/调试模块。

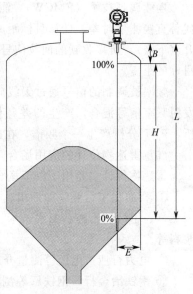

图 3-59　雷达物位计测量原理图

天线发出信号并接收来自物料表面反射的信号，处理器通过智能软件识别正确的回波信号，并采用等效采样方法准确的得出信号发射与接收的时间差。雷达信号从发射到接收的时间周期是与距离也就是物位成比例的。计算精度可达到毫米级。

雷达系统不断地发射线性调频（频率与时间成线性关系）信号，可以得到发射信号频率与反射信号频率之间的差频 Δf，差频正比于延迟时间 Δt，即正比于空高 h，差频信号经过数据处理，可获得空高值 h。罐高值与空高值之差即为物位（液位）高度值。

（2）雷达物位计的特点及适用范围

雷达式物位计是通过计算电磁波到达液体表面并反射回接收天线的时间来进行液位测量的，与超声波液位计相比，由于超声波液位计声波传送的局限性，雷达式液位计的性能大大优于超声波液位计。超声波液位计探头发出的声波是一种通过大气传播的机械能，大气成分的构成会引起声速的变化。而电磁波能量的传输则没有这些局限性，它可以在缺少空气（真空）或具有汽化介质的条件下传播，并且气体的波动变化不影响电磁波的传播速度。

雷达式物位计采用了非接触测量的方式，没有活动部件，可靠性高，平均无故障时间长达 10 年，不污染环境，安装方便。适用于高黏度、易结晶、强腐蚀及易爆易燃介质，特别适用于大型立罐和球磨等液位的测量。

（3）雷达物位计的类型

雷达式物位计按天线形状（天线的外形决定微波的聚焦和灵敏度）分为喇叭口形和导波形两类。由于天线发射的是一种辐射能微弱的信号（约 1mV），在传播过程中会有能量衰减，从液面反射的信号（振幅）与液体的介电常数有关，介电常数低的非导电类介质反射回来的信号非常小。这种被削弱的信号在返回安装于储罐顶部的接收天线途中，能量会被进一步削弱。波面出现的波动或泡沫使信号散射，脱离传播途径或吸收部分能量，从而使返回到接收天线的信号更加微弱。另外，当储罐中有混合搅拌器、管道、梯子等障碍物时，也会发射电磁波信号，从而会产生虚假液位，因此喇叭口形主要用于波动小、介质泡沫少、介电常数高的液位测量。导波形是在喇叭口形的基础上增加了一根导波管，其安装如图所示，可使电磁波沿导波管传播，减少障碍物及液位波动或泡沫对电磁波的散射影响，用于波动较大、介电常数低的非导电介质（如烃类液体）的液位测量。

（4）雷达物位计的相关技术

目前世界上的微波（雷达）物位计有脉冲法（PULS）和连续调频法（FMCW）两种。

脉冲波技术（PULS）：脉冲波测距是由天线向被测物料面发射一个微波脉冲，当接收到被测物料面上反射回来的回波后，测量两者时间差（即微波脉冲的行程时间），计算被测物料面的距离。

微波发射和返回之间的时差很小，对于几米的行程，时间要以纳秒来计量。脉冲测距采用规则的周期重复信号，而且重复频率（RPF）高。

连续调频技术（FMCW）：测量物位是将传播时间转换成频差的方式，通过测量频率来代替直接测量时差，计算目标距离。发射一个频率被线性调制的微波连续信号，频率线性上升（下降），所接收到的回波信号频率也是线性上升（下降）的，两者的频率差将比例于离目标的距离。

频率被调制的信号通过天线向容器中被测物料面发射，被接收的回波频率信号和一部分发射频率信号混合，产生的差频信号被滤波及放大，然后进行快速傅里叶变换（FFT）分析，FFT分析产生一个频谱，在此频谱上处理回波并确认回波。

（5）雷达物位计的应用场合

雷达物位计主要用于以下场合。

① 石油化工行业　如油田、石化、采油厂、化工厂、焦化厂等测量介质：原油、轻油、天然气、甲醇、乙醇、氨水、苯、聚苯烯、酯类、水蒸气、液态二氧化碳、油漆、松节油、浆料等。

② 电力行业　电厂等测量介质：原煤仓、粉煤仓、粉煤灰仓、化学水等。

③ 钢铁冶金行　钢铁厂等测量介质：石灰石、焦粉煤、冷返矿、原料仓、粉料仓、煤灰仓、化学水等。

④ 水泥厂　水泥厂等测量介质：熟料库、粉料库、原煤仓等。

3.5.5　激光物位计

（1）激光物位计的测量原理

激光物位计也叫激光雷达物位计，是由半导体激光器发射连续或高速脉冲激光束，激光束遇到被测物体表面进行反射，光线返回由激光接收器接收，并精确记录激光自发射到接收之间的时间差，从而确定从激光雷达到被测物之间的距离。

激光物位计由吹扫环、高温视窗、激光发射装置、激光接收装置和信号处理器等几部分组成，其测量原理如图 3-60 所示。

激光发射-反射-接收是激光物位计的工作原理。激光物位计的激光发射装置由激光发射

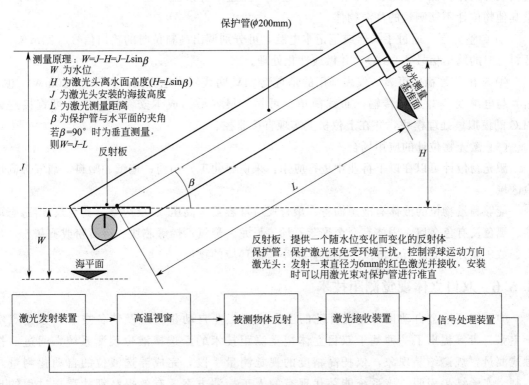

测量原理：$W=J-H=J-L\sin\beta$
W 为水位
H 为激光头离水面高度($H=L\sin\beta$)
J 为激光头安装的海拔高度
L 为激光测量距离
β 为保护管与水平面的夹角
若$\beta=90°$ 时为垂直测量，
则$W=J-L$

保护管(ϕ200mm)

激光测量基准面

反射板

β

L

H

J

W

海平面

反射板：提供一个随水位变化而变化的反射体
保护管：保护激光束免受环境干扰，控制浮球运动方向
激光头：发射一束直径为6mm的红色激光并接收，安装
时可以激光束对保护管进行准直

| 激光发射装置 | → | 高温视窗 | → | 被测物体反射 | → | 激光接收装置 | → | 信号处理装置 |

图 3-60　激光物位计测量原理

窗口发出激光，每秒钟发出的激光次数可由用户调节（1～25），每次发射出100ns的激光由激光接收窗口进行接收，经仪表进行处理后，根据光的传播速度由发射到接收的时间可知被测物的距离。

根据用户设置的量程和满度信息，处理器计算出当前料位的百分比，然后按照比例输出 4～20mA 或 0～5V 等模拟信号、RS485Modbus 的数字信号、警示报警继电器开关信号等。

激光雷达与普通雷达物位计相比，激光雷达极大地缩短了发射电磁波的波长，提高了发射电磁波的频率。又利用激光束不发散的特点，使得发射波具有近于 0°的发射角，从而不易受到干扰。

根据测量时间方法的不同，激光雷达物位计可分为脉冲式和相位式两种测量形式。

（2）激光物位计的特点

激光物位计与传统的超声波、雷达等非接触式物位计相比，具有以下优点：测量光束发散角小、方向性好；量程大、测距远、盲点最少；不受介质温度影响；不受温度变化影响；测量速度快，适合变化快的液位及料位测量；操作简单，可编程测量；测量精确、高精度，适合高要求项目；分辨率高出一般仪表十倍；波束角小，适合长距离定位，避免障碍物；光束能够穿透玻璃窗和通明介质。

激光物位计缺点是易受测试波段光源干扰，且价位高。其优点是：

① 可实现连续的准确测量　激光物位计以光波的形式进行测量，并且激光的穿透能力很强，所以激光物位计不受被测物质的粉尘浓度、气体密度和压力等因素的影响。

② 可连续测量高温物体　激光物位计加上高温视窗隔底并加吹扫环、风冷和水冷装置，

使仪表可工作在低于 150℃ 的工作环境，这时可测量的介质温度达 800～1600℃，因此可测量其他物位计不能测量的高温物体。

③ 调整方便　通过手操器或笔记本电脑，可分别调出高料位时的输出信号（20mA）和低料位时的输出信号（4mA），并做线性化处理。

④ 输出信号稳定可靠　仪表采用的是直流 24V 两线制供电方式，其（4～20mA）电流信号与电源线一并进行传输，布线简单、可靠，很容易构成本安系统，信号可直接进入 PLC 的模拟量处理模块，并在上位机上实现直接监控。

（3）激光物位计的应用场合

激光物位计可以在以下行业中进行应用：采矿、化工、制药、造纸、塑料、油气等高风险区域。

能够测量物位的液体有液态沥青、聚合反应堆容器（高压）、反应釜（真空）、熔融态玻璃、黑色及有色金属；固体有合金聚苯乙烯、尼龙、聚氯乙烯等芯块、滑石粉或石灰粉、矿石、放矿溜井里的废石、湿或干木屑等狭小弯曲环境的物位。

3.5.6　双目立体视觉测距技术

中国钢研冶金自动化研究设计院的混合流程工业自动化系统及装备技术国家重点实验室张云贵等提出了一种基于双目立体视觉测距技术的浮选槽液位检测系统，通过非接触式测量，规避结晶现象，依托高精度的视觉测量手段，完成浮选液位的自动化测量与控制。实验结果表明，该系统能替代现有的人工检测方案，有效提高钾盐浮选过程的自动化水平。

（1）双目视觉定位原理

双目视觉定位融合了图像处理、人工智能以及自动控制等多项先进技术，目前已广泛应用于场景监控、智能交通、航天遥测和军事侦察等领域。双目视觉定位源于人通过双眼可以获得物体的深度变化，基于这个原理，研究通过左右两台摄像机拍摄同一物体并提取特征点，从而获得特征点的深度信息。两台摄像机相对位置，如图 3-61 中所示，两台摄像机焦距相等，内部参数完全一致，而且两台摄像机的光轴互相平行，X 轴重合。在不考虑畸变的情况下，由于光轴垂直于图像平面，所以两台摄像机的图像坐标系 X 轴重合，Y 轴互相平行。当双目摄像机如图 3-61 配置时，通过将左摄像机坐标系平移 O_1O_2 距离（即基线距 b），就可以得到右摄像机坐标系。双目摄像机观察同一点 P，P_1、P_2 为 P 点在左右图像坐标系中的成像点，也是双目测距系统中需要匹配的特征点。根据中心射影比例关系等，通过一系列计算，可以求出空间内任一点 P 的三维坐标（X，Y，Z），其中 Z 坐标就是 P 点到两台摄像机所在平面的距离，b 即为两台摄像机光心之间的距离。

（2）浮选槽液位检测系统硬件

该检测系统中的双目摄像机采用大恒 DH-SV401FC/FM 数字摄像机，摄像机通过 IEEE1394 接口与计算机上的图像采集卡相连。为方便与实际测量结果比较，还要将测量结果转换为液面到实验室内仿制浮选槽上沿的高度值。实验中，两台摄像头呈一定角度向内倾斜，保证二者具有充分的视场交集。摄像机中间为激光发生器。为模拟全天候测量要求，在浮选槽上方添加补充光源，并在仿制溢流槽内安装电动机，以模拟工业现场反浮选的液面搅动。浮选液位检测硬件系统如图 3-62 所示。

将检测传感器件通过 IP65 机壳封装并悬挂安装在浮选槽正上方固定住。测量液位时，用激光器在浮选槽内打上数个参考点，摄像机每 500ms 采样一次，采集到的图像通过 IEEE1394 接口输入到嵌入式图像处理装置中，装置内嵌入双目视觉测距软件，软件包含图像预处理、降噪、畸变校正、立体匹配、双目测距、无线通信与配置等模块，测量的液位高度信息最终传输到 PLC 中。

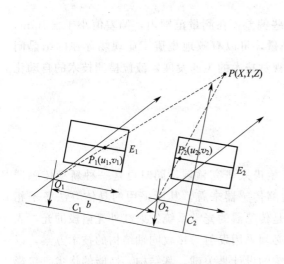

图 3-61　双目视觉示意图

C_1、C_2—左右摄像机坐标系；O_1、O_2—左右摄像机坐标系原点；E_1、E_2—左右成像面；X、Y、Z—空间点 P 的坐标；$P_1(u_1,v_1)$、$P_2(u_2,v_2)$—空间点 P 在左右成像面的投影点及坐标；b—基线距

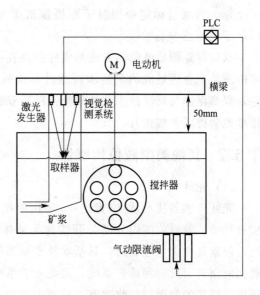

图 3-62　浮选液位检测硬件系统

（3）浮选槽液位检测系统软件

浮选槽内是气体、液体、固体三相物质的复杂运动，浮选槽的矿浆液面之上有矿化泡沫层，在采用泡沫隔离网以及取样套筒将泡沫分离出去后，取样套筒中的液面比较浑浊，且无明显易分辨的特征点，因此在液面上照射数个激光点作为特征点，通过测量数个激光点的三维坐标取平均值的方法得到液面的平均高度。

液位检测软件流程如图 3-63 所示。采集液位图像前，先要对摄像机进行标定，得到左右摄像机的内部参数（焦距、畸变参数等）和其相对位置，系统标定采用基于圆点标定板的平面标定方法，标定完成后，保存摄像机的内部参数和外部参数。标定完成后，在液面选取特征点，通过图像预处理等方法并根据标定参数实现特征点匹配，最终计算出液位信息。

浮选槽液位检测系统软件的关键算法是图像预处理。通过对输入的原始图像进行增强、降噪、灰度化和区域/点提取处理，可以使图像更易于识别，

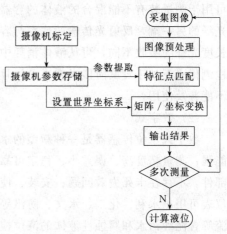

图 3-63　液位检测软件流程图

在此基础上提取和匹配特征点，得到特征点在图像坐标系中的坐标，并通过计算求得特征点在校正后摄像机坐标系下的三维坐标。求得的三维坐标是校正后的左摄像机坐标系下的三维坐标，而校正后的摄像机坐标系是原摄像机坐标系通过标定求得的两坐标系的位置关系转换后得到的两摄像机光轴平行的虚拟摄像机坐标系，因此在求得特征点的三维坐标后，需要对坐标进行变换。先将特征点的三维坐标转换为原摄像机坐标系下的三维坐标，再通过标定板相对于原摄像机坐标系的位置变换为空间中易被检测的标定板坐标系下的三维坐标。

双目视觉测量液位的方法与实际值存在一些偏差，在测量范围内，偏差值小于±5mm，可以满足工业现场的测量需求。通过非接触测量，可以有效地规避工业现场存在的结晶问题，提高浮选与反浮选工艺的效率。随着双目视觉技术的飞速发展，液位检测技术的自动化程度也会得到大幅提升。

3.5.7　其他类型液位传感器

（1）光纤式

光纤传感器技术从 20 世纪 70 年代中期开始进入研究领域，同时也是一种新型传感器发展趋势。就目前国内外已公开的这类液体检测传感器来看，其所采用的具体方法各不相同，但就其检测原理而言，其基本技术原理都是传感器的光学系统发射红外光谱段的光，入射到液面进而反射到接收系统，因此光学系统必须采用发射与接收同轴结构的技术方案，以获得足够高的发射与接收效率。检测中光学系统的设计是关键，其结构、性能的优劣直接影响液位传感器的检测精度和过程稳定性。光纤传感器有许多优点：体积小、重量轻、无动作部件、不受电磁干扰；测量精度高，在静态下测量精度可达 1mm；光纤传输的频带宽，动态范围大，尤其在易燃易爆的恶劣环境中得到广泛应用。它的应用从根本上克服了电测方法带来的火灾隐患。国内公开的一种光纤水银液位传感器，该传感器的结构为在 J 型连通器的细管中装有套筒，套筒的上端固定着主光纤，主光纤的上顶端面上有反射面，套筒内装有透镜，套筒的下端固定着传输光纤并与光缆相连接，在 J 型连通器内装有水银，J 型连通器的粗管顶部由浮动活塞密封。该发明将光纤与水银结合，实现了对液位进行大量程、高分辨率的连续测量。美国公开的一种适用于多种液体检测的多波段光纤液位传感器专利，该传感器可用于测量装有不能混合的液体的容器中的液位。光纤的一端浸在被测液体中，光被照射到光纤的另一端，反射光传输的比率与容器中液面的瞬时变化有关，因为对每一种液体的单位长度光纤的吸收不同，可从液体消耗中推测出液位，从吸收数量可获得液体相对数量。这类检测仪表正处于发展阶段尚未成熟，且不同类型的产品的成本、性能存在较大差异，因此还不能普及使用。

（2）数字式

数字式水位传感器是一种新型的水位测量传感器。它的优点是：信号可远传；抗干扰性能强；测量精度高、误差小、稳定可靠；全投入式，不怕泥沙、污物堵塞掩埋；无机械可动部件，不存在卡死失效问题；安装、使用、维护方便，不受安装条件限制。数字式水位测量仪表可用于水利、化工、水文、防汛等水位、液位的检测中，可解决如：下水道、江湖、河流等含泥沙污水和腐蚀性液体的液位检测问题。目前已在发电厂水位测控、供暖锅炉系统水位测控、水井、水池、高楼供水等方面得到了广泛应用。

3.6 成分检测

3.6.1 概述

成分检测（包含成分检测、成分测试项目）是通过谱图对未知成分进行分析的技术方法，因此该技术普遍采用光谱、色谱、能谱、热谱、质谱等微观谱图。

最常见的成分检测有土壤成分检测。传统的土壤成分含量检测仍沿用实验室分析的方法，存在耗资、费时、检测速度慢、污染大气等缺点。而近红外光谱技术（NIRS）是一种利用物质某些官能团，如 C—H、O—H、N—H 等对红外光的选择性吸收，快速测量物质中一种或几种成分含量的技术。因其具有快速、简便、低成本、非破坏性和多组同时测定等优点，被广泛应用于农业、食品、石油、医药等领域。

除红外光谱分析外，XRD 分析即 X 射线衍射（X-ray diffraction），也是一种常用的成分分析手段。通过对材料进行 X 射线衍射，分析其衍射图谱，获得材料的成分、材料内部原子或分子的结构或形态等信息。

除了以上手段外，质谱分析技术也是现在比较公认的成分分析手段之一。质谱法（mass spectrometry，MS），即用电场和磁场将运动的离子（带电荷的原子、分子或分子碎片，有分子、离子、同位素离子、碎片离子、重排离子、多电荷离子、亚稳离子、负离子和离子-分子相互作用产生的离子）按它们的质荷比分离后进行检测的方法。测出离子准确质量即可确定离子的化合物组成。这是由于核素的准确质量是多位小数，决不会有两个核素的质量是一样的，而且绝不会有一种核素的质量恰好是另一核素质量的整数倍。分析这些离子可获得化合物的分子量、化学结构、裂解规律和由单分子分解形成的某些离子间存在的某种相互关系等信息。

下面重点介绍在矿物加工领域几个重要的物相指标的分析手段。

3.6.2 pH 检测仪

水的 pH 值随所溶解物质的多少而定，因此 pH 值能灵敏地指示出水质的变化情况。pH 值的变化对生物的繁殖和生存有很大影响，同时还严重影响活性污泥生化作用，即影响处理效果，污水的 pH 值一般控制在 6.5～7。水在化学上是中性的，某些水分子自发地按照下式分解：$H_2O \Longrightarrow H^+ + OH^-$，即分解成氢离子和氢氧根离子。在中性溶液中，氢离子 H^+ 和氢氧根离子 OH^- 的浓度都是 $10^{-7} mol/L$，pH 值是氢离子浓度以 10 为底的对数的负数：$pH = -lg[H^+]$，因此中性溶液的 pH 值等于 7。如果有过量的氢离子，则 pH 值小于 7，溶液呈酸性；反之，氢氧根离子过量，则溶液呈碱性。pH 值通常用电位法测量，通常用一个恒定电位的参比电极和测量电极组成一个原电池，原电池电动势的大小取决于氢离子的浓度，也取决于溶液的酸碱度。

图 3-64 BPH-220pH 计

pH 检测仪是反馈溶液酸碱性的仪器。pH 测定仪是一种常用的仪器设备，主要用来精密测量液体介质的酸碱度值，配上相应的离子选择电极也可以测量离子电极电位 MV 值，广泛应用于工业、农业、科研、环保等领域。该仪器也是食品厂、饮用水厂办理 QS、HACCP 认证时的必备检验设备。图 3-64 为 BPH-220pH 计，它是一款全新的贝尔 pH 分析仪，本表为高智能化在线连续监测仪，由传感器和二次表两部分组成。可配三复合或两复合电极，以满足各种使用场所的需求。配上纯水和超纯水电极，可适用于电导率小于 $3\mu S/cm$ 的水质（如化学补给水、饱和蒸汽、凝结水等）的 pH 值测量。

3.6.3 水分检测仪

水分检测仪是能够检测各类有机及无机固体、液体、气体等样品中含水率的仪器。按测定原理可以将水分检测仪划分为物理测定法和化学测定法两大类。物理测定法常用失重法、蒸馏分层法、气相色谱分析法等，化学测定方法主要有卡尔·费休法（Karl Fischer）、甲苯法等，国际标准化组织把卡尔·费休法定为测微量水分国际标准，我们国家也把这个方法定为测微量水分国家标准。

（1）红外线水分测定仪

① 红外吸收法是根据水分对 $1.94\mu m$ 波长的红外线具有较强的吸收，而水分对 $1.81\mu m$ 波长的红外线几乎不吸收的特性进行测量的方法。用上述两种擅长的滤光片对红外光进行轮流切换，根据被测物对这两种波长的能量的吸收比值，便可判断含水量。

检测元件可采用硫化镉光敏电阻，使其处于 $10\sim15℃$ 的某一温度下，为此要用半导体制冷维持恒温。这种方法也常用于造纸工业的连续生产线。

② 红外线水分测定仪是根据热解重量原理设计的，是一种新型的快速水分检测仪器。水分测定仪在测量样品重量的同时，红外加热单元和水分蒸发通道快速干燥样品，在干燥过程中，水分仪持续测量并即时显示样品丢失的水分含量，干燥程序完成后，最终测定的水分含量值被锁定显示。与国际烘箱加热法相比，红外加热可以在最短时间内达到最大加热功率，在高温下样品被快速干燥，其检测结果与国标烘箱法具有良好的一致性，具有可替代性，且检测效率远远高于烘箱法。一般样品只需几分钟即可完成测定。

（2）电导法水分仪

固体物质的含水量与其导电性存在一定的关系，含水量高，导电性就好。利用这个原理可构成电导式固体物质湿度计，如图 3-65 所示。图中 A_1、A_2 为金属板，放入物质中构成两个电极，在一定距离的条件下，其电阻值 R_x 随物质含水量的变化而变化，将极间电阻接入不平衡电桥时，就可将含水量的变化转换为标准信号输出。

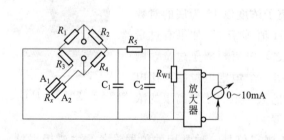

图 3-65　电导式固体物质湿度计原理图

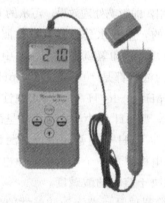

图 3-66　HT8-MS7200 水分仪

图 3-66 为北京精诚华泰仪表有限公司生产的 HT8-MS7200 快速便携式电导法水分检测仪，其量程为含水量 $0\sim80\%$，它采用美国进口集成电路技术，引进温、湿度补偿技术，测量精确度高、稳定性好；测量速度快，可替代传统烘箱法，使水分测定时间缩短，整个过程

操作只需 1min，测量值 1s 读数，大大节省了检测人员的宝贵时间；体积小、重量轻、抗干扰性能强，可随身携带于现场进行快速检测；仪器设计采用了低功耗大规模集成电路和液晶显示技术，耗电量低。

3.6.4 品位分析仪

X 荧光在线品位分析仪采用 X 荧光分析技术，利用能量色散的方法，通过激发物料中的各种元素产生复杂的 X 射线混合能谱，采用能谱分析技术求出被测物料中的元素种类和含量，仪表省去了复杂烦琐的样品处理过程，直接对矿浆分析，快速给出分析结果，可参与、指导生产过程的自动化控制。X 荧光在线品位分析仪能够同时检测矿浆中铁、铜、铅、锌、钼、镍等元素的含量，检测精度达到国际先进水平。与国外同类产品相比，该产品现场适应性更强，维护量更小，性能更稳定，服务更周到及时。目前，该产品已在金川集团、山东黄金集团、中铁资源集团等多家知名矿山企业应用，在企业稳定、提高产品质量、提高金属回收率、提高管理水平、节约成本方面，发挥了重要作用。

图 3-67 所示的是丹东东方测控技术股份有限公司生产的 X 荧光在线品位测定仪，它可以最多分析 12 流道矿浆；可分析原子序数 20 以上的各种元素；其分析的元素含量范围在 100%～0.001%；分析相对误差在 0.5%～20%（对应含量为 100% 时相对误差 0.5%，对应含量为 0.001% 时相对误差 20%）。

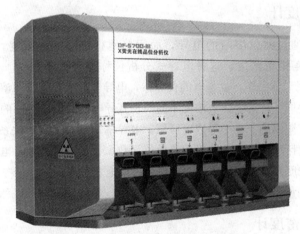

图 3-67　DF-5700-Ⅲ在线品位测定仪

3.7 密度（浓度）检测

3.7.1 概述

密度计是测定物质密度（浓度）的设备，一般情况下可以做出以下分类：

① 按照密度计的应用场景不同，可以将密度计分为台式密度计和便携式密度计。

② 按测量的物质形态不同，可以将密度计分为固体密度计、液体密度计和气体密度计。

③ 按照工作原理的不同，可以将密度计分为静压式、振动式、浮子式和放射性同位素式等类型的密度计。

其中浮子式密度计它的工作原理是：物体在流体内受到的浮力与流体密度有关，流体密度越大浮力越大。如果规定被测样品的温度（例如规定 25℃），则仪器也可以用密度值作为刻度值。这类仪器中最简单的是目测浮子式玻璃密度计，简称玻璃密度计。

静压式密度计它的工作原理是：一定高度液柱的静压力与该液体的密度成正比，因此可根据压力测量仪表测出的静压数值来衡量液体的密度。膜盒（见膜片和膜盒）是一种常用的压力测量元件，用它直接测量样品液柱静压的密度计称为膜盒静压式密度计。另一种常用的是单管吹气式密度计。它以测量气压代替直接测量液柱压力。将吹气管插入被测液体液面以下一定深度，压缩空气通过吹气管不断从管底逸出。此时管内空气的压力便等于那段高度的样品液柱的压力，压力值可换算成密度。

振动式密度计它的基本工作原理是：两位奥地利著名科学家 Hans Stabinger 和 Hans Leopord 发现了振荡管密度计的测量原理——物体受激而发生振动时，其振动频率或振幅与物体本身的质量有关，如果在一个 U 形的玻璃管内充以一定体积的液体样品，则其振动频率或振幅的变化便反映一定体积的样品液体的质量或密度。两位科学家后来设计出原型并交由 Urich Santner 先生以及其公司 Anton Paar 于 1967 年设计出了最早的数字式液体密度计。全自动的液体密度计均基于 U 形振荡管的原理。

放射性同位素密度计仪器内设有放射性同位素辐射源。它的放射性辐射（例如 γ 射线），在透过一定厚度的被测样品后被射线检测器所接收。一定厚度的样品对射线的吸收量与该样品的密度有关，而射线检测器的信号则与该吸收量有关，因此能够反映出样品的密度。

3.7.2　电导式密度计

电导式密度计是通过测量溶液的电导，而间接地得到溶液的浓度。比如它可用来分析酸、碱、盐等电解质溶液的浓度，这种电导式分析仪称为浓度计。

电解质溶液与金属导体一样，也是电的良导体，电导率的大小不仅与溶液的性质有关，还与溶液的浓度有关。即使同一种溶液，若浓度不同时，其导电性能也是不同的。利用电导法测量溶液的浓度是会受到一定限制的。在中等浓度区域，电导率 σ 与浓度 C 的关系不是单值函数，只有在低浓度区域或高浓度区域，它们的关系才是单值函数。在低浓度区域，电导率与浓度可近似地表示为 $\sigma = kC$。在高浓度区城，电导率与浓度也可近似地表示为 $\sigma = kC + \alpha$。因此只要测出溶液的电导率就可以间接地测量出溶液的浓度。

3.7.3　重浮子式密度计

重浮子式密度计见图 3-68。地球的重力将物体拉向地面，但是如果将物体放在液体中，浮力将会对它产生反方向的作用力，浮力的大小等同于物体排开液体的重力。密度计根据重力和浮力平衡的变化上浮或下沉。一个功能完好的密度计仅能处于漂浮状态，因此浮力向上推的力要比重力向下拉的力稍微大一点。但在平衡的时候，重力大小等于浮力。

因为密度计的体积没有发生变化，所以其排开水的体积是相同的。但是，因为其中包含了更多的水而变得更重。当重力大于浮力时，密度计会下沉。密度计的重量小于相同体积水的重力，所以密度计重新浮起。密度计的读数是下大上小，当它浸入不同的液体中，体积不变示数发生变化，密度计底部的铁砂或铅粒是用来保持平衡的。

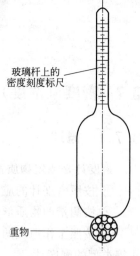

玻璃杆上的密度刻度标尺

重物

图 3-68　重浮子式密度计

测量流体密度的物性分析仪器，与它相似的比重计是测量流体比重的仪器。密度是单位体积物质的质量；比重是液体或固体与水或者气体与空气在规定温度和压力时的密度比。水和空气在一定温度和压力时的密度是已知的，因此，在规定条件下的比重和密度是可以互换的。物质的密度或比重与物质的成分有关，所以常用密度计和比重计来检测如酒精、石油产品、酸碱溶液、煤气和天然气等的品质。密度计还可用于这类产品生产和加工过程的监测和控制。

3.7.4　核子密度计

核子密度计采用 γ 射线透射原理，以非接触的方式对密封罐、槽管道内各种流体、半流体或混合物的密度（浓度）进行在线实时测量。核子密度仪或者核子仪是核子密度/湿度检测仪的简称，是利用同位素放射原理实时检测土工建筑材料的密度和湿度的电子仪器。核子密度通常安装有一个密封的 10mCi（1mCi＝37GBq）的铯 137 伽玛源和一个密封的 50mCi 的镅 241 铍中子源，仪器中还安装有密度和湿度两种射线探测器，分别与伽玛源和中子源共同对被测材料的密度和湿度进行测量。核子密度计见图 3-69。

核子仪通过检测被测材料中含有的所有元素的原子量总和来计算被检测材料的总密度（湿密度），所以仪器的密度检测不受被测材料的颗粒大小、级配、均匀度以及物理状态、化学成分等方面的影响。除非被测材料的化学组成与常规材料有很显著的不同，通常情况下核子仪密度检测结果不需要进行校正。

核子仪测量湿度时，测量的是被测材料中所有的氢原子，在大多数土壤和骨料中，氢原子存在于自由水中。但是蛇纹石、黏土、有机体和石灰处理的土壤中含有结合水，这些材料中的结合水对仪器检测材料的含水率有轻微影响。这个问题可以通过非常简便的在仪器中输入水分偏置量的方法进行校正。

对于各种土壤和没有凝固的水泥混凝土等材料，通常采用透射法。　图 3-69　核子密度仪
这个方法是在被测材料中用钢钎钻一个垂直的检测孔，然后将仪器的探测杆伸入到被测材料中，在各个深度上检测材料的密度和湿度。对于石头、混凝土等不能造孔的材料，通常采用反射法。这个方法是将仪器放置于被测材料的表面，根据被测材料的厚度和种类采用适合的检测档位，直接检测材料的密度、压实度等指标。

3.8　粒度检测

在选矿生产过程中，磨矿产品的粒度是选矿技术经济指标的重要参数之一。磨矿粒度不够细（即欠磨）时，有用矿物颗粒单体解离不能充分，浮选中就难以保证回收率，既浪费了磨矿和浮选时的能源，又浪费了矿产资源；磨矿粒度过细（即过磨）时，已经充分单体解离的有用矿物颗粒又被破坏成了更小的颗粒，大大地浪费了电能，并形成了影响浮选的矿泥。为了保证磨矿作业的产品达到规定的技术经济指标，避免欠磨和过磨，使选矿过程优质高产、低消耗，发挥最大的经济效益，就必须对选矿过程中矿浆的浓度和粒度进行检测和控制。改善磨矿回路控制的关键是连续测量和控制最终产品的粒度和浓度。选矿最终产品粒度不仅是实现选矿自动化过程控制的一个重要参数，也是指导操作人员操作的一个重要依据。粒度的在线检测和控制能够提高球磨机的最佳磨矿效率，提高球磨机的台时效率。

3.8.1 概述

（1）粒度及粒度检测方法

颗粒是具有一定尺寸和形状的微小的物体，是组成粉体的基本单元。它宏观很小，但微观却包含大量的分子、原子。通常把尺寸在毫米以下的固体粉末、液滴、气泡等统称为粒子或颗粒。随着科学技术和生产工艺的日益发展和完善，颗粒的粒度有不断减小的趋势。工程上将粒径在 $1\mu m$ 以下的颗粒称为超细颗粒。

颗粒的尺寸大小称为颗粒的粒度。不同大小粒径的颗粒分别占粉体总量的百分比叫做粒度分布。粒度分布有区间分布和累计分布两种形式。区间分布又称为微分分布或频率分布，它表示一系列粒径区间中颗粒的百分含量。累计分布也叫积分分布，它表示小于或大于某粒径颗粒的百分含量。

颗粒粒度的大小及分布控制着许多工艺生产过程，影响着动力工程中的能源消耗率。在涉及多相流的动力工程中，如火力发电厂煤粉的粒度大小直接影响燃烧的效率、点火特性、稳定性及环境污染；选矿过程中的嵌布粒度、磨矿细度及解离度；各种涂料中的颜色颗粒，轻工产品如陶瓷等的性能均与颗粒粒度有密切的关系。准确地测定颗粒大小（包括粒径、分布及浓度）对改善产品质量、提高产品性能、降低能源消耗、控制环境污染具有重大的经济和社会意义。

在不同的应用领域中，对粉体特性的要求是各不相同的，在所有反映粉体特性的指标中，粒度分布是所有应用领域中最受关注的一项指标。所以客观真实地反映粉体的粒度分布是一项非常重要的工作。粒度测试是通过特定的仪器和方法对粉体粒度特性进行表征的一项实验工作。根据测量要求不同，目前被广泛应用的各种颗粒粒径测量仪器的种类很多，相应的颗粒测量方法也有很多。按其基本工作原理可以分为直接法和间接法两大类。

直接法是根据颗粒的几何尺寸测定，如筛分法和显微镜法。而根据某种物理规律测定颗粒在某些因素影响下所具有的某一物理量，再换算成具有相同数值的同一物理量的球体的直径，用它代表粒子的大小，称为间接法，如沉降法、电感应法（Coulter 法）、光散射法。其中光散射法作为一代新颖的测量方法和测量仪器，以其显著特点已在颗粒测量领域及国际市场上占据了主导地位。

目前常用的粒度测试的方法有沉降法、光散射法、筛分法、图像法和电感应法五种，另外还有一些在特定行业和领域中常用的测试方法。

① 筛分法 筛分法是一种最传统的粒度测试方法，是将某一类型的颗粒依次通过一组筛孔大小分为若干等级的套筛，从而使颗粒分为若干级。筛分法分干筛和湿筛两种形式，可以用单个筛子来控制单一粒径颗粒的通过率，也可以用多个筛子叠加起来同时测量多个粒径颗粒的通过率，并计算出百分数。筛分法有手工筛、振动筛、负压筛、自动筛等多种方式。这种方法价格相对便宜，但测量精度不是很高，主要用于粒径较大颗粒的测量。它要求粉体具有较好的流动性及分散性，而且筛分时间长、效率低、分析用的样品量较多，且不能分析细小颗粒。

② 显微镜（显微图像）法 显微镜法是目前少数可以观察和测量单个粒子的方法之一，由于是直接观察，因此测量结果准确可靠，常用来校准或比较其他测量方法的结果。该法的测量部件主要由显微镜、CCD 摄像头（或数码相机）、图形采集卡、计算机等几部分组成。其基本工作原理是将显微镜放大后的颗粒图像通过 CCD 摄像头和图形采集卡传输到计算机

中，由计算机对这些图像进行边缘识别等处理，计算出每个颗粒的投影面积，根据等效投影面积原理得出每个颗粒的粒径，再统计出所设定的粒径区间的颗粒的数量，就可以得到粒度分布了。显微镜法测量粒径的示意图如图 3-70 所示。

一般光学显微镜的测量范围为 $0.8\sim150\mu m$，而电子显微镜（包括透射电子显微镜和扫描电子显微镜）的测量范围可达 $0.001\sim50\mu m$。因为显微镜法所需试样量非常少，必须谨慎地取样和制备试样，并严格控制影响统计准确性的因素。现代显微镜法测粒径可将颗粒图像摄入计算机进行图像分析，大大提高了分析处理的速度和准确性，应用也更加广泛了。

③ 沉降法　沉降法是根据不同粒径的颗粒在液体中的沉降速度不同来测量粒度分布的一种方法。它的基本过程是把样品放到某种液体中制成一定浓度的悬浮液，悬浮液中的颗粒在重力或离心力作用下发生沉降。不同粒径颗粒的沉降速度是不同的，大颗粒的沉降速度较快，小颗粒的沉降速度较慢，如图 3-71 所示。其理论依据是著名的 Stokes 公式，有重力沉降法、离心沉降法等。

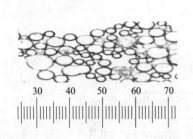

图 3-70　显微镜法测量粒径示意图

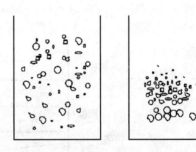

图 3-71　沉降法测粒度分布

颗粒的沉降速度与粒径之间的关系符合 Stokes（斯托克斯）定律：悬浮在液体中的颗粒（刚性球形粒子）在重力场中受重力、浮力和黏滞阻力的作用下将发生运动，其运动方程为：

$$v=\frac{2r^2(\rho_2-\rho_1)g}{9\eta} \tag{3-23}$$

式中　r——球形粒子半径；

　　　η——分散介质黏度；

　ρ_1，ρ_2——粒子和介质黏度；

　　　v——粒子沉降线速度。

从 Stokes 定律中我们看到，沉降速度与颗粒直径的平方成正比。比如两个粒径比为1:10 的颗粒，其沉降速度之比为 1:100，就是说细颗粒的沉降速度要慢很多。但在实际测量过程中，直接测量颗粒的沉降速度是很困难的，因此在实际应用过程中是通过测量不同时刻透过悬浮液光强的变化率来间接地反映颗粒的沉降速度的。比尔定律给出了某时刻的光强与粒径之间的数量关系。

比尔定律：设在 T_1、T_2、T_3、…、T_i 时刻测得一系列的光强值 $I_1<I_2<I_3<\cdots<I_i$，这些光强值对应的颗粒粒径为 $D_1>D_2>D_3>\cdots>D_i$。通过计算机对所测得的光强值和粒径值进行处理就可以得到粒度分布了。

④ 电感应法（Coulter 法）　电感应法也称电阻法或库尔特法，是由美国一个叫

Coulter（库尔特）的人发明的一种粒度测试方法。目前此法应用较广，其原理见图 3-72，通过图中小微孔，在孔的两边各浸入一个电极，使悬浮在电解质溶液中的颗粒在通过小孔的瞬间占据了小微孔中的部分空间取代小孔中的导电液体而导致小微孔两端的电阻变化，从而产生电压脉冲，电压脉冲的振幅与颗粒的体积成正比，将这些脉冲放大，测量并记录，测出颗粒的数目和粒径分布。当不同大小的粒径颗粒连续通过小微孔时，小微孔的两端将连续产生不同大小的电阻信号，通过计算机对这些电阻信号进行处理就可以得到粒度分布了。它具有较高的精度和较快的测量速度，主要应用于粉体工程中颗粒粒径的测量和清洁介质中杂质颗粒数的计量和控制，常被用来作为对其他颗粒测量方法的一种对比和互相校验。该法在测试时所用的介质通常是导电性能较好的生理盐水，并且在使用时要防止重合和孔口的堵塞。

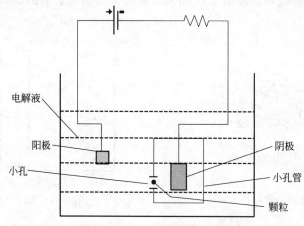

图 3-72　电感应法测量粒度分布

⑤ 光散射法　光散射法是目前最广泛使用的一种颗粒测量方法，激光粒度仪就是应用光散射法原理的典型仪器，原理结构如图 3-73 所示，它利用光被散射后，散射光的振幅、位相、偏振态等与散射颗粒的大小、折射率等相关的特性，来测量粉体样品的粒度分布。其采用激光作为光源，用基于米氏散射理论的数据处理软件分析测试数据。它的主要优点有：

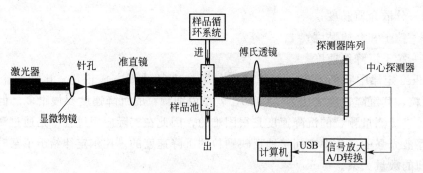

图 3-73　光散射法测量粒度分布原理

a. 可以实现非接触测量，对被测样品的干扰也就很小，测量的系统误差减小；

b. 测量范围宽广；

c. 适用性广；

d. 测量速度快；

e. 测量准确、精度高、重复性好；

f. 仪器的自动化和智能化程度高；

g. 在线测量。

此外还有超声波法、透气法等。

各种粒度测定方法所能测得的粒径范围如图 3-74 所示，各种粒度测定方法的优缺点见表 3-9。

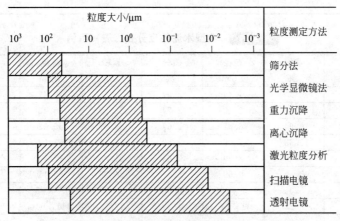

图 3-74　各种粒度测定方法所能测得的粒径范围

表 3-9　各种粒度测试方法的优缺点

粒度测试方法	优点	缺点
筛分法	简单、直观、设备造价低，常用于大于 $40\mu m$ 的样品	不能用于 $40\mu m$ 以细的样品；结果受人为因素和筛孔变形影响较大
显微镜（图像）法	简单、直观，可进行形貌分析，适合分布窄（最大和最小粒径的比值小于 10∶1）的样品	无法分析分布范围宽的样品，无法分析小于 $1\mu m$ 的样品
沉降法（包括重力沉降和离心沉降）	操作简便，仪器可以连续运行，价格低，准确性和重复性较好，测试范围较大	测试时间较长，操作比较复杂
库尔特法	操作简便，可测颗粒总数，等效概念明确，速度快，准确性好	适合分布范围较窄的样品
光散射（激光）法	操作简便，测试速度快，测试范围大，重复性和准确性好，可进行在线测量和干法测量	结果受分布模型影响较大，仪器造价较高
电镜法	适合测试超细颗粒甚至纳米颗粒、分辨率高	样品少、代表性差、仪器价格昂贵
超声波法	可对高浓度浆料直接测量	分辨率较低
透气法	仪器价格低，不用对样品进行分散，可测磁性材料粉体	只能得到平均粒度值，不能测粒度分布

为了表示粒度分布，在粒度测试过程中要从小到大（或从大到小）分成若干个粒径区间，这些粒径区间叫做粒级。每个粒径区间间隔内颗粒相对的、表示该区间含量的一系列百分数，叫做频率分布。表示小于（或大于）某粒径的一系列百分数称为累计分布，累计分布是由频率分布累加得到的。

常见的粒度分布的表示方法有表格法和图形法两种。表格法是用列表的方式表示粒径所对应的百分比含量，通常有区间分布和累计分布，见表 3-10 和表 3-11。图形法是用直方图和曲线等图形方式表示粒度分布的方法，如图 3-75 所示。

表 3-10　粒度分布表示例（简化表）

粒径/μm	微分/%	累积/%
1	0	0
2	2.74	2.74
4	8.54	11.28
8	10.08	21.36
16	10.96	32.32
32	26.9	59.22
63	29.62	88.84
125	11.16	100

表 3-11　典型水泥粒度分布（表）示例

粒径/μm	微分/%	累积/%	粒径/μm	微分/%	累积/%	粒径/μm	微分/%	累积/%
0.5			4.44	2.57	20.66	39.47	6.34	86.5
0.58	0.21	0.21	5.19	2.74	23.39	46.13	4.94	91.43
0.68	0.43	0.64	6.07	2.67	26.07	53.92	4.15	95.59
0.8	0.74	1.38	7.09	2.62	28.69	63.03	2.64	98.23
0.93	1.22	2.6	8.29	2.64	31.32	73.76	1.18	99.41
1.09	1.19	3.8	9.69	3.07	34.39	86.11	0.12	99.53
1.28	1.25	5.05	11.33	3.68	38.07	100.65	0.05	99.58
1.49	1.21	6.25	13.24	4.29	42.36	117.64	0.06	99.64
1.74	1.37	7.62	15.48	4.84	47.2	137.51	0.13	99.77
2.04	1.88	9.5	18.09	5.19	52.39	160.72	0.12	99.89
2.38	1.95	11.45	21.14	5.64	58.03	187.86	0.11	99.99
2.78	2.15	13.6	24.72	6.69	64.72	219.58	0.01	100
3.25	2.17	15.77	28.89	7.79	72.51	256.66	0	100
3.8	2.32	18.08	33.77	7.56	80.07	300	0	100

（2）粒径及等效粒径

颗粒的直径叫做粒径，一般以微米或纳米为单位来表示粒径大小。但从几何学上讲，只有圆球形的几何体才有直径，其他形状的几何体并没有直径，如多角形、多棱形、棒形、片形等不规则形状的颗粒是不存在真实直径的。由于实际颗粒的形状通常为非球形的，因此难以直接用粒径这个值来表示其大小，但是由于粒径是描述颗粒大小的所有概念中最简单、直观、容易量化的一个量，所以在实际的粒度分布测量过程中，人们还都是用粒径来描述颗粒大小的，不过一般都采用等效粒径的概念。而且在粒度分布测量过程中所说的粒径并非颗粒的真实直径，而是虚拟的"等效直径"。等效直径是当被测颗粒的某一物理特性与某一直径的同质球体最相近时，就把该球体的直径作为被测颗粒的等效直径。就是说大多数情况下粒度仪所测的粒径是一种等效意义上的粒径。

当一个颗粒的某一物理特性与同质球形颗粒相同或相近时，我们就用该球形颗粒的直径来代表这个实际颗粒的直径。根据不同的测量方法，等效粒径可具体分为下列几种：

① 等效体积径　即与所测颗粒具有相同体积的同质球形颗粒的直径。激光法所测粒径一般认为是等效体积径。

② 等效沉速粒径　即与所测颗粒具有相同沉降速度的同质球形颗粒的直径。重力沉降法、离心沉降法所测的粒径为等效沉速粒径，也叫 Stokes 径。

③ 等效电阻径　即在一定条件下与所测颗粒具有相同电阻的同质球形颗粒的直径。库

尔特法所测的粒径就是等效电阻粒径。

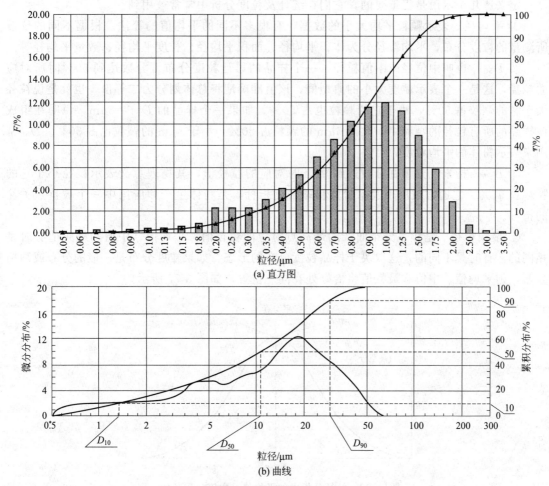

(a) 直方图

(b) 曲线

图 3-75　粒度分布图形法

④ 等效投影面积径　即与所测颗粒具有相同的投影面积的同质球形颗粒的直径。图像法所测的粒径即为等效投影面积直径。

不同原理的粒度仪器依据不同的颗粒特性做等效对比。如沉降式粒度仪是依据颗粒的沉降速度作等效对比，所测的粒径为等效沉速粒径，即用与被测颗粒具有相同沉降速度的同质球形颗粒的直径来代表实际颗粒的大小。激光粒度仪是利用颗粒对激光的散射特性作等效对比，所测出的等效粒径为等效散射粒径，即用与实际被测颗粒具有相同散射效果的球形颗粒的直径来代表这个实际颗粒的大小。当被测颗粒为球形时，其等效粒径就是它的实际直径。不同方法等效粒径的差异如图 3-76 所示。

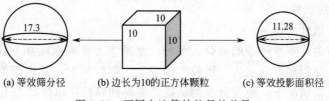

(a) 等效筛分径　　(b) 边长为10的正方体颗粒　　(c) 等效投影面积径

图 3-76　不同方法等效粒径的差异

（3）粒径分析中的常用术语

定义这几个术语是很重要的，它们在统计及粒度分析中常常被用到。

① 平均径　表示颗粒平均大小的数据，有很多不同的平均值的算法。根据不同的仪器所测量的粒度分布，平均粒径分为体积平均径、面积平均径、长度平均径、数量平均径等。

② D_{50}　也叫中位径或中值粒径，一个样品的累计粒度分布百分数达到50%时所对应的粒径，这是一个表示粒度大小的典型值，该值准确地将总体划分为二等份，也就是说粒径大于它的颗粒占50%，小于它的颗粒也占50%。如果一个样品的 $D_{50}=5\mu m$，说明在组成该样品的所有粒径的颗粒中，大于 $5\mu m$ 的颗粒占50%，小于 $5\mu m$ 的颗粒也占50%。D_{50} 常用来表示粉体的平均粒度。

③ D_{97}　指累计分布百分数达到97%时对应的粒径值，其物理意义表示粒径小于它的颗粒占97%。它通常被用来表示粉体粗端粒度指标，是粉体生产和应用中一个被重点关注的指标。

④ 最频粒径　是频率分布曲线的最高点对应的粒径值。平均值、中值和最频值有时是相同的，有时是不同的，这取决于样品粒度分布的形态。如果粒度分布是一般的分布或高斯分布，则平均值、中值和最频值将恰好处在同一位置，如图3-77所示。

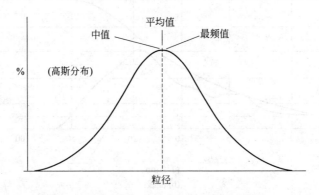

图 3-77　粒径分析中的平均值、中值和最频值

由于不同的粒度测试技术都是对颗粒不同特性的测量，每一个不同的粒度测量方法都是测量粒子的一个不同的特性（大小），所以每一种技术都会产生一个不同的平均径，而且它们都是正确的。

粒度检测的准确是指某一仪器对颗粒度标准样品的测量结果与该标准样标称值之间的误差。其算法为：

$$\Delta = \frac{|D-x|}{x} \times 100\% \tag{3-24}$$

式中　x——多次测量结果 D_{50} 的平均值；

　　　D——标准样品的标称值；

　　　Δ——准确性误差。

（4）颗粒的分散处理

颗粒通常会因为其本身所带的电荷、水分、范德华力等表面能相互作用而发生"团聚"现象，即多个颗粒黏附到一起成为"团粒"的现象。颗粒越细，其表面能越大，"聚团"的机会就越多。在通常情况下，粒度分布测试就是要得到颗粒在单体状态下的分布状态，而粉体中的颗粒常常有"聚团"现象，因此要进行分散处理。在粒度测试时需要对样品进行分散的方法有激光法、沉降法、筛分法、电阻法、图像法等。在粒度测试中不需要对样品进行分散的方法有费氏法（测平均粒度）、超声波法。湿法粒度测试的分散方法有润湿、搅拌、超声波、分散剂等，这些方法往往同时使用。干法粒度测试的分散方法是颗粒在高速运动中自身的旋转、颗粒之间的碰撞、颗粒与器壁之间的碰撞等。

3.8.2　激光粒度仪

大部分矿山企业初始监视浓度、粒度的方法都是通过人工采样、制备样品然后再借助筛析工具进行样品分析后计算浓度、粒度的。这种方法的精度虽然较高，但是由于其属于劳动密集型工作，不适宜频繁操作，在许多情况下都需要尽量减少粒级分析的次数，以减小工人的劳动强度。在现代化的控制过程中，需要密集的测量被控量，采用人工采样来分析浓度、粒度的做法显然是不能满足控制要求的。因此必须使用更高效率的仪器对粒度进行检测。

3.8.2.1　激光粒度分析仪原理

基于散射原理的激光粒度测试仪采用激光作为光源，使用基于米氏散射理论的光学系统和数据处理软件分析测试数据，近年来在粒度测试领域得到了越来越广泛的应用。激光粒度仪从问世到现在已经有近 40 年的历史。激光粒度仪本质上是一种光学仪器，其光学结构对仪器性能具有决定性的影响。近 40 年里，出现了多种光学结构。其演变的主要方向是扩展仪器的测量下限。相对于传统的粒度测量仪器（如沉降仪、筛分、显微镜等），它具有测量速度快、重复性好、动态范围大、操作方便等优点，现在已成为世界上最流行的粒度测量仪器。目前全世界约有 15 家企业生产激光粒度仪，国外有近 10 家，国内有一定规模的约5 家。

激光粒度仪是利用颗粒对光的散射（衍射）现象来测量颗粒大小的。光在传播过程中，波前受到与波长尺度相当的隙孔或颗粒的限制，会产生衍射和散射，衍射和散射的光能的空间（角度）分布与光波波长和隙孔或颗粒的尺度有关。用激光做光源，光为波长一定的单色光后，衍射和散射的光能的空间（角度）分布就只与粒径有关。激光束经滤波、扩束、准值后变成一束平行光，在该平行光束没有照射到颗粒的情况下，光束经过富氏透镜后将汇聚到焦点上。激光粒度仪光路图如图 3-78 所示。

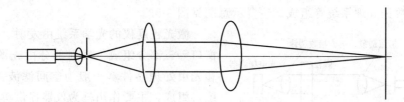

图 3-78　激光粒度仪光路图

当通过某种特定的方式把颗粒均匀地放置到平行光束中时，激光将发生衍射和散射现象，一部分光将与光轴成一定的角度向外扩散。米氏散射理论证明，大颗粒引发的散射光与光轴之间的散射角小，小颗粒引发的散射光与光轴之间的散射角大。这些不同角度的散射光通过富氏透镜后汇聚到焦平面上将形成一系列的光环，由这些光环组成的明暗交替的光斑称为 Airy 斑。Airy 斑中包含着丰富的粒度信息。简单的理解就是半径大的光环对应着较小粒径的颗粒，半径小的光环对应着较大粒径的颗粒；不同半径上光环的光能大小包含该粒径颗粒的含量信息。这样在焦平面的不同半径上安装一系列光的电接收器，将光信号转换成电信号并传输到计算机中，再用专用软件进行分析和识别，就可以得出粒度分布了。如图3-79～图3-81所示。

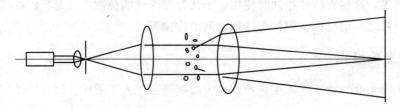

图 3-79 激光照射颗粒时的光路图

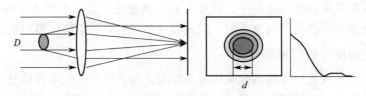

图 3-80 光的散射现象及 Airy 斑示意图

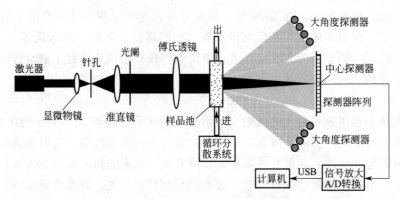

图 3-81 激光粒度仪的工作原理示意图

激光粒度仪一般是由激光器、富氏透镜、光电接收器阵列、信号转换与传输系统、样品分散系统、数据处理系统等组成。装置示意图见图3-82。

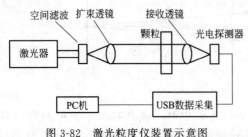

图 3-82 激光粒度仪装置示意图

激光粒度仪的光学系统由发射、接收和测量窗口等三部分组成。发射部分由光源（激光器）和光束处理器件（一般为空间滤波-准直扩束系统）组成，主要作用是为仪器提供单色的平行光作为照明光。接收器是仪器光学结构的关键。测量窗口主要是让被测样品在完全分散的悬浮状态下通过测量区，以便仪器获得样品的粒度信息。

接收器由傅里叶透镜和光电探测器阵列组成。所谓傅里叶透镜就是针对物方在无限远，像方在后焦面的情况用来消除像差的透镜。激光粒度仪的光学结构是一个光学傅里叶变换系统，即系统的观察面为系统的后焦面。激光粒度仪将探测器放在透镜的后焦面上，因此相同传播方向的平行光将聚焦在探测器的同一点上。探测器由多个中心在光轴上的同心圆环组成，每一环是一个独立的探测单元。这样的探测器又称为环形光电探测器阵列，简称光电探测器阵列。

激光器作为理想光源是激光粒度仪的关键部件，该器件的质量、性能、寿命对整个系统有着至关重要的影响。市场上可供选择的激光发生器很多，最常用的是 He-Ne 气体激光器和半导体激光器。这两种激光发生器时间稳定性都比较好，适合于长期稳定工作。但 He-Ne 气体激光器需要直流高压（2kV）来维持正常工作，所以在操作过程中有一定的危险性，而半导体激光器只需要使用普通的直流电源即可，且它的寿命是一般 He-Ne 激光器的 4 倍，而且预热时间短，功耗低，仅为 5mW，可连续长时间工作，因此大大降低了仪器的故障率。

滤波 准直扩束系统由空间滤波器、准直透镜和光阑组成。该系统把由激光器发出的较细的激光束转化为一束光斑大小合适、光强均匀的平行宽光束作为样品池的入射光。其中，空间滤波器由显微物镜（扩束镜）、支架和特制的针孔组成，它的主要作用是滤除高阶散射光的干扰，提高系统感应散射光的精度。它的基本组成如图 3-83 所示。

激光器发出的激光束经聚焦、低通滤波和准直后，变成直径为 8～25mm 的平行光。平行光束照到测量窗口内的颗粒后，发生散射。散射光经过傅里叶透镜后，同样散射角的光被聚焦到探测器的同一半径上。一个探测单元输出的光电信号就代表一个角度范围（大小由探测器的内、外半径之差及透镜的焦距决定）内的散射光能量，各单元输出的信号就组成了散射光能的分布。尽管散射光的强度分布总是中心大、边缘小，但是由于探测单元的面积总是里面小外面大，所以测得的光能分布的峰值一般是在中心和边缘之间的某个单元上。当颗粒直径变小时，散射光的分布范围变大，光能分布的峰值也随之外移。所以不同大小的颗粒对应于不同的光能分布，反之由测得的光能分布就可推算样品的粒度分布。

光电探测器上接收的是模拟量，不便于计算机的处理，必须配置相应的硬件电路进行数字量的获取、传输。主要包括光电探测器阵列的驱动电路，微弱信号的放大、采集与处理电路 USB 接口控制电路。工作时，探测器输出的电流信号被放大后经多路选通电路和模数转换电路转换为 16 位的数据信息，再经接口控制电路将数据送入计算机，如图 3-84 所示。

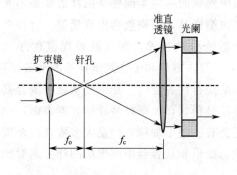

图 3-83　滤波-准直扩束系统基本组成

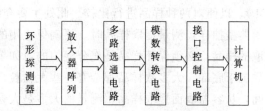

图 3-84　数据采集系统构成示意图

激光粒度测试系统所能测量的粒子直径范围与其焦距和环形探测器的参数紧密相关。测量下限是激光粒度仪重要的技术指标。激光粒度仪光学结构的改进基本上都是为了扩展其测量下限或是小颗粒段的分辨率，基本思路是增大散射光的测量范围、测量精度或者减少照明光的波长。

样品循环系统在粒度测量中占有举足轻重的地位。由于样品的化学性质、物理性质和极性，以及样品状态（固态、液态、气态或胶质）的影响，使得有些样品分散非常困难，如果

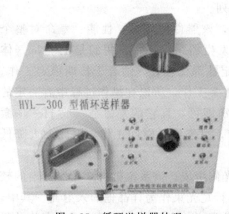

图 3-85　循环送样器外观

样品不能得到均匀良好的分散，实际上等价于聚集后的大粒子，就谈不上准确测量了。样品循环系统有干法和湿法两种，包括泵、声波分散器、搅拌器、测试窗组件（干法和湿法）、水池与排放装置等。图 3-85 为与激光粒度仪配合使用的循环送样器的外观示意图。样品池系统的循环要与颗粒的悬浮条件相匹配，对于大而重的颗粒，要在相对高速下循环，以使颗粒保持悬浮；而对于易碎的小颗粒，循环速度则要相对降低，以防止易碎小颗粒解体。为加强样品的分散，采用湿法分散技术，机械搅拌使样品均匀散开，超声高频振荡使团聚的颗粒充分分散，电磁循环泵使大、小颗粒在整个循环系统中均匀分布，从而在根本上保证了宽分布样品测试的准确重复。激光粒度分析仪外观构造如图 3-86 所示。

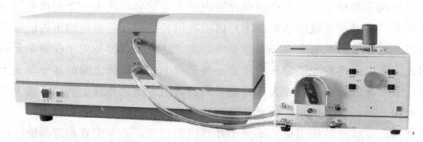

图 3-86　激光粒度分析仪外观构造

3.8.2.2　激光粒度分析样品的准备

在加入系统前，样品的准备是很重要的，测量中遇到的一多半问题是由样品准备不充分引起的，如果样品结块、溶解、浮在表面或没得到典型样品，结果就会出现错误。有许多有效的方法可以确保样品充分准备。一旦找到了合适的分散技术，那么就要规范程序（用SOP），以便对两种样品进行比较。此处主要介绍关于湿法测量和干法测量样品的准备过程。

典型抽样：测量提取样品时，要确保使用的样品是有代表性的。如果是从瓶子或容器中提取的样品，必须保证样品是充分混匀的，如果样品是粉状，大颗粒易浮于容器表面，小颗粒易沉于底部。大多数样品都会有一些大颗粒，还会有一些小颗粒，但是大多数在两个极端中间，从容器表面提取样品，测量的大多是大颗粒，如果和从容器中间提取的样品来对比测量，结果会明显不同。

如果样品储存在容器中，测量前样品应充分混合。不要摇晃容器，这样会加速颗粒分离。相反，用两只手握着容器，轻轻滚转，不停更换方向 20s，当容器是半满时，这种方法会更好。如果在一样品中颗粒分布比较宽，那么典型抽样会很困难。要想解决这个问题，就需要借助一个"旋转分样器"。分样器含有将样品振入槽的振动器，振动样品使大颗粒首先分离并先入槽，槽尾是均衡样本的一套锅式混合器，当所有样品经过斜槽时，每个锅中都收集有一种典型样品。

液体样品可能存在于容器中也可能被分离，大颗粒沉入底部。提取典型样品应将样品充分混合。对于液体样品，样品分离器或取样器仍是有效的。应当注意磁性搅拌器混合液体样品时，由于离心分离，大颗粒易移到容器外面，这易导致样品偏差。

干样品应注意的问题：

测量样品的第一步就是决定是在湿状态下还是在干状态下分析样品。这是由最终使用什么样品来决定的。如果以干燥形式来使用或储存样品，用干燥分析方法较好。一些样品易和湿分散剂起反应，比如可能会溶解或与液体接触时膨胀，所以只能在干燥状态下测量。

第二步是物质在干燥状态能否自由流动，良好的物质表现为不粘连干燥粉状样品，可以在进料器中充分分解，而高黏性物质却易黏结，使测量出现偏差。

样品结块只需要在烘箱中干燥一下即可。但精细的物质在烘箱中干燥时，样品会受到破坏，为了去潮，应将烘箱调到最高温度，但不要高于样品熔点。如果烘箱对样品有明显影响，可用干燥器。没有在空气中受潮的新样品是很好用的，常有很好的效果。吸潮样品需传送一段距离，如果可行，应将样品尽快封装入外带有硅胶袋子的管子中。

湿样品应注意的问题：

在湿状态下分析样品时更应小心，因此有更多选择条件。如：

（1）分散剂的选择和准备

第一个选择是测量湿样品时对悬浮介质（分散剂）的选择。初次分析样品时最好预先检查分散情况，将选择好的分散剂（初期测量通常用水）加入装有少许样品的烧杯中并观察结果。样品可能溶解，这可以观察到，如果不确定，可以对样品进行分析并观察遮光度，如果观察到遮光度降低，说明样品正在溶解。如果分散剂自身含有杂质或颗粒，这是值得注意的，在使用前用内嵌式导管过滤器（用于少量）或可多次使用的注射器过滤分散剂。这种方法过滤 $1\mu m$ 通常是足够的，$0.22\mu m$ 是普遍使用的理想的粒度。

如果分散剂是加压或低温储藏，在使用前要考虑排气。减压或加温都会降低气体的溶解性，因而会引起气泡在管内和样品池内的生成。测量样品时气泡作为颗粒计算会使结果产生偏差，尤其在总干线给水时，这更是个特殊的问题。最简单的解决方法是在使用前将分散剂在室温或常压下储存几小时脱气（本章后面有关于气泡部分）。需指出的是，在较暖环境中使用冷分散剂能使样品池窗外部表面的凝结增大，因为系统与主水源垂直相连，所以一个小储水箱就可以解决这个问题，使用之前将水过滤；还有一种方法是加热分散剂（对于水的标准是 $60\sim80℃$），并在使用前将它冷却。

此处应注意：对于可挥发性分散剂，不能通过加热分散剂来去除气体，以防分散剂达到沸点；在以水为基础的系统中出现缩聚问题时，可以通过将热水加入样品池来解决，由凝结引起的遮光度升高的现象将会消失。当分析悬浮在液体分散剂内的颗粒时，最重要的是确定使用何种分散剂，这种分散剂可以是任何一种透明的光学性质均衡的液体（633nm 波长）。这种液体不会与样品发生反应而改变样品的粒度。很显然，我们都希望使用最安全、成本最低、效率最高的分散剂，在一种介质中出现问题（例如溶解）的颗粒，在另一种介质中有可能特别适合。一旦遇到在分散剂中难以分散的情形，请考虑选择另外一种分散剂。一些有机分散剂的成本高，在使用中可能会受限制，测量后安全处理样品的问题也必须考虑，遵照当地政策并采用正确的程序来处理样品和分散剂，大多地方的法规都禁止将危险的样品和分散剂排放到水域中去。

（2）表面活化剂和混合剂的选择

当遇到像样品漂浮在分散剂表面这样的问题时，加入表面活化剂和混合剂是有用的。表面活化剂可以转移掉作用于样品使样品浮于表面或结团的电荷效应。用少量添加法来添加活化剂，标准是每升一滴。如果加入太多，搅拌或抽取样品时会产生泡沫，在系统中泡沫可能被看作颗粒，这会影响测试结果。可以用防泡沫试剂来防止产生泡沫，但由于它们可能含有微粒，在测量前应将它们加入分散剂中。在一定量样品和分散剂中加入一滴表面活化剂，在小烧杯中混合。如果样品结块沉入烧杯底，那么清除样品重新开始，再试一次。在干燥试管中添加样品，加入一滴表面活化剂，充分混合成膏状，加入分散剂，充分混合，避免先加入分散剂而引起的结块现象。

为改变分散剂自身的特性来帮助分散，应加入大量的混合剂，标准是 1g/L，常用的混合剂有：六偏磷酸钠（例 Calgon），焦磷酸钠，磷酸三钠，氨气，草酸钠，氯化钙等。由于许多混合剂是溶解在分散剂中的固体材料，所以在准备去除杂质后要将其过滤。

（3）浆料（slurries）的选择

在加入分散槽之前，将少量的浓缩样品、分散剂和添加剂混合后称为准备浆料。一旦颗粒成功分散为浆料，样品就可添加到分散槽，不需要进一步添加活化剂等。在烧杯中解决样品沉淀问题，用滴管不停地搅拌样品即可，在搅拌的同时可以不断地填充和排放，用滴管将样品加入分散槽（tank）。

（4）超声波选择

除了上述过程外，无论是否含有表面活化剂都可以用超声波来帮助分散。在悬浮介质中混合样品时，可以用肉眼观察是否需要超声波。如果烧杯底部有大量颗粒结块，将浆料和盛放它的烧杯放入超声波槽里分散 2min，效果会非常明显。如果需要，当样品加入槽中时也可以使用超声波，这将会阻止重新结块，但常常没有必要这样做。

注意，对于易碎颗粒使用超声波时要小心，因为超声波可能会使颗粒分离。如果对使用超声波前后的效果有疑义，则可用显微镜进行观测。

（5）遮光度的变化

遮光度稳定后才能测量，这表明样品已经达到充分分散。特别是精细物质加入时，要靠超声波来取得良好的分散效果，添加比预计少的样品，超声波作用会使遮光度上升，遮光度和它的变化在样品分散过程中能引起其他潜在的问题。如果遮光度降低，样品粒度可能增大，要么是因为样品结块，要么是因为分散剂而使颗粒膨胀。还有一些后果可能是由于不充分的提取或搅拌引起的大颗粒沉淀，甚至是颗粒溶解等造成的。如果遮光度上升很快，可能是由于样品池窗表面电荷使分子黏在上面，物质仍在分析光束中，遮光度似乎开始上升，解决这个问题可以用适当的混合剂。

（6）气泡问题

对于激光粒度分析仪来说，气泡通常会被看作颗粒并被测量。气泡尺寸很多，但典型的粒度是在 $100\mu m$ 范围内，很多情况下，在分析测量数据时，这些气泡清晰地被看作独立的第二峰值。因此应警惕系统中的气泡。

当分散剂加入附件并循环时，建议关掉一会儿，使系统内气泡排出去，在安装过程中确保样品连接管没有扭转或弯头。为特殊样品调节泵或搅拌器速度时，应控制速度不能过快避免系统产生气泡。如在样品中加入表面活化剂、搅拌器或泵速过快会导致泡沫，这会使气体进入系统。

（7）脱气

如分散剂是加压或低温储藏，在使用前要考虑排气。可参考前述的"分散剂的选择和准备"部分。

大多数的分析软件可用脱气装置将气泡和溶解气体从系统中排除。此设置在样品池被清洗完毕并填充新的分散剂后，用超声波分散。但是应记住软件脱气在排除气泡或溶解气体时是万不得已时采取的措施。要确保在加入系统前所有分散剂是排过气的。

3.8.2.3 激光粒度分析仪的特点及生产商

激光粒度分析仪的特点主要是：

① 测试操作简便快捷　放入分散介质和被测样品，启动超声发生器使样品充分分散，然后启动循环泵，实际的测试过程只有几秒钟。测试结果以粒度分布数据表、分布曲线、比表面积、D_{10}、D_{50}、D_{90} 等方式显示、打印和记录。

② 输出数据丰富直观　仪器分析软件可以在各种计算机视窗平台上运行，具有操作简单直观的特点，不仅对样品进行动态检测，而且具有强大的数据处理与输出功能，用户可以选择和设计最理想的表格和图形输出形式。

国内、外主要粒度仪生产厂家及代表仪器见表 3-12 及表 3-13。

表 3-12　国内主要粒度仪生产厂家及代表仪器

序号	厂家名称	仪器型号
1	丹东市百特仪器有限公司	BT-9300 激光粒度仪、BT-1500 离心沉降粒度仪、BT-2000 扫描沉降式粒度仪、BT-3000 圆盘超细粒度仪
2	济南微纳仪器公司	JL-9300 激光粒度仪、Winner2000 激光粒度仪、Winner99 图像仪
3	南京工业大学	便携式沉降粒度仪
4	珠海欧美克仪器有限公司	LS800 激光粒度仪、LS-POPⅢ 激光粒度仪电阻法粒度仪、图像法粒度仪
5	四川精新仪器有限公司	JL-1155 激光粒度仪、JL-1166 激光粒度仪、LX-2000 图像粒度仪
6	南京地理与湖泊研究所	全自动振筛机
7	天津大学	激光滴谱仪（测液体雾滴）
8	上海理工大学	激光粒度仪

表 3-13　国外部分粒度仪器生产厂家及仪器

序号	厂家名称	仪器型号
1	英国马尔文公司	Mastersizer2000 等系列激光仪（测试范围 $0.02\sim2000\mu m$）、动态光散射粒度仪（测试范围 $3\sim3000ns$）
2	美国贝克曼库尔特公司	LS100 等系列激光粒度仪（测试范围 $0.04\sim2000\mu m$）、动态光散射粒度仪（测试范围 $3\sim3000ns$）、库尔特计数器等
3	美国麦克公司	X 光沉降粒度仪（如 SediGraph5100 型等）
4	美国布鲁克海文公司	圆盘沉降粒度仪等（测试下限达 $0.01\mu m$）
5	德国飞驰公司	激光粒度仪等（干法、湿法）
6	日本岛津公司	激光粒度仪、离心沉降仪等
7	日本掘场公司	激光粒度仪、离心沉降仪等
8	日本清新公司	激光仪、离心沉降仪等
9	法国激光公司	激光粒度仪等

3.8.3　超声波粒度仪

（1）超声波粒度检测概述

在破碎、粉磨及其相关过程中，粒度指标始终是一个重要参数。利用超声波技术对矿浆中固体颗粒的粒度进行在线测量早在 20 世纪 70 年代就开始了，到目前为止已经取得了很大的进展，而且也是粒度检测研究中较为活跃的分支之一。

超声法在颗粒尺寸及浓度测量中已经有过不少应用，主要利用了超声的相速度谱和衰减谱。相比于其他原理的颗粒测量方法，如电感应法、图像法、光散射法等测量方法，超声波具有强的穿透力，可在光学不透明的物质中传播并具有测量速度快、超声波换能器价格低且耐污损、容易实现测量和数据的自动化等优点，这使得超声波粒度仪的测量系统更为简单和方便。

其次，现有粒度测量方法的一个共同缺点就是不宜用于高浓度下颗粒的检测。而超声在测量高浓度的样品时，不需要稀释。最大可能地保持了样品的原始状态，避免了因稀释而改变样品的原貌（如稀释导致团聚相分离或者污染样品），从而使测量的结果更加接近实际情况。

（2）超声波矿浆粒度检测的基本原理

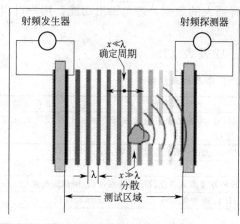

图 3-87　超声波的测量原理

超声波发生端（RF Generator）发出一定频率和强度的超声波，经过测试区域，到达信号接收端（RF Detector），见图 3-87。当颗粒通过测试区域时，由于不同大小的颗粒对声波的吸收程度不同，在接收端上得到的声波的衰减程度也不同，根据颗粒大小同超声波强度衰减之间的关系，得到颗粒的粒度分布，同时还可测得体系的颗粒物含量。

超声检测技术是利用超声波来进行各种检测和测量的技术。超声波在两相体系中的传播规律与颗粒物的粒径和浓度有关，所以可用作颗粒粒径和浓度的测量。上海理工大学针对现有的超声波测量颗粒浓度方法存在的问题，发明了一种基于超声脉动原理测量颗粒粒径的方法，是一种改进超声衰减谱测量颗粒粒径的方法。入射超声波由于受到颗粒介质的散射和吸收，透射声波强度会衰减，采用聚焦超声波并且将测量区布置在超声波聚焦声束段，当颗粒粒径与超声波聚焦声束直径之比控制在一范围内，通过其中的颗粒的数目和粒径随时间变化，透射声强也会随时间起伏变化，产生声脉动效应，这种超声信号的随机脉动与在测量瞬间处于超声波聚焦声束测量区中的颗粒粒径和数目有关，测出透射超声波强度的随机变化序列并进行统计分析，就可以应用超声脉动理论求得颗粒的平均粒径和浓度。

超声波矿浆粒度检测的基本原理是超声波在矿浆中传播时，其振幅随矿浆中固体量的多少及粒子大小的变化而变化。只要检测出超声波穿过被测矿浆时振幅的衰减量就可知道被测矿浆的粒度及浓度。根据声学原理得知，平面超声波在矿浆中传播时，穿过距离 x 后，其振幅 I 的变化可表示为：

$$I = I_0 e^{-\alpha x} \tag{3-25}$$

式中　I_0——初始振幅；

　　α——衰减系数；

　　x——传播距离。

在实际使用中，初始振幅 I_0 的大小由超声波发射器的发射电压及发射传感器的特性来确定，它是一个固定值，超声波的传播距离 x 的大小由工艺条件确定，也是一个固定值。

所以，超声波衰减系数 α 只与接收传感器的振幅 I_0 有关。在线粒度分析仪工作时能实时、连续地测量发射和接收电压的大小，采用穿透比较法就可得知穿过被测矿浆时超声波的衰减量。矿浆的超声波衰减系数 α 为：

$$\alpha = \alpha_k - \alpha_0 \tag{3-26}$$

式中　α_k——矿浆条件下被测介质的超声波衰减系数；

　　　α_0——清水条件下被测介质的超声波衰减系数。

$$\alpha = \frac{2}{3}\pi r^3 n\left[\frac{1}{b}k^4 r^3 + k\left(\frac{\rho}{\rho_0}-1\right)^2 \frac{S}{S^2+\left(\frac{\rho}{\rho_0}+\tau^2\right)}\right] \tag{3-27}$$

式(3-27)右边中的第一项为由于散射形成的衰减，第二项为由于黏滞吸收形成的衰减。在一定的情况下，当矿浆中粒子很小时，黏滞吸收衰减起主要作用；当颗粒变大时，散射衰减起主要作用。

实际上矿砂并不是理想的圆球体，当矿浆浓度较大以及矿砂颗粒粒径不完全严格相同等实际情况时，式(3-27)就不完整了，但其变化规律依然存在。因而为了实用上的明晰方便，可以将式(3-27)简化为：

$$\alpha = K_1 f^a n D^b \tag{3-28}$$

其中 D 为矿砂颗粒直径；n 为单位体积矿浆中所含有的矿砂颗粒数；K_1、a、b 均为常数，其大小随工作条件的变化有所改变。

式(3-27)和式(3-28)是单一粒径情况下超声波衰减公式，在实际应用中存在较大困难。应考虑实际应用中分布粒径情况（即混合粒径）下矿浆体系的超声波衰减情况。

在实际应用中，经常用某一粒径以下的颗粒的质量分数 G 来描述矿浆中的矿砂的粒径。当 D_0 在一个较窄的范围内变化时，也可以把 G 与 D_0 的关系用某一负幂的形式表示，即

$$G = K_2 D_0^{-q} \tag{3-29}$$

超声波衰减值与矿浆的浓度和粒度间的关系式为：

$$\alpha = KMG^\gamma \tag{3-30}$$

式中，γ 为超声波衰减的粒度常数；$\gamma = -(b-3)/q$，当 $b>3$ 时，γ 为负值；$b<3$ 时，γ 为正值。K 为常数，是包括了工作频率、粒级级配情况、矿砂的密度等各种因素在内的一个综合常数。

只要常数 K 和 γ 都是在实际情况下检测出来的，则该公式在实际应用中都是可以让人满意的。

根据式(3-30)，可以得到由超声波衰减值确定的矿浆的浓度和粒度的公式。超声波粒度仪一般都是由两种工作频率的超声波探头组成的传感器系统，则在这两种频率 f_1 和 f_2 下测得的超声波衰减值分别为 α_1 和 α_2，则：

$$\alpha_1 = K_1 M G^{\gamma_1} \tag{3-31}$$

$$\alpha_2 = K_2 M G^{\gamma_2} \tag{3-32}$$

从而可得矿浆的粒度公式为：

$$G = \left(\frac{K_2}{K_1}\times\frac{\alpha_1}{\alpha_2}\right)^{\frac{1}{\gamma_1-\gamma_2}} = K_G\left(\frac{\alpha_1}{\alpha_2}\right)^{\frac{1}{\gamma_1-\gamma_2}} \tag{3-33}$$

式中，K_G，γ_1，γ_2 均为常数，可以用实际测量的数据通过某种非线性方法得到。

（3）DF-PSM 超声波在线粒度仪

在选矿厂中应用最为广泛的超声波在线粒度分析仪是美国的丹佛自动化公司以 PSM （particle size measurement）为代号的超声波矿浆粒度分析仪。其第一代产品为 PSM-100 粒度计，适合于测量粒度分布为 20%~80% 的 -270 目的矿浆；PSM-200 粒度计，适合于 -500 目粒级含量达 90% 的细粒物料，应用范围很广；现已生产出 PSM-400，配有微机，处理的矿浆体积浓度可达 60%。到目前为止，世界上已有超过 400 套的 PSM 仪器在生产过程中使用，我国从 1986 年开始先后引进了 13 台，分别在 5 个矿山选矿厂使用，其中江西铜业公司永平铜矿在使用和维护上取得了很好的经验。

基本的 PSM-400 超声波粒度仪由五部分组成，如图 3-88 所示。

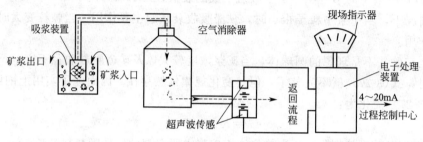

图 3-88 PSM-400 配置图

辽宁丹东东方测控技术股份有限公司开发研究了新一代的 DF-PSM 超声波在线粒度仪。DF-PSM 超声波粒度仪是一种连续矿浆流在线粒度检测仪器，是磨矿工艺流程控制中不可或缺的在线粒度测量仪器。

DF-PSM 具有测量多个粒级和浓度的能力。其测量技术原理是基于超声波吸收现象而进行矿浆粒度和浓度的测量。DF-PSM 超声波粒度仪作为在线粒度检测仪器系统，具有能提供多种粒级输出的能力，能够提供丰富的磨矿粒度分布方面的信息。产品主要应用于铁矿浆、钼矿浆、煤渣浆、铝土矿浆、金矿、铜矿、炉渣矿等矿浆粒度的检测。

该产品主要由真空水单元、样品分析模块（SAM）、标准水模块（SWM）、控制与显示单元（CDM）、样品调理器（S/C）组成。测量颗粒粒度最大不大于 1mm，P_{80} 为 25~295μm 分布；粒度检测精度为绝对误差小于 1.0%（1σ）；可对 pH 值高达 12.5 的腐蚀性矿浆进行测量。

其工作过程是：样品调理器利用真空（负压）吸入流量相对稳定并具有代表性的矿浆流，矿浆通过入口耐磨输入管及空心的驱动轴、涡轮轴，然后进入高速旋转的涡轮内部，驱动电机带动涡轮旋转所产生的离心力，迫使进入涡轮的矿浆"摊薄"，同时在涡轮内部形成一个"真空腔"，加速矿浆中微小气泡的逸出；进入涡轮内的矿浆被除气后由涡轮四周的 D 型口甩出，样品调理器除气后的矿浆经由旁路气动单元控制进入两对以不同频率的超声波换能器（探头）为核心部件的超声衰减测量单元进行检测，然后以溢流方式通过测量槽进入矿浆集料槽，矿浆以直接或间接方式返回到工艺流程后级的工艺管路。在测量周期内，安装在矿浆测量槽上的超声换能器以多种频率发射超声能量脉冲透过样品，从接收的超声脉冲中获得多个衰减参数。这些参数直接和矿浆样品的粗、细及粒度分布密度有关。每个粒级的标定模型中，这些参数用作变量就可以计算出所测矿浆浓度、粒度值。

DF-PSM 超声波在线粒度仪具有测量准确性高、多粒级、多流道应用、取样代表性高、可靠性、可维护性强、参与闭环控制效果最好等优点。其中多粒级、多流道应用完全可以适用于不同工艺的矿浆性质，完全能够解决磨矿工艺系列中一、二、三段磨矿工艺流程所产生的不同性质的矿浆溢流产品的粒度检测需要。该产品自 2007 年推入市场以来，近百台超声波粒度仪已在中国黄金集团、金川集团、金堆城钼业、河北钢铁集团、紫金矿业等五十余家大型企业成功应用，现已成功应用到俄罗斯、厄立特里亚等海外国家的工艺现场。

（4）超声波粒度分析的优势

超声波通过非均相体系如矿浆体系时，超声波的特性参数如声强、声速就会发生变化。对于没有稀释的浓浆体系，如体积浓度高达 40％以上，超声波也能够提供可靠的粒度信息，这使得超声方法非常适用于测量浓浆体系的性质，且具有其他方法包括光散射（需要特别稀释）无法比拟的特点。同时超声波也能处理低浓度的分散体系，休积浓度可低至 0.1％。超声波在浓度范围的灵活性使得它同其他经典的粒度测量方法有着同样重要的地位。超声方法测量颗粒粒度并不需要用已知的样品进行校正，只是在首次建模过程中进行校正，且在一定的条件下，超声波能够提供绝对的颗粒粒度信息。它和现代光背向散射技术相比较具有更大的优越性，现代光背向散射技术仅适合于在合适的、稀释的分散体系中测定颗粒粒度。另外，超声波理论考虑了颗粒间的相互作用与相互影响，而光背向散射技术缺少这方面的理论支持，因此超声波比光散射方法更适合处理多分散体系。通过超声波技术获得颗粒粒度信息类似于沉降技术，能得到颗粒系各粒级的重量含量。而光散射方法得到的是颗粒的数量含量，并且它对大颗粒的存在非常敏感，有高估粗颗粒数量的倾向，这使得它不适合于处理主要由细颗粒组成的多分散体系。

另外，超声波检测的操作过程相当简单：超声波脉冲穿过矿浆后，被超声波接收器接收，超声波在矿浆传播过程中会造成声能量的损失而改变声强和声速，采用超声波仪可以测量这种声能量的损失（衰减）和声速。而声衰减实际上就是由于颗粒和液体与超声波间的相互作用而引起的，因而测量超声波的衰减就可以获得矿浆体系的颗粒粒度或浓度信息。

（5）超声波粒度仪的研究概况

在选矿生产中应用的超声波粒度检测仪主要是美国丹佛公司的 PSM 系列超声波粒度仪和马鞍山矿山研究院的 CLY 系列型超声波粒度计，它们对数据处理时均采用最小二乘法原理、线性回归和统计分析的方法，建立线性回归数学模型。如 PSM-400 系统，它是利用在工艺过程中 PSM-400 仪表的读数与取自工艺过程试样的筛析结果的直接对比进行标定的，故准确的标定完全来自于准确的筛析。应用任何一台 PSM-400 超声波在线矿浆粒度仪在进行正常实时检测之前，必须了解待检测的矿浆的性质、相关的磨矿分级回路，进行大量的前期实测工作和大量现场数据的收集，为其标定工作做准备。一旦现场矿石性质、矿浆浓度、温度、黏度、矿浆流速、磨矿回路参数等发生改变，既定的模型就不能满足需要，所得到的结果可能偏差很大，甚至是错误的，又必须进行重新标定，工作量很大，设备的维护工作量也非常大，目前安装了这种类型的超声波粒度仪的选矿厂很多都已经不再使用，仍然采用人工的方法去判断磨矿产品的粒度情况。

目前国外生产的超声波粒度仪如 PSM-400 超声波粒度仪，价格昂贵，其关键部件空气消除器振动大、旋转叶轮磨损严重、停机保护频繁，且为单点检测，难以适应我国选矿厂的要求。我国马鞍山矿山研究院从 20 世纪 80 年代就开始研究超声波粒度仪，现已研制出 CLY2000 型超声波粒度计，其基本原理和美国丹佛公司生产的 PSM 超声波粒度仪一致，即采用超声波衰减测量技术，通过检测超声波信号在矿浆中的振幅衰减达到在线测量矿浆粒度与浓度的目的，这一技术在国内超声波测量领域处于领先地位。应用这一技术，提高了矿浆粒度与浓度测量的精度与稳定性，较之传统的矿山使用的粒度测量手段有着明显的优越性。该仪器采用的超声波探头为水浸式探头，具有全密封、高透声、耐磨损和耐腐蚀的特点，经现场使用，能够满足要求。CLY 型超声波在线粒度分析仪由取样装置、超声波探头、控制器及计算机数据处理装置等组成，如图 3-89 所示。

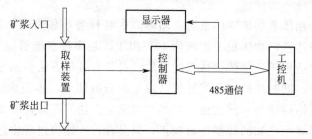

图 3-89　CLY 型超声波粒度仪系统组成示意图

　　Sympatec 公司是一家德国比较有名的颗粒测量仪器和技术公司。其产品 Opus 超声波衰减仪器分析高浓度悬浊液体系的颗粒尺寸分布。该公司较好地处理了与测量相关的一些方面如测量精度、准确性、干涉等问题，并注意了在线和离线测量中如何将测量系统与工业控制过程进行耦合的问题，同时介绍了将气泡的影响从测得的谱线中去除的方法。

　　国内主要有马鞍山矿山研究院的 CLY 型超声波粒度仪；中科院山西煤炭化学所的超声测沙仪，其所用的超声换能器频率只有几兆赫兹，仅限于测量粗颗粒（如沙粒）的浓度和平均粒径；钱炳兴等的超声波浮泥重度测量仪，其采用经验公式求解泥沙的重量浓度；现在辽宁丹东东方测控技术股份有限公司又新研究开发了一种新型的 DF-PSM 超声波在线粒度仪。

　　上海理工大学针对现有的颗粒测量技术存在高浓度透射率下降等问题，发明了一种利用超声阻抗谱，实现非侵入式在线测量高浓度或衰减较强的条件中颗粒浓度和粒径的方法。该发明的技术方案为一种基于超声阻抗谱原理测量颗粒粒径和浓度的方法，主要是用模型及理论计算得到理论的阻抗实部谱；利用反射谱来表征颗粒的特性，根据超声颗粒测量以模型建立声阻抗与颗粒两相介质之间的关系，对于颗粒两相体系，通过运用质量、动量和能量守恒定律、应力应变和声学与热力学关系式来获取压缩波、剪切波、热波在具有弹性、各向同性、导热的球形固体颗粒以及连续相介质中的波动方程，继而得到理论的阻抗实部谱；然后在得到阻抗实部谱中，提取不同粒径及其所对应的共振频率，获得一条"粒径-共振频率"的理论曲线，以及提取不同的浓度及其所对应的幅值，获得一条"浓度-共振幅值"的理论曲线；通过超声换能器及计算得到声阻抗谱，对其取实部则得到实验阻抗实部谱；将实验获得的信号经相关公式处理后便可得到测量对象阻抗实部谱的共振频率，提取出共振频率，再从"粒径-共振频率""浓度-共振幅值"两条曲线可查值得到测量对象的浓度及颗粒粒径。

　　该发明直接利用缓冲块的反射声波获得阻抗谱信息分析颗粒浓度和粒径，根据反射波分析出测量区域颗粒两相介质的声阻抗谱，又由于特定频率的超声波与一定粒径大小的颗粒作用会产生共振现象，在反射波阻抗谱中体现出来为特定共振峰。一方面，根据理论预测可以得到颗粒粒径和共振频率的关系曲线和颗粒浓度与共振幅值的关系曲线；另一方面，通过实验获得待测颗粒两相介质的阻抗谱曲线，并将共振峰对应频率和幅度与理论曲线对比，获得颗粒的尺寸和浓度。由于该方法无须测量透射信号，在透射波无法接收或信号微弱的情况下仍可以使用，有利于在实际工程中的在线实时测量应用。

该发明基于超声阻抗原理测量颗粒粒径和浓度的方法，测量系统结构简单、廉价，方法可实现在线测量，可用于实验室科学研究，特别适用于工业现场的应用，相比于其他原理的颗粒测量方法如电感应法、图像法、光散射法等，超声法对测量区域的条件要求较低，无须额外的开视窗，可以实现在线非侵入式的无损检测，而且，利用从缓冲块与测量样品之间的反射声波，其信号不受介质浓度及衰减特性的影响，所以相对于利用超声衰减、相速度来说，该方法更实用于过高浓度两相混合物中颗粒的测量。

目前国内很少对超声颗粒测量这一专门技术进行系统深入的研究。分析差距所在，主要有以下几个方面的原因：

① 超声颗粒测量仪器中配套硬件的研制技术，工艺落后于发达国家，以超声测粒仪中的重要部件超声换能器为例，美、德等国目前在超声测粒仪中所使用的高频超声换能器可以实现从 1MHz 到 200MHz 连续可调，而目前国内市场上出售的超声换能器最高频率只有 25MHz，并且频率多固定不可以调。

② 超声颗粒测量中的理论从声波在高浓度颗粒系中散射、吸收、衰减理论，以及为解出颗粒系粒度分布而进行的反演理论计算都是复杂的，而国内的研究水平是落后的。

③ 由于我国工业整体水平以及产品生产中的质量意识还有一个滞后过程，因此目前对高浓度在线颗粒测量技术的需求低于发达国家。

3.8.4 多流道浮选矿浆浓度粒度分析仪

(1) BPSM-Ⅱ/Ⅲ型在线矿浆粒度分析仪的组成及性能参数

北京矿业研究总院所开发研制的多流道浮选矿浆浓度粒度测量分析系统应用了"载流接触式矿浆粒度检测仪（ZL03208683.0）和载流螺旋管式矿浆密度计（ZL03208682.2）"两项实用新型专利技术，在国家知识版权局登记计算机软件著作权一项（2008SR17118），形成了 BPSM-Ⅱ/Ⅲ型在线矿浆粒度分析仪定型产品，粒度测量精度（1σ 典型值）1%~2%，整体技术和性能指标都达到国际先进水平，完全可以替代同类国外进口仪器，也可以为国外同类仪器提供备件。

BPSM-Ⅱ/Ⅲ型在线矿浆粒度分析仪是一套集浓度、粒度于一体的测量分析系统。BPSM-Ⅱ/Ⅲ型在线粒度分析仪由多流道切换箱、主控制箱、阀门箱、浓度测量箱、粒度测量装置、标定取样箱、矿浆汇流返回箱等几大部件构成，主要性能参数见表 3-14。

表 3-14　BPSM-Ⅱ/Ⅲ型在线粒度分析仪主要性能参数

参数名称	性能
测量对象	各类金属和非金属矿浆
通道数量	1~4
分析信息	浓度、密度和用户在测量范围内任意标定的 2 个粒级（如 $-74\mu m$ 和 $+150\mu m$）
典型精度	粒度:1σ 典型值 1%~2%;浓度:1%
测量范围	粒度:31~600μm;浓度:5%~7%
电源要求	220V AC±10%,50Hz,200W 仪表电源
人机对话	触摸屏
数据刷新速度	采用单个通道测量时,测量数据实时刷新;采用多个通道测量时,典型情况下每格通道测量 60s 刷新数据,然后冲洗 30s,随后进入下一通道测量周期
输出信号	4~20mA 标准信号
通信方式	RS-232、RS-485MODBUS-RTU、GESNP 或者工业以太网任选,RS-232 和 RS-485 采用 MODBUS-RTU 或者 GESNP,工业以太网采用 TCP/IP 协议

（2）BPSM-Ⅱ/Ⅲ型在线矿浆粒度分析仪的特点

BPSM-Ⅱ/Ⅲ型在线矿浆粒度分析仪具有以下特点：

① 以接触式在线，直接测量矿浆中的颗粒尺寸-矿浆粒度。

② 采用螺旋管承载器连续测量矿浆浓度，方法简单，测量精确。

③ 一台仪器能够测量 4 个磨矿系列的矿浆粒度和浓度指标。

④ 对每一个矿浆通道的粒度，可以同时计算出 2 个粒级；也就是说，对每一次测量，同时有 2 个粒级的信号输出，例如：$-74\mu m$ 和 $+150\mu m$；对于浓度测量，可以同时给出矿浆浓度值和密度值。

⑤ 多通道测量时分析测量实时性高，典型情况下每个通道可以在 90s 内完成测量，360s 即可完成 4 个通道循环测量一遍。单通道测量时可以实时连续地检测磨矿情况的变化。

⑥ 自动、手动零点校正，可自动排除矿浆磨损给粒度和浓度测量带来的精度损失。

⑦ 配套的标定软件可以使用户不必掌握深奥的数理统计原理即可轻松地完成标定数据的回归分析。

⑧ 灵活多样的通信接口可以同绝大多数自动化系统组网通信。

⑨ 人性化的人机界面，通俗易懂的触摸屏操作方式，对现场操作人员的文化层次要求不高，低学历人员也能很快上手。

⑩ 不锈钢机身，耐腐蚀，不生锈，易清扫；PVC 工程塑料矿箱，耐磨防腐，美观大方；高强度陶瓷测量触头，坚固耐磨；动化程度高，维护量少，具有一定的防水、防尘功能，可以用水整体冲刷清扫。

（3）粒度测量装置原理

粒度测量装置原理是被测矿浆样品在粒度测量装置底部的通道中流动。当矿浆流经动触头和静触头之间时，矿浆中的矿粒大小属性被传感器测量出来并被传送到由 PLC 构成的控制系统中进行分析计算，通过特定的数学模型就可以分析出矿浆中特定粒级的含量。在测量时，电机通过传动装置带动主轴以一定的周期做上下往复运动。动触头、主轴以及传感器铁芯被固定在一起，它们以相同的频率和幅度做上下往复运动，这样就能保证动触头和静触头之间的距离与传感器之间有一个固定的关系。密封装置能够保证矿浆不会污染粒度测量装置的电器部分。导向轴承起固定主轴的作用，以限制主轴只能做上下往复运动而不能左右摆动。在测量被压在动、静触头之间的矿浆颗粒的粒径时，传感器得到的数值是相对于传感器的绝对零点的，而不是相对于静触头的。因此仪器还需要知道静触头表面相对于传感器绝对零点的数值，以便计算相对于静触头的粒径数值。测量静触头上表面相对于传感器绝对零点的数值过程叫做零校正，即找出仪器的相对零点。

（4）BPSM-Ⅱ/Ⅲ型在线矿浆粒度分析仪的工业应用

多流道浮选矿浆浓度粒度测量分析系统（图 3-90）一般用于矿物加工过程中的磨矿分级作业，用来检测磨矿最终产品的细度和浓度，为磨矿作业和后续的浮选等作业提供必要的相关参数。在应用时，分析系统首先通过合适的取样器从作业流程当中截取一定量（70～170L/min）具有代表性的矿浆样品，通过取样管路输送到分析仪的多流道切换箱中；分析仪的多流道切换装置根据一定的顺序自动选择某一路待测矿浆进行测量，正被测量的矿浆样品进入稳流箱，并先后流经浓度测量装置、粒度测量装置，测量矿浆的浓度和粒度。然后经过标定取样箱进入汇流返回箱。汇流返回箱中的矿浆经过矿浆排出管路排出，排出后的矿浆可以通过适当的方式返回到工艺流程中去。截至目前，多流道浮选矿浆浓度粒度测量分析系统已经在贵州瓮福磷矿、山东阳谷祥光铜业公司、江铜集团武山铜矿等厂矿得到了应用。

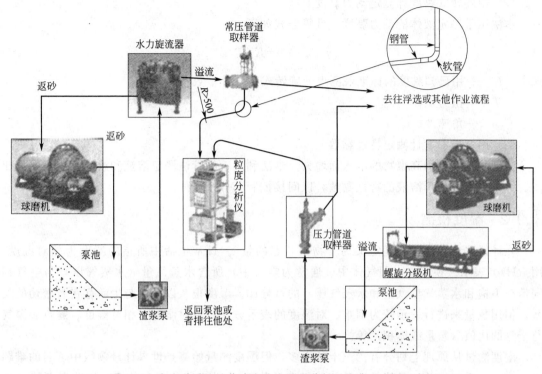

图 3-90　多流道浮选矿浆浓度粒度测量分析系统典型应用示意图

3.9　其他检测

3.9.1　黏度检测

黏度是指流体对流动的阻抗能力，《中华人民共和国药典》（2015 年版）二部附录 Ⅵ G 中以动力黏度、运动黏度或特性黏数表示。

液体以 1cm/s 的速度流动时，在 1cm^2 平面上所需剪应力的大小，称为动力黏度 η，以 Pa·s 为单位。在相同温度下，液体的动力黏度与其密度（kg/m^3）的比值，再乘以 10^{-6}，即得该液体的运动黏度 $[\nu]$，以 mm^2/s 为单位。高聚物稀溶液的相对黏度的对数值与其浓度的比值，称为特性黏数 $[\eta]$。常用平式黏度计、旋转式黏度计、乌式黏度计测定黏度。

（1）用平氏黏度计测定运动黏度或动力黏度

本法适用于测定牛顿流体（如纯液体和低分子物质的溶液）的动力黏度或运动黏度。测定黏度应注意：①按"相对密度测定法"标准操作规程测定供试溶液在相同温度下的密度（ρ）。②黏度计应垂直固定于恒温水浴中，不得倾斜，以免影响流出时间。计算公式如下：

$$\nu(\text{mm}^2/\text{s}) = Kt \tag{3-34}$$

$$\eta(\text{Pa·s}) = 10^{-6}Kt\rho \tag{3-35}$$

式中　K——用已知黏度标准液测得的黏度计常数，mm^2/s^2；

t——测得的平均流出时间，s；

ρ——供试溶液在相同温度下的密度，kg/m^3。

（2）用旋转式黏度计测定动力黏度

本法用于测定液体的动力黏度。计算公式如下：

$$\eta(Pa \cdot s) = K(T/\omega) \tag{3-36}$$

式中　K——用已知黏度的标准液测得的旋转式黏度计常数；

　　　T——扭力矩；

　　　ω——角速度。

（3）用乌氏黏度计测定特性黏数

溶剂的黏度常因高聚物的溶入而增大。本法利用毛细管法测定溶液和溶剂流出时间的比值，可求出高聚物稀溶液的特性黏数，以间接控制其分子量值。

3.9.2　湿度检测

在计量法中规定，湿度定义为"物象状态的量"。日常生活中所指的湿度为相对湿度，用 RH/％表示。换言之，即气体中（通常为空气中）所含水蒸气量（水蒸气压）与空气相同情况下饱和水蒸气量（饱和水蒸气压）的百分比。湿度很久以前就与生活存在着密切的关系，但用数量来进行表示较为困难。对湿度的表示方法有绝对湿度、相对湿度、露点、湿气与干气的比值（重量或体积）等。

湿度测量从原理上划分有二三十种之多，但湿度测量始终是世界计量领域中著名的难题之一。一个看似简单的量值，涉及相当复杂的物理-化学理论分析和计算，初涉者可能会忽略在湿度测量中必须注意的许多因素，因而影响传感器的合理使用。现代湿度测量方案最主要的有两种：干湿球测湿法和电子式湿度传感器测湿法。下面对这两种方案的特点进行介绍。

干湿球湿度计的特点：早在 18 世纪人类就发明了干湿球湿度计，干湿球湿度计的准确度还取决于干球、湿球两支温度计本身的精度；湿度计必须处于通风状态，只有纱布水套、水质、风速都满足一定要求时，才能达到规定的准确度。干湿球湿度计的准确度只有 5％～7％RH。干湿球测湿法采用间接测量方法，通过测量干球、湿球的温度，经过计算得到湿度值，因此对使用温度没有严格限制，在高温环境下测湿不会对传感器造成损坏。干湿球测湿法的维护相当简单，在实际使用中，只需定期给湿球加水及更换湿球纱布即可。与电子式湿度传感器相比，干湿球测湿法不会产生老化、精度下降等问题。所以干湿球测湿法更适合于在高温及恶劣环境的场合使用。

电子式湿度传感器的特点：电子式湿度传感器是近几十年，特别是近 20 年才迅速发展起来的。湿度传感器生产厂在产品出厂前都要采用标准湿度发生器来逐支标定，电子式湿度传感器的准确度可以达到 2％～3％RH。电子式湿度传感器的精度水町要结合其长期稳定性去判断，一般来说，电子式湿度传感器的长期稳定性和使用寿命不如干湿球湿度传感器。湿度传感器是采用半导体技术，因此对使用的环境温度有要求，超过其规定的使用温度将对传感器造成损坏。所以电子式湿度传感器测湿方法更适合于在洁净及常温的场合使用。

选择湿度传感器时应注意事项：①选择测量范围和测量重量、温度一样，选择湿度传感器首先要确定测量范围。除了气象、科研部门外，搞温、湿度测控的一般不需要全湿程

（0～100％RH）测量。②选择测量精度。测量精度是湿度传感器最重要的指标，每提高一个百分点，对湿度传感器来说就是上一个台阶，甚至是上一个档次。因为要达到不同的精度，其制造成本相差很大，售价也相差甚远。所以使用者一定要量体裁衣，不宜盲目追求"高、精、尖"。如在不同温度下使用湿度传感器，其示值还要考虑温度漂移的影响。众所周知，相对湿度是温度的函数，温度严重地影响着指定空间内的相对湿度。温度每变化$0.1℃$，将产生 $0.5％RH$ 的湿度变化（误差）。使用场合如果难以做到恒温，则提出过高的测湿精度是不合适的。③考虑时漂和温漂。在实际使用中，由于尘土、油污及有害气体的影响，使用时间一长，电子式湿度传感器会产生老化、精度下降等问题，电子式湿度传感器年漂移量一般都在 $±2％$，甚至更高。一般情况下，生产厂商会标明 1 次标定的有效使用时间为 1 年或 2 年，到期需重新标定。

3.9.3　磁性检测

磁选是在不均匀磁场中利用矿物之间的磁性差异而使不同矿物实现分离的一种选矿方法。磁选法广泛地应用于黑色金属矿石的分选、有色和稀有金属矿石的精选、重介质选矿中磁性介质的回收和净化、非金属矿中含铁杂质的脱除、煤矿中铁物的排除以及垃圾与污水处理等方面。

磁场是物质的特殊状态，并显示在载电导体或磁极的周围。描述磁场大小和方向的物理量有磁感应强度 B 和磁场强度 H。磁场强度是在任何介质中，磁场中某点的磁感应强度 B 和同一点上的磁导率 μ 的比值。单位体积内的磁矩和称为磁化强度，磁化强度是表征磁介质磁化程度的物理量。

磁感应强度：磁感应强度是描述磁场强弱的物理量，是电磁学试验中比较重要的一种物理参数，由于磁场是一种看不见摸不着的特殊物质，磁感应强度很难用直接的方法进行测量。下面主要介绍用力敏传感器和安培定律测量磁感应强度以及用霍尔效应测量磁感应强度。

（1）利用霍尔效应

磁强计实际上是利用霍尔效应来测量磁感应强度 B 的仪器。如图 3-91 所示，一块导体接上 a、b、c、d 四个电极，将导体放在图示的匀强磁场中，a、b 间通以电流 I，c、d 间就会出现电势差。已知接 c、d 两电极的两导体表面相距为 l，导体宽度为 l'，只要测出 c、d 间的电势差 U_{cd}，就可测得 B。

（2）利用力敏传感器和安培定律测量磁感应强度

将传感器的固定杆安装在立柱上，调节固定杆，使传感器弹簧片与竖直方向垂直，接通电源和数字电压表，预热 15min 后，挂上砝码盘，对数字电压表进行调零。将定标用的标准砝码依次加在砝码盘中，并从数字电压表上依次读出对应的电压输出值。用最小二乘法计算力敏传感器的灵敏度 K。

按图 3-92 放置仪器和各器件（图中 1 为支架，2 为力敏传感器，3 为数字电压表，4 为底座，5 为Ⅱ线框，6 为永久磁铁，7 为Ⅱ型线框供电电源），将Ⅱ线框用一个绝缘悬丝固定在力敏传感器的挂钩上，并用软细铜丝连接Ⅱ线框与电源。调节线框使 bc 段水平，且线框平面与磁场垂直。然后按下列步骤操作：①调节电源使通过线框的电流为零，读出力敏传感器的输出电压 U'。②改变线框电流，读出力敏传感器输出电压 U。③继续增大电流，读出 8 组不同电流对应的输出电压。④用游标卡尺测量线框 bc 段的长度 l。计算公式如下

$$B = \frac{U - U'}{KIl} \tag{3-37}$$

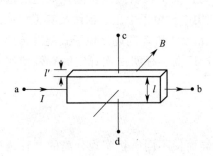

图 3-91　磁强计

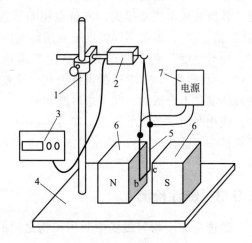

图 3-92　实验装置

3.9.4　电选参数检测

电场分选（简称电选）就是基于被分离物料在电性质上（电导率、介电常数、整流性等）的差别，在电选机电场中颗粒受电场力和机械力（重力、离心力等）的作用，不同电性质的颗粒运动轨迹发生分离而使物料得到分选的一种物理分选方法。电场分选对于塑料、橡胶、纤维、废纸、合成皮革、树脂与某种物料的分离，各种导体和绝缘体的分离，工厂废料的回收都十分简便有效。例如旧型砂、磨削废料、高炉石墨、煤渣和粉煤灰等的回收。电选还广泛用于工业烟气（如水泥、冶金、化工）的除尘过程中。

（1）介电常数测量

总体来说，目前测量介电常数的方法主要有集中电路法、传输线法、谐振法、自由空间法等。其中，传输线法、集中电路法、谐振法等属于实验室测量方法，测量通常是在实验室中进行，对于已知介电常数材料发泡后的介电常数通常用经验公式得到。下面主要介绍一下集中电路法和自由空间法。

集中电路法：集中电路法是一种在低频段将有耗材料填充电容，利用电容各参数以及测量得到的导纳推出介电常数的一种方法。其原理公式为

$$Y = j\omega\varepsilon_0 \frac{A}{D}(\varepsilon_1 - j\varepsilon_2) \tag{3-38}$$

式中　Y——导纳；

　　　A——电容面积；

　　　D——极板间距离；

　　　ε_0——空气介电常数；

　　　ω——角频率。

为了测量导纳，通常用并联谐振回路测出 Q 值（品质因数）和频率，进而推出介电常数。由于其高频率会受到小电感的限制，这种方法的高频率一般是 100MHz，小电感一般为 10nHz 左右。如果电感过小，高频段杂散电容影响太大；如果频率过高，则会形成驻波，

改变谐振频率同时辐射损耗骤然增加。但这种方法并不适用于低损材料。因为这种方法能测得的 Q 值只有 200 左右，使用网络分析仪测得 $\tan\delta$ 也只在 10^{-4} 左右。这种方法不但准确度不高，而且只能测量较低频率，在现有通信应用要求下已不经常应用。

自由空间法：自由空间法其实也可算是传输线法。它的原理可参考线路传输法，通过测得传输和反射系数，改变样品数据和频率来得到介电常数的数值。其工作原理如图 3-93 所示：

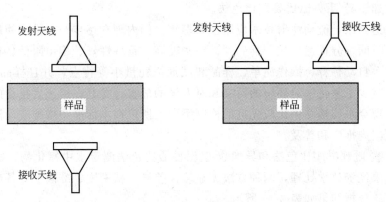

图 3-93　自由空间法工作原理

自由空间法与传输线法有所不同。传输线法要求波导壁和被测材料完全接触，而自由空间法克服了这个缺点，保留了线路传输法可以测量宽频带范围的优点。自由空间法要求材料要有足够的损耗，否则会在材料中形成驻波并且引起误差。因此，这种方法只适用于高于 3GHz 的高频情况，其高频率可以达到 100GHz。

（2）电导率测量

测量溶液的电导率（电阻率的倒数），必须有两片金属插入水中。在两金属间施加一定的电压，在电场的作用下，溶液中的阴、阳离子便向与本身极性相反的金属板方向移动并传递电子，像金属导体一样，离子的移动速度与所施加的电压有线性关系，因此电解质溶液也遵守欧姆定律。电解质电阻的大小除了和电解质的浓度有关外，还和电解质的种类与性质-电解质的电离度、离子的迁移率、粒子半径和离子的电荷数以及溶剂的介电常数和黏度等有直接关系。

3.9.5　氰离子浓度检测

氰化物属于剧毒物质，对人体的毒性主要是与高铁细胞色素氧化酶结合，生成氰化高铁细胞色素氧化酶而失去传递氧的作用，引起组织缺氧窒息。

水中氰化物分为简单氰化物和络合氰化物两种。简单氰化物包括碱金属（钠、钾、铵）的盐类（碱金属氰化物）和其他金属的盐类（金属氰化物）。在碱金属氰化物的水溶液中，氰基以 CN—和 HCN 分子的形式存在，二者之比取决于 pH。大多数天然水体中，HCN 分子占优势。在简单的金属氰化物的溶液中，氰基也可能以稳定度不等的各种金属氰化物的络合阴离子的形式存在。

国内测定水中高含量氰化物的标准分析方法通常采用硝酸银滴定法；测定水中低含量氰化物的标准分析方法通常采用异烟酸-吡唑啉酮比色法或吡啶-巴比妥酸比色法。ISO 6703/1—1984、ISO 6703/2—1984、ASTM D2036—2006 测定水中氰化物含量的标准分析方法采用硝酸银滴定法、吡啶-巴比妥酸比色法和离子选择性电极法。由于电极法具有较大的测定范围，并且本身不稳定，目前较少使用。异烟酸-吡唑啉酮比色法或吡啶-巴比妥酸比色法虽然准确度高，但吡啶恶臭、毒性大、对人体有害，使用时需注意安全。异烟酸-吡唑啉酮比色法需在（25～35℃）水浴锅中放置 40min，易受温度影响，不易控制。而异烟酸-巴比妥酸比色法仅在常温下放置 10～15min 就可以比色测定，不受温度影响，显色条件易于控制，具有简便、快速、准确、降低成本的优点，国内一些文献均有所报道，所以经考虑在氰化物分析方法上增加了异烟酸-巴比妥酸比色法。

在国外发达国家，流动注射技术应用已有多年，国内现在逐步开始推广使用此技术。它具有缩短分析时间、分析速度快、准确度、精密度高、重现性好、检出限低、检测浓度范围大、自动进样、自动稀释、操作简单、样品和试剂消耗量小等特点，并且样品全封闭蒸馏、吸收和检测、减少了氰化物对环境的污染和对人体的危害，尤其在检测大批量的样品上有突出的优势，是现今水质检测中比较先进的检测手段，所以在本标准中增加流动注射法，希望此技术能够在国内推广和普及。

采用异烟酸-吡唑啉酮比色法和异烟酸-巴比妥酸比色法测定水中氰化物，实验结果加以对照，所测结果经统计学处理，两种方法无显著性差异，精密度、准确度等各项分析指标均符合分析标准。分析结果如表 3-15 所示。

表 3-15 异烟酸-吡唑啉酮比色法和异烟酸-巴比妥酸比色法结果比对

方法	样品数	已知考核样		未知考核样		回收率/%
		标准保证值/（mg/L）	标准偏差/%	标准保证值/（mg/L）	标准偏差/%	
异烟酸-吡唑啉酮比色法	10	0.153±0.002	1.40	0.303±0.002	0.77	99.80
异烟酸-巴比妥酸比色法	10	0.154±0.002	1.40	0.304±0.002	0.88	99.10

思考题与习题

3.1 简述矿浆流量的检测方法。

3.2 固体物料流量如何检测？

3.3 简述温度与温标的关系。

3.4 接触式测温技术有哪几种？简述各自的测温原理。

3.5 什么是温度传感器？

3.6 简述铂热电阻测温的基本原理及接线方法。

3.7 什么是热电偶？简述热电偶测温的基本原理。

3.8 简述红外测温的基本原理及方法。

3.9 什么是物位？物位测量的意义是什么？

3.10 简述差压式液位计的基本原理及特点。

3.11 什么是差压式液位计的零点迁移？零点迁移对液位测量仪表有什么影响？

3.12 简述超声物位计的测量原理、组成及安装方式。

3.13 雷达物位计有哪些类型？各自的特点是什么？

3.14 激光物位计与其他物位计相比有什么特点？

3.15 压力的检测方法有哪些？

3.16 简述粒度检测的意义及检测方法。

3.17 简述超声波在线粒度分析仪的工作过程及特点。

3.18 在线品位测定仪的基本原理是什么？

3.19 矿物加工过程对矿物进行成分分析的目的是什么？

3.20 振动式密度计的工作原理是什么？

3.21 核子密度计用在什么场合？

3.22 粒度检测的方法有哪些？

3.23 粒径分析的常见术语有哪些？

3.24 简述激光粒度仪的工作原理。

3.25 简述超声波矿浆粒度检测的基本原理。

3.26 矿浆的黏度如何检测？

3.27 矿物磁性如何检测？

3.28 电选参数如何检测？

3.29 如何检测氰离子浓度？

第 **4** 章

虚拟仪器及软测量技术

4.1 概述

传统仪器技术发展到今天，已经经历了模拟仪器、数字仪器和智能仪器等阶段，从 20 世纪 70 年代开始进入到了虚拟仪器时代。通常，在完成某个测试任务时需要很多仪器，如示波器、电压表、频率分析仪、信号发生器等，对复杂的数字电路系统还需要逻辑分析仪、IC 测试仪等。这么多的仪器不仅价格昂贵、体积大、占用空间，相互连接起来很费事、费时，而且经常由于仪器之间的连接、信号带宽等方面的问题给测量带来很多麻烦，使得原来并不复杂的测量变得异常困难。要提高电子测量仪器的测量准确度和效率，就要求仪器本身具有自动调节、校准、量程转换、计算和寻找故障等功能，能自动存储有关数据并在需要的时候自动调出，这些要求传统仪器很难满足，在以前几乎被视为不可能完成的任务。计算机科学和微电子技术的迅速发展和普及，有力地促进了多年来发展相对缓慢的仪器技术。目前，正在研究出第三代自动测控系统中，计算机处于核心地位，计算机软件技术和测控系统更紧密地结合成了一个有机整体，仪器的结构概念和设计观点等都发生了突破性的变化，出现了新的仪器概念——虚拟仪器。

4.2 虚拟仪器的构建方法

4.2.1 虚拟仪器的概念

虚拟仪器（virtual instrument）是基于计算机的仪器。计算机和仪器的密切结合是目前仪器发展的一个重要方向。粗略地说这种结合有两种方式：一种是将计算机装入仪器，其典型的例子就是所谓智能化的仪器。随着计算机功能的日益强大以及其体积的日趋缩小，这类仪器功能也越来越强大，目前已经出现含嵌入式系统的仪器。另一种方式是将仪器装入计算机，以通用的计算机硬件及操作系统为依托，实现各种仪器功能。

虚拟仪器的最大的特点是将计算机丰富的资源与仪器硬件、DSP 技术相结合，在系统内共享软件硬件资源，打破了以往由厂家定义仪器功能的模式，由用户自己定义仪器功能。在虚拟仪器中，使用相同的硬件系统，通过不同的软件编程，就可以实现功能的完全不同。

传统仪器和虚拟仪器系统的比较如表 4-1 所示。

表 4-1 传统仪器和虚拟仪器系统的比较

项目	虚拟仪器	传统仪器
系统标准	用户自定义,标准逐渐统一	仪器厂商自定义,标准难统一
系统开放性	开放、灵活,可与计算机技术保持同步发展	封闭性、仪器间相互配合较差
系统关键升级	关键是软件,性能升级方便	关键是硬件,升级成本较高
技术更性周期	技术更新周期短	技术更新周期长
系统成本及复用性	价格低廉,软件使得开发和维护费用降至最低	价格昂贵,开发与维护开销高
系统的开放性	可以与网络及周边设备方便互联	与其他设备仪器的连续十分有限

由此可见,虚拟仪器尽可能采用通用的硬件,各种仪器的差异主要是软件,同时能充分发挥计算机的能力,有强大的数据处理功能,可以创造出功能更强大的"个人仪器"。

4.2.2 VI 的构成

虚拟仪器系统由仪器硬件和应用软件两大部分组成,仪器硬件是计算机的外围部分,与计算机构成了虚拟仪器系统的硬件环境,是应用软件的基础,而应用软件则赋予系统相关功能。

虚拟仪器系统的结构可以用图 4-1 表示。

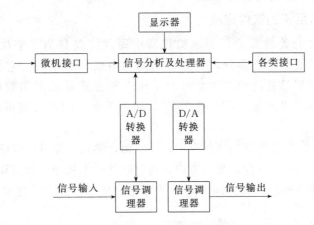

图 4-1 虚拟仪器系统的结构示意图

4.2.2.1 虚拟仪器系统的硬件构成

虚拟仪器的硬件系统一般分为计算机硬件平台和测控功能硬件。

① 计算机硬件平台 计算机硬件平台可以是各种类型的计算机,如普通台式计算机、便携式计算机、工作站、嵌入式计算机等,它是虚拟仪器的硬件基础。

② 测控功能硬件 按照测控功能硬件的不同,目前较为常用的虚拟仪器系统是 GPIB 仪器控制系统、VXI 仪器控制系统。

a. GPIB 仪器控制系统 GPIB (general purpose interface bus),即通用接口总线技术,是把程控仪器设备与计算机紧密联系起来,也就是利用 GPIB 接口卡将若干 GPIB 仪器连接起来,用计算机增强传统仪器的功能,组成大型自动测试系统,易于升级,维护方便,仪器功能和面板可自定义,开发和使用相对容易,可高效灵活地完成各种不同规模的测试测量任务。

利用 GPIB 技术，可用计算机实现对仪器的操作和控制，代替传统的人工操作方式，最大可能地排除人为因素造成的测试测量误差。由于可预先编制好测试程序去实现自动测试，所以提高了测试效率。

b. VXI 仪器控制系统　VXI 总线（VME bus extension for instrument）是一种高速计算机总线——VEM 总线在仪器测试领域应用的扩展，由于其具有标准开放、结构紧凑、传输速率高、数据吞吐能力强、定时和同步准确、模块可重复利用等优点，很快得到广泛应用。在组建大、中规模自动测试测量系统及对速度、精度要求较高的场合，有着其他仪器无法比拟的优势，为虚拟仪器系统提供了一个更为广阔的发展空间。

自 1987 年 VXI 总线仪器诞生以来，这种在世界范围内完全开放、适用于多种货商的模块化仪器总线标准，成为目前仪器与测试技术领域研究与发展的重点。

1993 年美国国家仪器公司（NI 公司）、安捷伦公司等仪器制造公司认为，在众多 VXI 软件技术基础上实现软件标准化的时机已成熟，便共同创建了"VXI Plug & Play"系统联盟（简称 VPP），经过近几年的不懈努力，联盟成员日益增多，并完成了 20 多个技术规范的制定。目前，VXI 仪器已经在世界范围内得到广泛应用。

如今，高性能处理器、高分辨率显示器、大容量硬盘已成为虚拟仪器的标准配置，虚拟仪器系统融合并利用计算机强大的硬件资源，突破了传统仪器在数据处理、显示、存储等方面的限制，大大扩展了传统仪器的功能。

4.2.2.2　虚拟仪器系统的软件构成

硬件是传统仪器的关键部分，而虚拟仪器中硬件仅仅是为了解决信号的输入输出，软件才是整个仪器的关键核心部分，其测试功能均由软件来实现。它将所有的仪器控制信息均集中在虚拟仪器的软件模块中，可以采用多种方式显示采集数据、分析的结合和控制过程，真正做到"界面友好，人机交互"，用户无须专门学习就可以对虚拟仪器进行操作。

虚拟仪器利用了计算机丰富的软件资源，一方面，实现了部分仪器硬件的软件化，节省了物质资源，增加了系统灵活性；另一方面，通过软件技术和相应数值算法，实时、直接地对测试资料进行各种分析与处理；同时通过图形用户接口（GUI）技术，真正做到界面友好，人机交互。

虚拟仪器系统的软件一般由三部分构成：设备驱动程序、信号的数字处理程序、虚拟仪器面板程序。

① 设备驱动程序是联系用户应用程序与底层硬件设备的基础，每一种设备驱动程序都是为增加编程灵活性和提高数据吞吐量而设计的；设备驱动程序都具有一个共同的应用程序编程接口（API），因此，不管虚拟仪器所使用的计算机或操作系统是什么，最终编写的用户应用程序都是可移植的。对于市场上的大多数计算机内置插卡，厂家都配备了相应的设备驱动程序，用户在编制应用程序时，可以像调用系统函数那样，直接调用设备驱动程序来进行设备操作；如果所用计算机内置插卡和外置设备没有驱动程序，用户可以用高级语言编写。

② 信号的数字处理程序主要是对采样信号进行非实时的再现和离线分析。该部分包含了很多信号处理的经典算法，能够对信号数据进行后期的数字信号处理是虚拟仪器的突出优势，也是其应用日益广泛的主要原因之一。

③ 虚拟仪器面板程序是虚拟仪器软件的核心，它直接面向用户，是虚拟软件的最上层，可以提供与用户交互的界面，而且能够通过面板上的各种控件来完成控制虚拟仪器的工作；虚拟仪器面板程序的开发环境与虚拟仪器系统功能是否容易实现有着密切的关系。虚拟仪器系统的应用软件建立在仪器驱动程序之上，直接面对操作用户，通过提供直观友好的测控操作接口、丰富的资料分析与处理功能，来完成自动测试任务。

对于虚拟仪器应用软件的编写，大致可分为两种方式：

① 传统编程软件进行编写，主要有 Microsoft 公司的 Visual Basic 与 Visual C＋＋、Borland 公司的 Delphi、Sybase 公司的 PowerBuilder。

② 用专业图形化编程软件进行开发，如 HP 公司的 VEE、NI 公司的 LabVIEW 以及 Lab Windows/CVI 等。

4.2.3　VI 的应用

虚拟仪器技术一直在测试和测量领域广泛使用，而且，通过不断的 LabVIEW 革新和数以百计的测量硬件设备，虚拟仪器技术逐渐扩大了它所触及的应用范围。今天，NI 率先将这一技术扩展到控制和设计部分，曾促进了测试发展的益处正开始加速控制和设计的发展。工程师和科学家不断提高对虚拟仪器的要求，以希望有效地满足世界范围的需要，他们正是这一加速背后的驱动力。虚拟仪器主要应用于以下领域。

（1）汽车发动机检测系统

清华大学汽车系利用虚拟仪器技术构建的汽车发动机检测系统，用于汽车发动机的出厂检测。主要检测发动机的功率特性、负荷特性等。

（2）仪器计量系统

电子部三所是电子部专门负责电视、电声信号计量的国家二级计量站。他们的一个课题——仪器自动计量控制系统采用 GPIB 控制方式实现。当系统的软件开发从 Quick BASIC 转到虚拟仪器开发平台 LabVIEW 上时，开发速度提高了数倍，同时整个系统的档次、可靠性以及对仪器进行计量的速度都得到了很大的提高。该系统很快通过了部级鉴定，并获得了很高的评价。

（3）医学电子仪器

虚拟仪器技术的发展为医学仪器的通用性、自动化、智能化、低成本化提供了技术支持和开发框架，为医学仪器的设计开发提供了一种新的思路。医学仪器有其特殊性，只要提供一定的数据采集硬件，就可用 PC 机组建用于生理信号检测的医学电子仪器，就可利用虚拟仪器组成标准的虚拟医学仪器。虚拟医学仪器在功能扩展、价格、更新升级等方面具有传统医学仪器无法比拟的优越性。

（4）虚拟仪器技术与电器附件产品的性能测试

电气附件生产中，每个产品都需要进行基本的性能测试，确认合格后才能交给客户使用，一些简单的基本测试，如电压、电流的检测，传统的仪器无法满足，往往需要在复杂的动作执行过程中进行测试，而且大部分无法完成记录功能，因此大部分由人手实现。引入了虚拟仪器的测试手段，涉及线路板检测、成品检测、老化检测方面，有效增加了测试项目、提高了检测过程的自动化程度、自动生成测试报表，强化了产品的质量控制，保障了产品的可追溯性。事实说明，将虚拟仪器系统引入电器附件产品的生产过程，不仅能够明显节省投资、场地和人力的使用，尤其能够丰富测试手段，提升产品控制水平，有利于企业的持续健康发展。

（5）虚拟仪器技术在农业装备和矿物加工检测的应用

农业装备技术发展向着大型化、广度化、成套化、智能化和精准化的方向发展。将越来越多的传感器和检测手段应用到农业装备的研究过程中，基于电子技术的微处理器被应用于农业装备。虚拟仪器技术能够满足现代化农业装备测控技术的要求，在农业装备自动化和测控领域有着广阔的发展前景。

4.2.4 LabVIEW 简介

LabVIEW 是 laboratory virtual instrument engineering workbench 的英文缩写，它是一种图形化的编程环境，使用图形化的符号来创建程序（通过连线把函数节点连接起来，数据就是在这些连线上流动的）；传统文本编程语言根据语句和指令的先后顺序决定程序执行顺序，而 LabVIEW 则采用数据流编程方式，程序框图中节点之间的数据流向决定了程序的执行顺序。它用图标表示函数，用连线表示数据流向。

LabVIEW 的用户称图形化编程语言之为"G"语言（取自 graphical），使用这种语言编程时，基本上不写程序代码，取而代之的是流程图。它尽可能利用了技术人员、科学家、工程师所熟悉的术语、图标和概念，因此，LabVIEW 是一个面向最终用户的工具。

图 4-2　LabVIEW 程序框图

所有的 LabVIEW 应用程序，即虚拟仪器（VI），它包括前面板（front panel）、流程图（block diagram）以及图标/连结器（icon/connector）三部分。典型的 LabVIEW 程序结构如图 4-2 所示，与大多数界面设计软件一样，要构建一个 LabVIEW 程序首先需根据用户需求制定合适的界面，这个界面主要是在前面板中设计，包括放置各种输入输出控件、说明文字和图片等，然后就是在程序框图中进行编程以实现具体的功能。在实际的设计中，通常是以上两步骤的交叉执行。

前面板是图形用户界面，也就是 VI 的虚拟仪器面板，这一界面上有用户输入和显示输出两类对象，具体表现有开关、旋钮、图形以及其他控制（controls）和显示对象（indicator）。

前面板界面主要功能选项如下。

菜单：菜单用于操作和修改前面板和程序框图上的对象。VI 窗口顶部的菜单为通用菜单，同样适用于其他程序，如打开、保存、复制和粘贴，以及其他 LabVIEW 的特殊操作。

工具栏：工具栏按钮用于运行、中断、终止、调试 VI、修改字体、对齐、组合、分布对象等。

即时帮助窗口：选择"帮助→显示即时帮助"显示即时帮助窗口。将光标移至一个对象上，即时帮助窗口将显示该 LabVIEW 对象的基本信息。VI、函数、常数、结构、选板、属性、方式、事件、对话框和项目浏览器中的项均有即帮助信息。即时帮助窗口还可帮助确定 VI 或函数的连线位置。

图标：图标是 VI 的图形化表示，可包含文字、图形或图文组合。如将 VI 当作子 VI 调用，程序框图上将显示该子 VI 的图标。

控件选板：控件选板提供了创建虚似仪器等程序面板所需的输入控件和显示控件，仅能在前面板窗口中打开。

工具选板：在前面板和程序框图中都可看到工具选板。工具选板上的每一个工具都对应于鼠标的一个操作模式。光标对应于选板上所选择的工具图标，可选择合适的工具对前面板和程序框图上的对象进行操作和修改。

程序框图提供 VI 的图形化源程序。在程序框图中对 VI 编程，以控制和操纵定义在前面板上的输入和输出功能。程序框图中包括前面板上的控件的连线端子，还有一些前面板上没有，但编程必须有的东西，例如函数、结构和连线等。如图 4-3 所示。

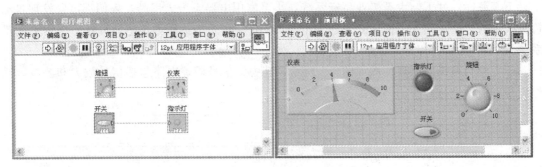

图 4-3　程序框图与前面板

函数选板：函数选板仅位于程序框图窗口。函数选板中包含创建程序框图所需的 VI 和函数，既包含了大量专用的信号处理、信号运算等 VI 图标，也包含了各种数值运算、逻辑运算的基本 VI 图标。按照 VI 和函数的类型，将 VI 和函数归入不同子选板中。如图 4-4 所示。

程序框图对象包括接线端和节点。将各个对象用连线连接便创建了程序框图。

① 接线端　前面板对象在程序框图中显示为接线端。它是前面板和程序框图之间交换信息的输入输出端口。输入到前面板输入控件的数据值经由输入控件接线端进入程序框图。运行时，输出数据值经由显示控件接线端流出程序框图而重新进入前面板，最终在前面板显示控件中显示。

② 节点　节点是程序框图上的对象，带有输入输出端，在 VI 运行时进行运算。节点类似于文本编程语言中的语句、运算符、函数和子程序。LabVIEW 有以下类型的节点：

a. 函数——内置的执行元素，相当于操作符、函数或语句，它是 LabVIEW 中最基本的操作元素。

b. 子 VI——用于另一个 VI 程序框图上的 VI，相当于子程序。

c. Express VI——LabVIEW 中自带的协助常规测量任务的子 VI，其功能强大、使用便捷，但缺点是效率较低。所以，对于效率要求较高的程序不适合使用。

图 4-4　函数选板

d. 结构——执行控制元素，如 For 循环、While 循环、条件结构、平铺式和层叠式顺序结构、定时结构和事件结构。

③ 多态 VI 和函数　多态 VI 和函数会根据输入数据类型的不同而自动调整数据类型。

比如读/写配置文件的 VI，它们既可以读/写数值型数据，也可以读/写字符串、布尔等数据类型。

4.2.5 LabVIEW 在虚拟测试系统应用案例

近些年来，随着半导体、计算机技术的发展，新型或具有特殊功能的传感器不断涌现出来，检测装置也向小型化。固体化及智能化方向发展，应用领域也越加宽广。上至茫茫太空，下至海底、井下，大至工业生产系统，小至家用电器、个人用品，人们都可以发现自动检测技术的广泛应用。下面主要讲述利用 LabVIEW 和适当的压力传感器设计一个压力测量系统。

压力检测系统的原理框图如图 4-5 所示。其中，信号调理电路包括信号放大和滤波，其作用是对信号进行必要的调理。

图 4-5　压力检测系统原理框图

前面板设计：登录和界面图如图 4-6 所示。

如图 4-6 所示能实现以下几个功能：

① 压力测试的实验数据的时域波形。

② 对测量数据的上下限参数的设置，以及测量数据超过上下限的一个报警提醒功能。超过界限后，相应的提示灯会变为绿色。

③ 得到模拟量压力的平均值和标准差。

④ 对整个压力测试系统进行停止操作时使用。

实验框图设计：本系统程序框图设计主要包括数据的测量与采集、模拟数据读取、数据处理及显示、子程序的打开或关闭等，其中有些模块直接调用 LabVIEW 中的库函数，如乘除法、定时器等，还有一些模块则需要用户进行自定义设计实现。

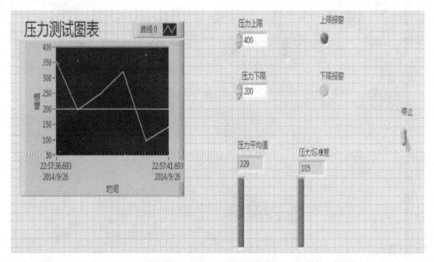

图 4-6　登录和界面图

图 4-7　压力测试系统（a）和用户登录（b）

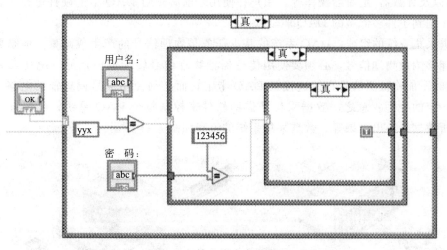

图 4-8　输入用户名和密码

① 登录界面上显示压力测试系统和用户登录名称，见图4-7。

② 用户输入自己的用户名和密码，若输入都为正确，则可以顺利进行子 VI，见图 4-8。

③ 调用节点并运行，见图 4-9。

④ 压力测量系统登录界面的总体框图，见图 4-10。

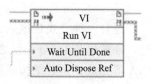

图 4-9　调用节点并运行

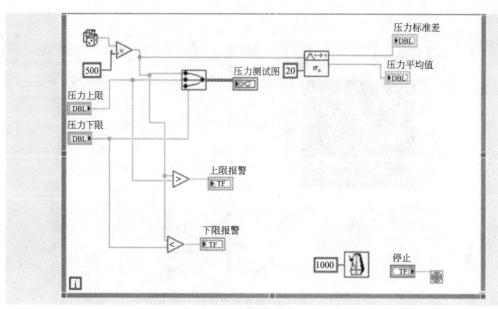

图 4-10   压力测量系统登录界面的总体框图

4.3   信号的实时数据采集及控制信号输出

LabVIEW 的数据采集（data acquisition）程序库包括了许多 NI 公司数据采集（DAQ）卡的驱动控制程序。通常，一块卡可以完成多种功能，如模/数转换、数/模转换、数字量输入/输出以及计数器/定时器操作等。用户在使用之前必须对 DAQ 卡的硬件进行配置。这些控制程序用到了许多低层的 DAQ 驱动程序。

数据采集系统的组成：DAQ 系统的基本任务是物理信号的产生或测量。但是要使计算机系统能够测量物理信号，必须要使用传感器把物理信号转换成电信号（电压或者电流信号）。有时不能将被测信号直接连接到 DAQ 卡上，而必须使用信号调理辅助电路，先将信号进行一定的处理。总之，数据采集是借助软件来控制整个 DAQ 系统，包括采集原始数据、分析数据、给出结果等。数据采集系统的流程如图 4-11 所示。

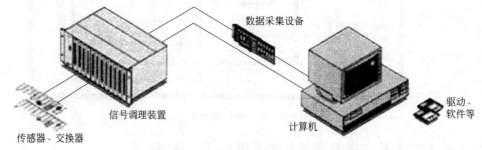

图 4-11   数据采集系统的流程

还有一种方式是嵌入式 DAQ 系统。这样就不需要在计算机内部插槽中插入板卡，这时，计算机与 DAQ 系统之间的通信可以采用各种不同的总线，如 USB、并行口或者 PCM-CIA 等完成。这种结构适用于远程数据采集和控制系统。

模拟输入：当采用 DAQ 卡测量模拟信号时，必须考虑下列因素，输入模式（单端输入或者差分输入）、分辨率、输入范围、采样速率，精度和噪声等。

单端输入以一个共同接地点为参考点。这种方式适用于输入信号为高电平（大于 1V），信号源与采集端之间的距离较短（小于 15ft，1ft＝0.3048m），并且所有输入信号有一个公共接地端的情况下。如果不能满足上述条件，则需要使用差分输入。在差分输入方式下，每个输入可以有不同的接地参考点。并且，因为消除了共模噪声的误差，所以差分输入的精度较高。输入范围是指 ADC 能够量化处理的最大、最小输入电压值。DAQ 卡提供了可选择的输入范围，它与分辨率、增益等配合，以获得最佳的测量精度。

分辨率是模/数转换所使用的数字位数。分辨率越高，输入信号的细分程度就越高，能够识别的信号变化量就越小。图 4-12 表示的是一个正弦波信号，以及用三位模/数转换所获得的数字结果。二位模/数转换把输入范围细分为 2^3 即 8 份。二进制数从 000 到 111 分别代表每一份。显然，此时数字信号不能很好地表示原始信号，因为分辨率不够高，许多变化在模/数转换过程中丢失了。然而，如果把分辨率增加为 16 位，模/数转换的细分数值就可以从 8 增加到 2^{16} 即 65536，它就可以相当准确地表示原始信号。

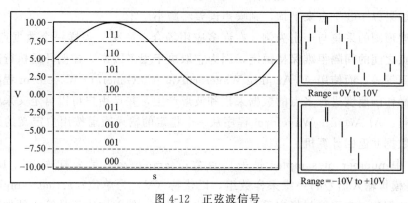

图 4-12　正弦波信号

增益表示输入信号被处理前放大或缩小的倍数。给信号设置一个增益值，你就可以实际减小信号的输入范围，使模/数转换能尽量地细分输入信号。例如，当使用一个 3 位模/数转换，输入信号范围为 0～10V，图 4-12 显示了给信号设置增益值的效果。当增益＝1 时，模/数转换只能在 5V 范围内细分成 4 份；而当增益＝2 时，就可以细分成 8 份，精度大大地提高了。但是必须注意，此时实际允许的输入信号范围为 0～5V，一旦超过 5V，当乘以增益2 以后，输入到模/数转换的数值就会大于允许值 10V。

总之，输入范围、分辨率以及增益决定了输入信号可识别的最小模拟变化量。此最小模拟变化量对应于数字量的最小位上的 0，1 变化，通常叫做转换宽度（code width）。其算式为：输入范围/（增益×2^分辨率）。

例如，一个 12 位的 DAQ 卡，输入范围为 0～10V，增益为 1，则可检测到 2.4mV 的电压变化。而当输入范围为－10～10V（20V），可检测的电压变化量则为 4.8mV。

采样率决定了模/数变换的速率。采样率高，则在一定时间内采样点就多，对信号的数字表达就越精确。采样率必须保证一定的数值，如果太低，则精确度就很差。图 4-13 表示了采样率对精度的影响。

根据耐奎斯特采样理论，采样频率必须是信号最高频率的两倍。例如，音频信号的频率一般达到 20kHz，因此采样频率一般需要 40kHz。

噪声将会引起输入信号畸变。噪声可以是计算机外部的或者内部的，要抑制外部噪声，可以使用适当的信号调理电路，也可以增加采样信号点数，再取这些信号的平均值以抑制噪声误差，这误差可以通过乘以下面的系数来减小：

$$\frac{1}{\sqrt{采样点数}}\tag{4-1}$$

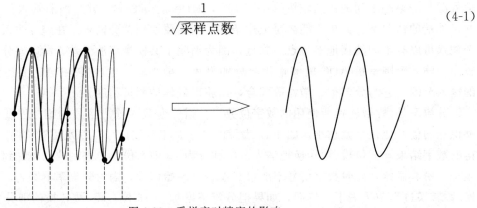

图 4-13　采样率对精度的影响

例如，如果以 100 个点来平均，则噪声误差将减小 1/10。

下面以波形图的采集与产出为例。在许多应用场合，一次只采样一个数据点是不够的。另外，采样点之间的间隔很难保持恒定，因为它取决于很多因素，如循环的执行速度、子程序的调用时间等等。而使用 AI Acquire Waveform 和 AO Generate Waveform 程序，就可以以大于单点操作的速度进行多点的数据采集和波形产生，并且用户可以自定义采样速率。

波形采集：AI Acquire Waveform 程序从一个指定的输入通道按用户定义的采样率和采样点数采集数据并返回计算机。

图 4-14 中 number of samples 是采样点数；sample rate 是采样率，以 Hz 为单位；waveform 是模拟输入信号的一维采样数组，以伏特（V）为单位；actual sample period 是实际采样率的倒数，它可能与指定采样率有一些小偏差，偏差取决于计算机硬件速度。

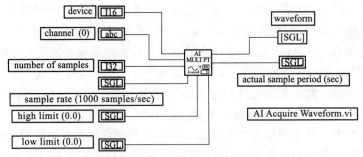

图 4-14　波形采集示意图

波形产生：AO Generate Waveform 程序在一个模拟输出通道上以用户定义的更新速率产生一个电压波形。update rate 是每秒钟产生的电压数值更新点数。waveform 是一个一维数组，它包含写到输出通道上的模拟电压值，以伏为单位，见图 4-15。

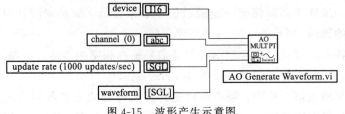

图 4-15　波形产生示意图

4.4 软测量技术

在过程控制中，若要使机组处于最佳运行工况、实现卡边控制，提高机组的经济效益，就必须要对机组的重要过程变量进行严格控制。然而对许多工业过程来说，一些重要的输出变量目前还很难通过传感器得到，即使可以测出也不一定具有代表性，不能总体地反映出设备的运行工况。为了解决这类变量的测量问题，出现了不少方法，目前应用较广泛的是软测量方法。软测量技术已是现代工业流程和过程控制领域关键技术之一，它的成功应用将极大地推动在线质量控制和各种先进控制策略的实施，使生产过程控制得更加理想。

软测量技术的发展就是一个理论与实践相结合的典型例子。软测量是目前过程控制行业中令人瞩目的领域，无论工业过程的控制、优化还是监测都离不开对过程主导变量的检测，它是各种控制方法成功应用的基础。工业对象的基本输入输出关系如图 4-16 所示，向量 U 表示过程的控制输入，向量 D 表示过程的扰动变量，向量 Y 表示过程的主要输出变量，向量 X' 表示过程的其他输出变量。

关系的过程辅助变量（辅助变量），通过构造某种数学模型、通过软件计算实现对不易测量的过程主要输出变量的在线估计。软测量技术的对象输入输出关系原理如图 4-17 中所示。

图 4-16　工业对象输入输出关系

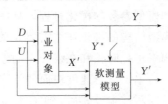

图 4-17　软测量的工作原理

把 D、U、X' 中的在线可测变量统一称为过程可测变量，用向量 X 表示。软测量的任务就是从 X 中选择适当数目的变量构成辅助变量向量 θ，构造出下面的过程模型 F，从而能够在线地得到 Y 的估计值 Y^*：

$$\theta \subseteq X \Rightarrow Y^* = F(\theta) \tag{4-2}$$

一般情况下，过程的主要输出变量可以通过实验室分析化验或其他手段离线进行监测，用 Y^* 表示，这些值可以用来建立软测量模型或对软测量模型进行在线校正，从而满足对过程缓慢变化的自适应。

影响软测量性能的因素有多种，主要有以下几个：①辅助变量的选择，包括变量类型的选择、变量数目的选择和测量点位置的选择。②过程数据的处理，包括数据变换、数据调和与显著误差侦破等。③软测量模型的建立与在线校正方法。④生产过程本身的特性。软测量技术的特点决定了它不是一项完全的理论工作，其成败取决于实际应用的结果。

由此可见软测量技术主要由辅助变量的选择、数据采集和处理、软测量模型及在线校正四个部分组成，理论根源是基于软仪表的推断控制。推断控制的基本思想是采集过程中比较容易测量的辅助变量，通过构造推断估计器来估计并克服扰动和测量噪声对主导变量的影响。

① 机理分析与辅助变量的选择　首先明确软测量的任务，确定主导变量。在此基础上深入了解和熟悉软测量对象及有关装置的工艺流程，通过机理分析可以初步确定影响主导变量的相关变量辅助变量。辅助变量的选择包括变量类型、变量数目和检测点位置的选择。这三个方面互相关联、互相影响，由过程特性决定。在实际应用中，还受经济条件、维护的难易程度等外部因素制约。进行辅助变量选择的方法有主元分析法、奇异值分解法、

Karhunen-Loeve方法、相关分析等。

② 数据采集和处理　对用于建模和估计的辅助变量原始测量数据，进行原始数据的标准化、归一化、过失误差处理及数据校正。过程数据预处理包括误差处理、数据变换和动态滤波等。由于工业过程中的原始测量数据往往有着不同的工程单位、不同的量程等，变量之间在数值上可能相差几个数量级。直接使用这些数据进行计算可能会由于计算机的字长有限而丢失数据，或者引起算法的病态。利用合适的方法对数据进行预处理，能够减少系统的非线性，改善算法的精度和稳定性。

③ 软测量模型的建立　针对特定的条件和指定的生产过程，如何确定用于估计过程主导变量的过程模型，即建立主导变量和辅助变量之间的映射关系。软测量模型的建立是软测量技术的核心问题。按照所采用的数学模型来划分，目前建立软测量模型的方法主要有以下这几种：机理建模、经验建模、机理建模与经验建模相结合。

④ 软测量模型的在线校正　在软仪表的使用过程中，随着生产条件改变、对象特性的变化，生产过程的工作点会发生一定程度的漂移，因此需要对软仪表进行校正以适应新的工况。通常对软仪表的模型修正需要大量的样本数据和耗费较长的时间，在线进行有实时性方面的困难，必须考虑模型的在线校正，才能适应新工况。软测量模型的在线校正可表示为模型结构和模型参数的优化过程，具体方法有自适应法、增量法和多时标法。

对模型结构的修正往往需要大量的样本数据和较长的计算时间，难以在线进行。为解决模型结构修正耗时长和在线校正的矛盾，提出了短期学习和长期学习的校正方法。短期学习由于算法简单、学习速度快而便于实时应用。长期学习是当软测量仪表在线运行一段时间积累了足够的新样本模式后，重新建立软测量模型。

尽管软测量方法的研究多种多样，但目前成熟的商业化软件包大多还是采用基于最小二乘法的方法，主要因为最小二乘法算法结构简单、易于维护、物理意义明确、鲁棒性较好。但由于过程控制中的研究对象在一般情况下都是时变的非线性对象，这时单纯采用线性回归方法往往不能满足要求。目前有很多基于人工智能方法的软测量研究和应用的报道用于解决复杂的非线性系统的建模问题，但许多方法尚停留在理论研究和计算机仿真的阶段，有些软仪表拟合精确度高但预测性不好，有些则抗干扰性较差，计算量大，在线更新和学习能力不够，这些不足使得很多方法与实际应用还有一段距离，需要我们进一步发展相关理论来充实软测量技术。

思考题与习题

4.1　简述虚拟仪器的测量方法。

4.2　虚拟仪器的硬件组成有哪些？

4.3　虚拟仪器的软件组成有哪些？

4.4　虚拟仪器的 VI 怎么应用？

4.5　LabVIEW 软件怎么实现虚拟测量？

4.6　何为软测量技术？其工作原理是什么？

4.7　软测量技术应用于什么场合？

第5章

数据自动采集技术

在科学研究和生产过程中，经常需要进行检测数据的采集、记录和处理，有时需要长时间对多个参数的数据进行连续采集或者快速采集，人工操作难以满足要求，必须依靠计算机进行数据自动采集。

5.1 模拟信号的数据采集

5.1.1 数据采集方式

过程检测信号主要为模拟量，模拟量是参数信号的主要形式。模拟量是指连续变化的物理量，如温度、压力、流量、物位等。由于计算机只能处理数字量，这就需要一个电路把模拟量转换成为数字量（整数）。现代检测仪表的数据输出主要通过两种方式传输：一种是模拟量信号方式，如 $4\sim20mA$，$0\sim20mA$、$1\sim5V$、$0\sim10V$ 等信号；另一种是网络通信方式，如通过 RS-232、RS-422、RS-485、USB、工业以太网等。对于模拟量信号的数据采集有三种方式：①直接由安装在计算机上的 A/D 板卡采集。②通过 A/D 模块进行 A/D（模拟量/数字量）转换，然后通过网络通信将数据传输到计算机。③有的检测仪表具有网络通信功能，可以通过通信方式将数据传给计算机，如果检测仪表的通信协议与计算机提供的通信协议相同，则可以通过网络线直接连接计算机；当检测仪表端口与计算机端口的通信协议不一致时，需要在仪表与数据中间设置通信协议转换模块，然后由计算机的通信驱动程序进行数据采集。

目前，已有多种型号的 A/D 模块供模拟量数据采集选择。A/D 模块可接收传感器信号、电流信号、电压信号等。A/D 模块兼具 A/D 转换和网络通信的功能，模拟量信号首先连接到 A/D 模块，然后通过网络传输到计算机。如图 5-1 为模拟量信号传输与网络数字信号传输的数据采集连接例子。

5.1.2 A/D 模块性能指标

在进行数据采集时，需要根据实际情况选择 A/D 模块，A/D 模块的主要性能指标

图 5-1　计算机与检测仪表的信号连接

如下：

①　输入信号范围（即所能转换的电压、电流范围）　0～5V，0～10V，±2.5V、±15V，±10V，4～20mA，0～20mA 等。A/D 模块的信号类型和范围必须与检测仪表一致，或者将检测仪表的信号范围包含在内。

②　分辨率　分辨率是对输入电压微小变化响应能力的度量，主要有 10 位、12 位、14 位、16 位和 24 位等，分辨率越高，转换时对输入模拟信号变化的反应就越灵敏，如 10 位分辨率表示可对满量程的 1/1024 的增量作出反应，16 位分辨率表示可对量程的 1/65536 的增量作出反应。

③　精度　指转换的结果相对于实际值的接近程度，通常用误差来表示。注意，精度是指精确度，而分辨率是指灵敏度，这是两个指标概念。例如分辨率即使很高，但由于温度漂移、线性不良等原因使得精度并不相应很高。

④　转换时间和转换速率　转换时间定义为 A/D 转换器完成一次完整的测量所需的时间。即从启动 A/D 转换器开始转换到输出端输出相应的数字量所需的时间。不同的 A/D 芯片有不同的转换时间，有毫秒、微秒甚至纳秒等级别。转换速率为转换时间的倒数，如 3000 个采样点/s，5000 个采样点/s 等。但由于 A/D 模块是进行 A/D 采样后通过网络通信传给计算机，因此计算机的采样速度要比模块的 A/D 芯片低。目前一般为 10 个采样点/s 至 100 个采样点/s。

⑤　输入信号类型　电压或电流环，主要有单端输入或差分输入两种方式，如 4～20mA、1～5V 为单端输入，±20mA、±10V 为差分输入。

⑥　输入通道数　有 4 路、8 路、16 路等单端或差分通道，可以根据需要对 A/D 模块组合使用。

⑦　可编程增益　由编程控制的放大器，其增益系数可以为 1～10000，通过编程选择。

⑧　支持软件　性能良好的模块还应配有多种应用软件、多种计算机语言的接口和驱动程序，或者提供 OPC 软件。著名的 A/D 模块还被常用的组态软件支持，可以通过组态方式使用，避免了许多繁琐的编程。

5.1.3　电流/电压信号的转换

A/D 芯片是 A/D 模块的核心部件，对于 A/D 芯片而言，无论 A/D 模块输入的是电流信号还是电压信号，最终都要转换成电压信号才能进行 A/D 转换。有的模拟量模块自身带有电流/电压转换电路，并提供电压或电流信号接入的选择功能。有的 A/D 模块仅提供电压信号的输入接线端子，这样对于电流信号输入的情况，必须将电流信号转换为电压信号。电流转换为电压的方法很简单，只需在 A/D 模块输入通道的接线端子上并联一个精密电阻即可。例如要将输入为 4～20mA 的电流信号转换成 1～5V 的电压信号，可以并联一个 250Ω 的精密电阻。由于电压输入的A/D通道的阻抗很大，可以认为电流信号仅通过连接电阻，因此在A/D通道两端形成的电压可以用欧姆定律计算，即 $U=I/R$。电流信号转换为电压信号的电路图如图 5-2 所示。

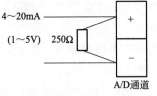

图 5-2　电流/电压转换接线图

5.1.4　模拟信号与数字量的关系

（1）信号的范围和极性

A/D 模块输入的信号主要有电流型和电压型，电流信号和电压信号有单极性和双极性之分：电流信号的范围一般为单极性 4～20mA、0～20mA 等，双极性±20mA 等；电压信号的范围和极性为，单极性 0～5V、0～10V、0～20V 等，双极性为±5V，±10V，±15V等。

（2）模拟信号与数字量的转换关系

模拟信号经 A/D 转换后得到一个与输入信号大小成正比的整数，又称为数字量。数字量的大小不仅与输入信号有关，而且与 A/D 模块的分辨率有关。同样信号条件下，分辨率越高则转换的数字量越大。模拟量信号与数字量的关系如图 5-3 所示，A/D 转换结果因信号的范围、A/D 分辨率和极性的不同而不同。

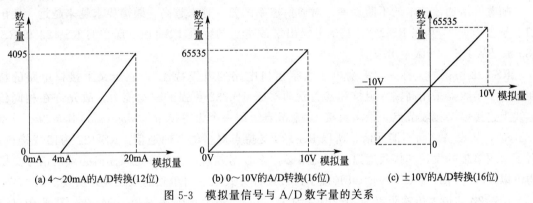

(a) 4～20mA的A/D转换(12位)　　(b) 0～10V的A/D转换(16位)　　(c) ±10V的A/D转换(16位)

图 5-3　模拟量信号与 A/D 数字量的关系

5.2　常用通信协议

网络通信系统是传递信息所需的一切技术的总和。一般由信息源和信息接收者、发送和接收设备、传输媒体几部分组成。信息源和信息接收者是信息的产生者和使用者。在数字通信系统中传输的信息是数据，是数字化的信息。这些信息可能是原始数据，也可能是经计算机处理后的结果，还可能是某些指令或标志。

计算机网络系统的通信任务是传输数据或数字化的信息。这些数据通常以离散化的二进制 0 或 1 序列的方式表示。码元是所传输数据的基本单位。在计算机网络通信中，所传输的大多为二元码，它的每一位在 1 和 0 两个状态中取一个。目前常用的通信协议主要有：RS-232、RS-422、RS-485、HART、USB 和工业以太网等等。

5.2.1　RS-232C 协议

RS-232C（串行接口标准）是早期计算机之间的通信主要协议。RS-232C 是 1969 年由美国电子工业协会（electronic industries association，EIA）所公布的串行通信接口标准。"RS"是英文"推荐标准"一词的缩写，"232"是标识号，"C"表示此标准修改的次数。它既是一种协议标准，又是一种电气标准，它规定了终端和通信设备之间信息交换的方式和功能。

RS-232C的标准接插件是25针的D型连接器。尽管RS-232C规定的是25针连接器，但实际应用中并未将25个引脚全部用满，最简单的通信只需3根引线，最多的也不过用到22根。所以在计算机之间的通信中，使用的连接器有25针的，也有9针的，具体采用哪一种，用户可根据实际需要自行配置。

RS-232C的通信距离与传输速率有关，传输速率为19200bps时，最大传送距离为15m，如果降低传输速率，传输距离可以延长（实际上可达约30m）。RS-232C提供的传输速率主要有以下波特率：1200bps、2400bps、4800bps、9600bps、19200bps。如果需要更远距离的通信，必须通过调制解调器进行远程通信连接。

尽管RS-232C是以前广泛应用的串行通信协议，然而RS-232C还存在着不足之处，比如传送速率和传输距离有限，没有规定连接器，设备连接为一对一的方式等。目前检测仪表或计算机已很少使用RS-232C协议。

5.2.2 RS-422协议

随着网络通信技术的不断发展，对通信速率的要求越来越高，距离要求越来越远。美国EIA学会于1977年在RS-232C基础上提出了改进后的标准RS-449，现在的RS-422和RS-485都是从RS-449派生出来的。

RS-422协议的全称是"平衡电压数字接口电路的电气特性"，它定义了接口电路的特性。由于接收器采用高输入阻抗和发送驱动器比RS-232更强的驱动能力，故允许在相同传输线上连接多个接收节点，最多可接10个节点。即一个为主设备（Master），其余为从设备（Salve），从设备之间不能通信，所以RS-422支持点对多的双向通信。RS-422为四线接口，由于采用单独的发送和接收通道，因此不必控制数据方向，各装置之间任何必须的信号交换均可以按软件方式（XCON/XOFF握手）或硬件方式（一对单独的双绞线）实现。

RS-422的最大传输距离为4000ft（约1219m），最大传输速率为10Mb/s。其平衡双绞线的长度与传输速率成反比，在100kb/s的速率以下，才可能达到最大传输距离。只有在很短的距离下才能获得最大传输速率。一般100m长的双绞线上所能获得的最大传输速率仅为1Mb/s。

RS-422需要一个终端电阻，要求其阻值约等于传输电缆的特性阻抗，在短距离传输时可不接终端电阻，即一般在300m以下不需终端电阻。终端电阻接在传输电缆的最远端。

5.2.3 RS-485协议

为扩展应用范围，EIA在RS-422的基础上制定了RS-485标准，增加了多点、双向通信能力，通常要求在通信距离为几十米至上千米时，广泛采用RS-485串行总线标准。

RS-485是一个定义平衡数字多点系统中的驱动器和接收器的电气特性的标准，该标准由电信行业协会和电子工业联盟定义。使用该标准的数字通信网络能在远距离条件下以及电子噪声大的环境下有效传输信号。RS-485使得廉价的本地网络以及多支路通信链路的配置成为可能。

由于 RS-485 是从 RS-422 基础上发展而来的，所以 RS-485 许多电气规定与 RS-422 相仿。如都采用平衡传输方式，都需要在传输线上接终端电阻等。RS-485 可以采用二线与四线方式，二线制可实现真正的多点双向通信。在要求通信距离为几十米到上千米时，广泛采用 RS-485 串行总线标准。

RS-485 采用半双工工作方式，任何时候只能有一点处于发送状态，因此，发送电路须由使能信号加以控制。RS-485 用于多点互联时非常方便，可以省掉许多信号线。应用 RS-485 可以联网构成分布式系统。目前，RS-485 的通信能力已由最初的在同一总线上最多可以挂接 32 个节点发展到 256 个节点。

RS-485 采用平衡发送和差分接收，RS-485 与 RS-422 的不同还在于其共模输出电压是不同的，RS-485 是 $-7\sim+12$V，而 RS-422 为 $-7\sim+7$V，因此具有抑制共模干扰的能力。加上总线收发器具有高灵敏度，能检测低至 200mV 的电压，故传输信号能在千米以外得到恢复。

RS-485 满足所有 RS-422 的规范，所以 RS-485 的驱动器可以在 RS-422 网络中应用。RS-485 与 RS-422 一样，其最大传输距离约为 1219m，最大传输速率为 10Mb/s。平衡双绞线的长度与传输速率成反比，在 100kb/s 速率以下，才可能使用规定最长的电缆长度。只有在很短的距离下才能获得最高速率传输。一般 100m 长双绞线最大传输速率仅为 1Mb/s。

RS-485 需要两个终端电阻，接在传输总线的两端，其阻值要求等于传输电缆的特性阻抗。在短距离传输时可不接终端电阻，即一般在 300m 以下不需终端电阻。几种串行通信接口的有关电气参数见表 5-1。

表 5-1 RS-232C/422/485 接口电路特性比较

通信口	RS-232C	RS-422	RS-485
工作方式	单端	差分	差分
节点数	1 发 1 收	1 发 10 收	1 发 32 收
最大传输电缆长度/m	15	1200	15km
最大传输速率	20kb/s	10Mb/s	10Mb/s
最大驱动输出电压/V	$-25\sim+25$	$-0.25\sim+6$	$-7\sim+12$
驱动器输出信号电平（负载最小负载值）/V	$\pm5\sim+15$	$-2\sim+2$	$-1.5\sim+1.5$
驱动器输出信号电平（空载最大空载值）/V	$-25\sim+25$	$-6\sim+6$	$-6\sim+6$
驱动器负载阻抗/Ω	$3\sim7000$	100	54
接收器输入电压范围/V	$-15\sim+15$	$-10\sim+10$	$-7\sim+12$
接收器输入门限/V	$-3\sim+3$	$-0.2\sim+0.2$	$-0.2\sim+0.2$
接收器输入电阻/Ω	$3\sim7000$	4000（最小）	$\geqslant12000$
驱动器共模电压/V		$-3\sim+3$	$-1\sim+3$
接收器共模电压/V		$-7\sim+7$	$-7\sim+12$

5.2.4 HART 协议

HART 协议采用基于 Bell202 标准的 FSK 频移键控信号，在低频的 $4\sim20$mA 模拟信号上叠加幅度为 0.5mA 的音频数字信号进行双向数字通信，数据传输速率为 1.2kb/s。由于 FSK 信号的平均值为 0，不影响传送给控制系统模拟信号的大小，保证了与现有模拟系统的兼容性。在 HART 协议通信中主要的变量和控制信息由 $4\sim20$mA 传送，在需要的情况下，另外的测量、过程参数、设备组态、校准、诊断信息通过 HART 协议访问。HART 通信采用的是半双工的通信方式，其特点是在现有模拟信号传输线上实现数字信号通信，属于模拟系统向数字系统转变过程中的过渡性产品，因而在当前的过渡时期具有较强的市场竞争能力，得到了较快发展。

HART 采用统一的设备描述语言 DDL (data definition language，数据定义语言)。现场设备开发商采用这种标准语言来描述设备特性，由 HART 基金会负责登记管理这些设备描述，并把它们编为设备描述字典，主设备运用 DDL 技术来理解这些设备的特性参数而不必为这些设备开发专用接口。但由于这种模拟数字混合信号制，导致难以开发出一种能满足各公司要求的通信接口芯片。HART 能利用总线供电，可满足本质安全防爆要求，并可组成由手持编程器与管理系统主机作为主设备的双主设备系统。

5.2.5 USB 协议

USB 全称是 universal serial bus (通用串行总线)，它是在 1994 年年底由康柏、IBM、Microsoft 等多家公司联合制订的，但是直到 1999 年，USB 才真正被广泛应用。自从 1994 年 11 月 11 日发表了 USB V0.7 以后，USB 接口经历了 20 多年的发展，现在 USB 已经发展到了 3.0 版本。

USB 接口有以下一些特点：

① 数据传输速率高 USB 1.0 传输速率为 12Mb/s；USB 2.0 支持最高速率达 480 Mb/s；新的 USB 3.0 在保持与 USB 2.0 的兼容性的同时，最高速率达 5Gb/s。

② 数据传输可靠 USB 总线控制协议要求在数据发送时含有描述数据类型、发送方向和终止标志、USB 设备地址的数据包。USB 设备在发送数据时支持数据帧错和纠错功能，增强了数据传输的可靠性。

③ 同时挂接多个 USB 设备 USB 总线可通过菊花链的形式同时挂接多个 USB 设备，理论上可达 127 个。

④ USB 接口能为设备供电 USB 线缆中包含有两根电源线及两根数据线。耗电比较少的设备可以通过 USB 口直接取电。可通过 USB 口取电的设备又分低电量模式和高电量模式，前者最大可提供 100mA 的电流，而后者则是 500mA。

⑤ 支持热插拔 在开机情况下，可以安全地连接或断开设备，达到真正的即插即用。

USB 还具有一些新的特性，如：实时性 (可以实现和一个设备之间有效的实时通信)、动态性 (可以实现接口间的动态切换)、联合性 (不同的而又有相近特性的接口可以联合起来)、多能性 (各个不同的接口可以使用不同的供电模式)。

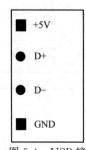

图 5-4 USB 接口引脚图

USB 总线上数据传输方式有控制传输、同步传输、中断传输、块数据传输。USB HOST 根据外部 USB 设备速度及使用特点，采取不同的数据传输方式。如通过控制传输来更改键盘、鼠标属性；通过中断传输要求键盘、鼠标输入数据；通过控制传输来改变显示器属性；通过块数据传输将要显示的数据传送给显示器。

目前 USB 接口主要应用于计算机周边外部设备。可以用 USB 接口与计算机相连接，外设有电话、Modem、键盘、光驱、磁带机、软驱、扫描仪和打印机等。USB 接口引脚图如图 5-4 所示。

5.2.6 工业以太网

近年来，网络技术的发展和工业控制领域对网络性能要求越来越高，以太网正逐步进入工业控制领域，形成新型的以太网控制网络技术。工业以太网通信有足够的高实时性、高可靠性、抗干扰、抗网络故障、抗截取、抗伪造性能，保证高质量的控制数据通信。

针对工业应用需求，德国西门子于 2001 年发布了工业以太网协议，它是将原有的 Profibus 与互联网技术结合，形成了 ProfiNet 的网络方案，主要包括：

① 基于组件对象模型（COM）的分布式自动化系统。

② 规定了 ProfiNet 现场总线和标准以太网之间的开放、透明通信。

③ 提供了一个独立于制造商，包括设备层和系统层的系统模型。

ProfiNet 采用标准 TCP/IP 以太网作为连接介质，采用标准 TCP/IP 协议加上应用层的 RPC/DCOM 来完成节点间的通信和网络寻址。它可以同时挂接传统 Profibus 系统和新型的智能现场设备。

工业以太网是基于 IEEE 802.3（Ethernet）强大的区域和单元网络，提供了一个无缝集成到新的多媒体世界的途径。企业内部互联网（Intranet）、外部互联网（Extranet）以及国际互联网（Internet）提供的广泛应用不但已经进入今天的办公室领域，而且还可以应用于生产和过程自动化。继 10M 波特率以太网成功运行之后，具有交换功能、全双工和自适应的 100M 波特率快速以太网（fast ethernet，符合 IEEE 802.3u 的标准）也已成功运行多年。采用何种性能的以太网取决于用户的需要，通用的兼容性允许用户无缝升级到新技术。

传统的以太网（Ethernet）并不是为工业应用而设计的，因为它没有考虑工业现场环境的适应性需要。工业现场的机械、气候、尘埃等条件非常恶劣，因此对设备的工业可靠性提出了更高的要求，在某些高危领域的应用甚至是极端苛刻的。工业以太网是应用于工业控制领域的以太网技术，在技术上与商用以太网（即 IEEE 802.3 标准）兼容，但是实际产品和应用却又完全不同。这主要表现在普通商用以太网的产品设计时，在材质的选用、产品的强度、适用性以及实时性、可互操作性、可靠性、抗干扰性、本质安全性等方面不能满足工业现场的需要，故在工业现场控制应用的是与商用以太网不同的工业以太网。

工业以太网具有以下优点：

① 具有相当高的数据传输速率（目前已达到 1000Mb/s），能提供足够的带宽。

② 由于具有相同的通信协议，Ethernet 和 TCP/IP 很容易集成到 IT（信息技术世界）。

③ 能在同一总线上运行不同的传输协议，从而能建立企业的公共网络平台或基础构架。

④ 在整个网络中，运用了交互式和开放的数据存取技术。

⑤ 以太网协议沿用多年，已为众多的技术人员所熟悉，市场上能提供广泛的设置、维护和诊断工具，成为事实上的统一标准。

⑥ 允许使用不同的物理介质和构成不同的拓扑结构。由于智能集线器的使用、主动切换功能的实现、优先权的引入以及双工的布线等，工业以太网以其低成本、易于组网、数据传输速率相当高、易与 Internet 连接和几乎所有的编程语言都支持以太网的应用开发的优点而被广泛应用。

5.3 数据自动采集系统的配置

5.3.1 数据采集系统的基本硬件配置

5.3.1.1 检测仪表与传感器

在建立数据采集系统时，尽量采用原有的检测仪表或传感器，以降低成本。对于新采购的检测仪表或传感器，尽可能考虑已有的接口模块对信号的要求，根据已有 A/D 接口模块的信号类型和范围、传感器种类、通信协议等进行选型，同时根据精度、成本、可靠性、方便性等因素选择检测仪表或传感器。检测仪表有普通型和智能型，普通型检测仪表价格较低，智能型检测仪表价格较高，但性能也较为优越，应根据实际需要和预算情况选择。

5.3.1.2 数据采集模块

常用的数据采集模块主要有信号型、传感器型和信号与传感器混合型。信号型数据采集模块一般支持 4～20mA、0～20mA、1～5V、0～10V 等的模拟信号；传感器型数据采集模块支持直接连接传感器，如热电阻、热电偶等。对于传感器比较少而又没有传感器数据采集模块的情况，可考虑通过变送器转换成电流或电压信号后，连接到信号型数据采集模块。

数据采集模块通过网络与检测系统计算机进行通信时，尽量考虑数据采集模块通信协议与检测系统计算机通信协议的一致性，当通信协议不一致时，需要通过通信协议转换模块解决。

另外，在选用数据采集模块时，还需考虑该模块的通信软件，如提供驱动程序、OPC 等，还有该模块是否被所采用的数据采集软件系统支持等。

5.3.1.3 计算机

目前，市场上各种品牌的计算机层出不穷，品种繁多，有工控计算机、商用计算机、办公用计算机和家用计算机等。工控计算机价格高，普通计算机价格较低。计算机发展到今天，可靠性已经非常高，事实上工控计算机与普通计算机的可靠性已经很接近。如果没有插卡、防水、防尘的要求，从价格考虑，可以选用性价比高的普通计算机。目前国内计算机测控系统采用的计算机品牌主要有 LENOVO、IBM、DELL、HP 等品牌。目前微机主要提供 USB 接口和以太网接口，而数据采集模块多为 RS-485 接口，可以在数据采集模块与 USB 接口中间设置 USB/RS-485 转换模块，从而实现不同通信协议的转换。

5.3.2 数据采集系统软件选择

5.3.2.1 MATLAB 软件

目前，计算机编程语言工具很多，但需要具有专门的计算机编程知识和经验，非专业人员难以胜任。为了满足工程技术与科学研究对计算机数据处理的需要，MATLAB 应运而生。MATLAB 在数学类科技应用软件中数值计算方面首屈一指。MATLAB 可以进行矩阵运算、编制函数、实现算法、创建用户界面、连接其他编程语言的程序等，主要应用于工程计算、控制设计、信号处理与通信、图像处理、信号检测、金融建模设计与分析等领域。

MATLAB 的基本数据单位是矩阵，它的指令表达式与数学、工程中常用的形式十分相似，故用 MATLAB 来计算问题要比用 C 语言、FORTRAN 语言等完成相同的事情简捷得多，并且 MATLAB 也吸收了其他计算软件的优点，使 MATLAB 成为一个强大的数学软件。在新的版本中也加入了对 C 语言、FORTRAN 语言、C++、JAVA 的支持。

MATLAB 由一系列工具组成。这些工具方便用户使用 MATLAB 的函数和文件，其中许多工具采用的是图形用户界面。包括 MATLAB 桌面和命令窗口、历史命令窗口、编辑器和调试器、路径搜索和用于用户浏览帮助、工作空间、文件的浏览器。随着 MATLAB 的商业化以及软件本身的不断升级，MATLAB 的用户界面也越来越精致，更加接近 Windows 的标准界面，人机交互性更强，操作更简单。而且新版本的 MATLAB 提供了完整的联机查询、帮助系统，极大地方便了用户的使用。简单的编程环境提供了比较完备的调试系统，程序不必经过编译就可以直接运行，而且能够及时地报告出现的错误及出错原因分析。

MATLAB 是一个包含大量计算算法的集合。其拥有 600 多个工程中要用到的数学运算函数，可以方便地实现用户所需的各种计算功能。函数中所使用的算法都是科研和工程计算中的最新研究成果，而且经过了各种优化和容错处理。在通常情况下，可以用它来代替底层编程语言，如 C 和 C++。在计算要求相同的情况下，使用 MATLAB 的编程工作量会大大减少。MATLAB 的这些函数集包括从最简单最基本的函数到诸如矩阵、特征向量、快速傅里叶变换的复杂函数。函数所能解决的问题大致包括矩阵运算和线性方程组的求解、微分方程及偏微分方程组的求解、符号运算、傅里叶变换和数据的统计分析、工程中的优化问题、稀疏矩阵运算、复数的各种运算、三角函数和其他初等数学运算、多维数组操作以及建模动态仿真等。

新版本的 MATLAB 可以利用 MATLAB 编译器和 C/C++ 数学库和图形库，将自己的 MATLAB 程序自动转换为独立于 MATLAB 运行的 C 和 C++ 代码。允许用户编写可以和 MATLAB 进行交互的 C 或 C++ 语言程序。另外，MATLAB 网页服务程序还容许在 Web 应用中使用自己的 MATLAB 数学和图形程序。MATLAB 的一个重要特色就是具有一套程序扩展系统和一组称为工具箱的特殊应用子程序。工具箱是 MATLAB 函数的子程序库，每一个工具箱都是为某一类学科专业和应用而定制的，主要包括信号处理、控制系统、神经网络、模糊逻辑、小波分析和系统仿真等方面的应用。

MATLAB 语言提供了强大的科学运算能力，用它进行复杂算法的设计效率很高。但由于自身的人机界面设计不方便、没有提供与计算机硬件的接口，无法获取现场的实时数据。因此，在数据采集中，将 MATLAB 和 OPC（OLE for process control）相结合，实现 MATLAB 和 OPC 进行数据交换和通信。

在 OPC 技术出现之前，大量的数据采集均是采用 DDE 数据交换技术实现数据采集软件和智能设备的数据通信。但是 DDE 存在的缺陷是：当通信数据大时，数据刷新速度慢，容易出现"死机"现象；DDE 本身的窄带宽，并不非常适用于实时交换系统，而这种实时系统却为自动化控制所必需。随着 OPC 技术的推出，OPC 每秒能够处理成千个事物，能够更快的传输数据，成为了客户与服务器之间数据交换和通信的主要方式。MATLAB 提供 OPC 工具箱，支持 OPC 读取、写入和记录 OPC 数据，例如数据采集系统、监控系统、分布式控制系统和 PLC 系统。MATLAB 也是一个开放的系统，允许用户从其他应用程序直接调用 MATLAB。MATLAB 可以通过 OPC 进行实时数据采样等工作。

5.3.2.2　OPC 软件

OPC 全称是 object linking and embedding（OLE）for process control（用于过程控制的 OLE），它的出现为基于 Windows 的应用程序和现场过程控制应用建立了桥梁。在过去，为了存取现场设备的数据信息，每一个应用软件开发商都需要编写专用的接口函数。由于现场设备的种类繁多，且产品的不断升级，往往给用户和软件开发商带来了巨大的工作负担。通常这样也不能满足工作的实际需要，系统集成商和开发商急切需要一种具有高效性、可靠性、开放性、可互操作性的即插即用的设备驱动程序。在这种情况下，OPC 标准应运而生。OPC 标准以微软公司的 OLE 技术为基础，它的制定是通过提供一套标准的 OLE/COM 接口完成的，在 OPC 技术中使用的是 OLE2 技术，OLE 标准允许多台微机之间交换文档、图形等对象。

COM 是 component object model（对象连接与嵌入）的缩写，是所有 OLE 机制的基础。COM 是一种为与编程语言无关的对象而制定的标准，该标准将 Windows 下的对象定义为独立单元，可不受程序限制地访问这些单元。这种标准可以使两个应用程序通过对象化接口通信，而不需要知道对方是如何创建的。例如，用户可以使用 C＋＋语言创建一个Windows对象，它支持一个接口，通过该接口，用户可以访问该对象提供的各种功能，用户可以使用 Visual Basic、C 语言、Pascal、Smalltalk 或其他语言编写对象访问程序。在 Windows 操作系统下，COM 规范扩展到可访问本机以外的其他对象，一个应用程序所使用的对象可分布在网络上，COM 的这个扩展被称为 DCOM（Distributed COM）。

通过 DCOM 技术和 OPC 标准，完全可以创建一个开放的、可互操作的控制系统软件。OPC 采用客户/服务器模式，把开发访问接口的任务放在硬件生产厂家或第三方厂家，以OPC 服务器的形式提供给用户，解决了软、硬件厂商的矛盾，完成了系统的集成，提高了系统的开放性和可互操作性。OPC 服务器通常支持两种类型的访问接口，它们分别为不同的编程语言环境提供访问机制。这两种接口是自动化接口（automation interface）和自定义接口（custom interface）。自动化接口通常是为基于脚本编程语言而定义的标准接口，可以使用 Visual Basic、Delphi、PowerBuilder 等编程语言开发 OPC 服务器的客户应用。而自定义接口是专门为 C＋＋等高级编程语言而制定的标准接口。OPC 现已成为工业界系统互联的缺省方案，为工业监控编程带来了便利，用户不用为通信协议的难题而苦恼。任何一家自动化软件解决方案的提供者，如果它不能全方位地支持 OPC，则必将被历史所淘汰。

OPC 是基于 Microsoft 公司的 distributed internet application（DIA）构架和 component object model（COM）技术的，根据易于扩展的性质而设计的。OPC 规范定义了一个工业标准接口。OPC 是以 OLE/COM 机制作为应用程序的通信标准。OLE/COM 是一种客户/服务器模式，具有语言无关性、代码重用性、易于集成性等优点。OPC 规范了接口函数，不管现场设备以何种形式存在，客户都以统一的方式去访问，从而保证软件对客户的透明性，使得用户完全从低层的开发中脱离出来。OPC 定义了一个开放的接口，在这个接口上，基于 PC 的软件组件能交换数据。它是基于 Windows 的对象链接和嵌入（OLE）、部件对象模型（component object model，COM）和分布式 COM（distributed COM）技术。因而，OPC 为自动化的典型现场设备连接工业应用程序和办公室程序提供了一个理想的方法。

5.3.2.3 组态软件

组态软件是监控管理计算机软件的一种，又称组态监控软件系统软件，译自英文 SCADA，即 supervisory control and data acquisition（数据采集与监视控制），它是指一些数据采集与过程控制的专用软件。组态软件处在自动控制系统监控层一级的软件平台和开发环境，使用灵活的组态方式，为用户提供快速构建数据采集系统、自动控制系统监控功能、通用层次的软件工具。组态软件的应用领域很广，可以应用于矿业、冶金、电力、石油、化工等领域的数据采集、监视控制以及过程控制等诸多领域。

组态软件在国内是一个约定俗成的概念，并没有明确的定义，它可以理解为"组态式监控软件"。组态（configure）的含义是"配置""设定""设置"等意思，是指用户通过类似"搭积木"的简单方式来完成自己所需要的软件功能，而不需要编写计算机程序，也就是所谓的"组态"。它有时候也称为"二次开发"，组态软件就称为"二次开发平台"。监控（supervisory control）即"监视和控制"，是指通过计算机信号对自动化设备或过程进行监视、控制和管理。

　　组态软件大都支持各种主流工控设备和标准通信协议，并且通常应提供分布式数据管理和网络功能。对应于原有的 HMI（人机接口界面，human machine interface）的概念，组态软件还是一个使用户能快速建立自己的 HMI 的软件工具或开发环境。在组态软件出现之前，工控领域的用户通过手工或委托第三方编写 HMI 应用，开发时间长、效率低、可靠性差；或者购买专用的工控系统，通常是封闭的系统，选择余地小，往往不能满足需求，很难与外界进行数据交互，升级和增加功能都受到严重的限制。组态软件的出现使用户可以利用组态软件的功能，构建一套最适合自己的应用系统。随着组态软件的快速发展，实时数据库、实时控制、SCADA、通信及联网、开放数据接口、对 I/O 设备的广泛支持已经成为它的主要内容，监控组态软件将会不断被赋予新的内容。

　　目前，国内外有上百个品牌的组态软件，下面介绍几个国内外主要品牌的组态软件：

　　(1) 国内主要品牌组态软件

　　① 组态王 KingView　由北京亚控科技发展有限公司开发，该公司成立于 1997 年。1991 年开始创业，1995 年推出组态王 1.0 版本，在市场上广泛推广 KingView6.55、KingView7.5 版本，每年销量在 10000 套以上，在国产组态软件市场中的市场占有率居首位。

　　② MCGS　由北京昆仑通态自动化软件科技有限公司开发，分为通用版、嵌入版和网络版，其中嵌入版和网络版是在通用版的基础开发来的，在市场上主要是搭配硬件销售。

　　③ 世纪星　由北京世纪长秋科技有限公司开发，产品自 1999 年开始销售。

　　④ 三维力控　由北京三维力控科技有限公司开发，核心软件产品初创于 1992 年。

　　⑤ uScada 免费组态软件　uScada 是国内著名的免费组态软件，是专门为中小自动化企业提供的监控软件方案。uScada 包括常用的组态软件功能，如画面组态、动画效果、通信组态、设备组态、变量组态、实时报警、控制、历史报表、历史曲线、实时曲线、棒图、历史事件查询、脚本控制、网络等功能，可以满足一般的小型自动化监控系统的要求。软件的特点是小巧、高效、使用简单。uScada 也向第三方提供软件源代码进行二次开发，但是源代码需收费。

　　(2) 国外主要品牌组态软件

　　① InTouch　由 Wonderware（万维公司）开发，是全球工业自动化软件的领先供应商。Wonderware 的 InTouch 软件是最早进入中国的组态软件。在 20 世纪 80 年代末 90 年代初，基于 Windows3.1 的 InTouch 软件曾让业界耳目一新，并且 InTouch 提供了丰富的图库。但是，早期的 InTouch 软件采用 DDE 方式与驱动程序通信，性能较差，最新的 InTouch 10.7 版已经完全基于 64 位的 Windows 平台，并且提供了 OPC 支持。

　　② IFix　Intellution 公司以 Fix 组态软件起家，1995 年被艾默生收购，现在是艾默生集团的全资子公司，Fix6.x 软件提供工控人员熟悉的概念和操作界面，并提供完备的驱动程序（需单独购买）。20 世纪 90 年代末，Intellution 公司重新开发内核，并将重新开发的新产品系列命名为 iFiX。在 iFiX 中，Intellution 提供了强大的组态功能，将 FIX 原有的 Script 语言改为 VBA（visual basic for application），并且在内部集成了微软的 VBA 开发环境。Intellution 也是 OPC（OLE for process control）组织的发起成员之一。iFiX 的 OPC 组件和驱动程序同样需要单独购买。

　　③ Citech　悉雅特集团（Citect）是世界领先的，提供工业自动化系统、设施自动化系统、实时智能信息和新一代 MES 的独立供应商。CiT 公司的 Citech 也是较早进入中国市场

的产品。Citech 具有简洁的操作方式，但其操作方式更多的是面向程序员，而不是工控用户。Citech 提供了类似 C 语言的脚本语言进行二次开发，但与 iFix 不同的是，Citech 的脚本语言并非是面向对象的，而是类似于 C 语言，这无疑为用户进行二次开发增加了难度。

④ WinCC　西门子自动化与驱动集团（A&D）是西门子股份公司中最大的集团之一，是西门子工业领域的重要组成部分。Siemens 的 WinCC 也是一套完备的组态开发环境，Siemens 提供类似 C 语言的脚本，包括一个调试环境。WinCC 内嵌 OPC 支持，并可对分布式系统进行组态。但 WinCC 的结构较复杂，用户最好经过 Siemens 的培训以掌握 WinCC 的应用。

⑤ GENESIS 64　美国著名的独立组态软件供应商，创立于 1986 年。在 HMI/SCADA 产品和管理可视化开发领域一直处于世界领先水平，ICONICS 同时也是微软的金牌合作伙伴，其产品是建立在开放的工业标准之上的。2007 年推出了业内首款集传统 SCADA、3D、GIS 于一体的组态软件 GENESIS 64。GENESIS 64 作为基于 NET 64bit 平台全新设计的产品，为客户提供了一个 360 三维操作视景。

5.3.3　数据采集系统的结构

5.3.3.1　基本数据采集系统

现代计算机自动检测技术是计算机技术、微电子技术、信息论、测量技术、传感技术等学科发展的产物，是这些学科在解决系统、设备、部件性能检测和故障诊断的技术问题中相结合的产物。凡是需要进行参数测试、性能测试和故障诊断的系统、设备、部件，均可以采用自动检测技术。电子设备的自动检测与机械设备的自动检测在基本原理上是一样的，均采用计算机作为数据采集和处理的主机，通过数据处理软件完成对被测参数数据的采集、变换、处理、显示/告警等操作程序，而达到获取参数变化规律、确定系统运行状态、测试系统性能和诊断系统故障等目的。

在控制系统或科学研究中，往往需要将检测仪表或传感器输出的检测信号传输到计算机进行利用，这样就需要建立一个计算机自动检测系统。计算机检测系统的组成如图 5-5 所示，主要由检测仪表与传感器、接口模块和计算机组成。传统的检测仪表或传感器仅提供与被测参数对应的模拟量信号，而现代的智能检测仪表则提供数字通信功能。需要根据模拟量信号或数字通信信号采用不同的连接方式。

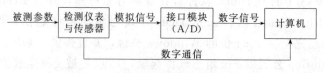

图 5-5　基本计算机检测系统方框图

传统检测仪表将被测参数转换成和量程对应的模拟量信号，如 4～20mA 或 1～5V 的直流信号，模拟量信号经接口模块进行 A/D 转换后传给计算机。传感器产生的微弱电信号则经过接口模块放大处理后进行 A/D 转换，然后将数字信号传给计算机。

现代智能型检测仪表不仅具有模拟量信号输出功能，而且提供数字通信功能，如 RS-485、以太网等网络通信协议，为了避免模拟信号在传输过程中受到干扰或减少接口模块的投入，计算机通过通信接口直接与智能型检测仪表连接，检测数据通过数字通信传到计算机。

5.3.3.2 复杂数据采集系统

数据采集系统规模的大小及复杂程度与被测参数的多少、被测参数的性质与具体的被测对象密切相关，不失一般性和完整性，图 5-6 给出了一个涵盖各功能模块的数据采集系统的结构框图。该图给出了被测变量的五种检测情况，以及根据实际电路情况采取相应的线路连接。介绍如下：

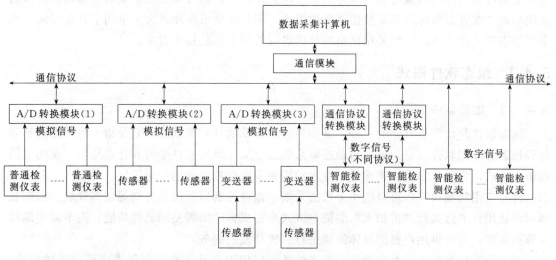

图 5-6　复杂数据采集系统结构

① 普通型检测仪表　由传感器和普通型变送器组成，如普通型电磁流量计、压力变送器等，输出信号为 4~20mA、0~10V 等模拟量信号，普通检测仪表需要经过电流或电压输入型的 A/D 接口模块连接计算机。

② 直接由传感器检测　有的参数可以直接采用传感器进行检测，如热电阻传感器、热电偶传感器等，这样可以降低检测系统成本，传感器可以直接与 A/D 接口模块连接，但所用的 A/D 接口模块必须支持所连接的传感器。

③ 传感器信号经变送器处理后输出模拟信号　对于已有的 A/D 接口模块不支持连接传感器的情况，必须采用传感器变送器将传感器信号转换成 mA 或 V 级的信号，然后由计算机进行数据采集。有时计算机数据采集系统中已有 A/D 接口模块通道供使用，无须另外购置传感器 A/D 接口模块，或者传感器离 A/D 接口模块较远，为了避免信号衰减和干扰，需要采用变送器转换成电流信号，然后再传给 A/D 接口模块。

④ 智能型检测仪表经通信协议转换模块与计算机连接　智能型检测仪表以微型计算机（单片机）为主体，将计算机技术和检测技术有机结合，在测量过程自动化、测量数据处理及功能多样化方面与普通仪表的常规测量电路相比较，取得了巨大进展。智能仪表不仅能解决传统仪表不易或不能解决的问题，还能简化仪表电路，提高仪表的可靠性，更容易实现高精度、高性能、多功能的目的。智能型检测仪表的另一个显著特点是提供网络通信功能，计算机可以无须 A/D 接口模块，直接与智能型检测仪表连接。但是对于智能型检测仪表通信协议与计算机通信接口协议不一致的情况，必须通过通信协议转换后才能接入计算机。

⑤ 智能型检测仪表与计算机直接连接　对于智能型检测仪表通信协议与计算机通信接口协议相同的情况，智能型检测仪表可以通过网线直接接入计算机。目前智能型检测仪表常用的通信协议有 RS-485、HART、工业以太网等。

5.4 数据采集系统常用组态软件

检测仪表连接到计算机后需要数据采集软件系统进行数据采集。目前，数据采集软件系统的开发主要有语言编程和软件组态两种方式，采用计算机语言开发数据采集系统不仅工作量大，而且需要具备专门的知识和具有一定的软件开发经验。采用组态软件进行数据采集系统开发是目前测控领域常用的技术方法。市场上提供大量的可供数据采集的组态软件，仅需要简单的二次开发即可以满足数据采集的要求，不仅性能可靠而且大大节约了开发时间。本书以组态王软件为例，介绍采用该组态软件进行数据采集的技术方法。

5.4.1 组态软件概述

5.4.1.1 组态软件的用途

组态软件是计算机软件的一种，又称为组态监控软件系统软件。它是指一些数据采集与过程控制的专用软件。它们处在自动控制系统监控层一级的软件平台和开发环境，使用灵活的组态方式，为用户提供快速构建工业自动控制系统监控功能的、通用层次的软件工具。组态软件的应用领域很广，可以应用于数据采集、监视控制以及过程控制等诸多领域。组态软件可以让用户通过类似"搭积木"的简单方式来完成自己所需要的软件功能，而不需要编写计算机程序，即提供用户根据具体需要进行二次开发的服务。

对于计算机数据采集系统而言，组态软件可以用于自动采集检测仪表或传感器的数据，同时提供数据显示、记录、查询等功能，也可以与其他应用软件进行对接，从而实现对采集数据的分析和处理。

5.4.1.2 组态软件的功能

组态软件大都支持各种主流工控设备、智能仪表和标准通信协议，并且通常提供分布式数据管理和网络功能。在组态软件出现之前，工控领域的用户通过手工或委托第三方编写HMI应用软件，往往开发时间长、效率低、可靠性差；或者购买专用的工控系统，通常是封闭的系统，选择余地小，往往不能全面满足需求，很难与外界进行数据交互，升级和增加功能都受到严重的限制。组态软件的出现使用户可以利用组态软件的功能，构建一套最适合自己的应用系统。

组态软件在自动化系统中始终处于"承上启下"的作用。用户在涉及工业信息化的项目中，如果涉及实时数据采集，首先会考虑采用组态软件。正因如此，组态软件几乎应用于所有的工业信息化项目当中。组态软件能以灵活多样的组态方式（而不是编程方式）提供良好的用户开发界面和简捷的使用方法，它解决了控制系统通用性问题。其预设置的各种软件模块可以非常容易地实现和完成监控层的各项功能，并能同时支持各种硬件厂家的计算机和I/O产品，与可靠的工控计算机和网络系统结合，可向控制层和管理层提供软、硬件的全部接口，进行系统集成。组态软件通常具有以下功能。

（1）强大的界面显示组态功能

目前，工控组态软件大都运行于 Windows 环境下，充分利用 Windows 的图形功能完善界面美观的特点，可视化的风格界面、丰富的工具栏，操作人员可以直接进入开发状态，节省时间。丰富的图形控件和工况图库，既提供所需的组件，又是界面的制作向导。提供给用户丰富的作图工具，可随心所欲地绘制出各种工业界面，并可任意编辑，从而将开发人员从繁重的界面设计中解放出来，丰富的动画连接方式，如隐含、闪烁、移动等等，使界面生动、直观。

（2）良好的开放性

社会化的大生产，使得构成系统的全部软、硬件不可能出自一家公司的产品，"异构"是当今控制系统的主要特点之一。开放性是指组态软件能与多种通信协议互联，支持多种硬件设备。开放性是衡量一个组态软件优劣的重要指标。组态软件向下应能与低层的数据采集设备通信，向上能与管理层通信，实现上位机与下位机的双向通信。

（3）丰富的功能模块

组态软件提供丰富的控件功能库，满足用户的测控要求和现场需求。利用各种功能模块，完成实时监控产生功能报表显示历史曲线、实时曲线、提供报警等功能，使系统具有良好的人机界面，易于操作，系统既适用于单机集中式控制、DCS 分布式控制，也可以是带远程通信能力的远程测控系统。

（4）强大的数据库

组态软件配有实时数据库，可存储各种数据，如模拟量、离散量、字符型等，实现与外部设备的数据交换。

（5）可编程的命令语言

组态软件有可编程的命令语言，使用户可根据自己的需要编写程序，增强图形界面和系统监控功能。

（6）仿真功能

组态软件提供强大的仿真功能，可以使系统并行设计，从而缩短开发周期。

5.4.2　国内外主要组态软件

目前，国内外先后出现了许多品牌的组态软件，虽然这些软件整体功能和技术性能上有所差别，但基本功能大致相同，都提供如图形界面开发、图形界面运行、实时数据库系统组态、实时数据库系统运行、I/O 驱动、网络监控等功能。如有特别的需求（如与特别的设备通信、建立 MES 或 ERP 等），则应参阅组态软件的技术说明进行选择。国内外几种著名的组态软件如表 5-2 所示。

表 5-2　几种常用的组态软件

产品名称	出品公司	国 别	最新版本	价格比较
KingView	北京亚控	中国	7.5	低
KingView SCADA	北京亚控	中国	3.5	中
Force Control	北京三维力控	中国	7.0	低
世纪星	北京世纪长秋	中国	7.22	低
MCGS	昆仑通泰	中国	7.7	低
InTouch	Wonderware	美国	10.7	高
WinCC	Siemens	德国	14.0	中高
iFiX	GE-Intellution	美国	6.5	高
Citech	Citect	澳大利亚	7.6	中高

5.4.3　组态王软件简介

5.4.3.1　组态王的主要功能

（1）组态王的主要功能

组态王 6.55 是该组态软件目前的最新版本，是根据当前自动化技术的发展趋势，面向低端自动化市场及应用，以实现企业一体化为目标开发的一套产品。该产品以搭建战略性工业应用服务平台为目标，可以为企业提供一个对整个生产流程进行数据汇总、分析及管理的有效平台，使企业能够及时有效地获取信息，及时地做出反应，以获得最优化的结果。该版本保持了其早期版本功能强大、运行稳定且使用方便的特点，并根据国内众多用户的反馈及意见，对一些功能进行了完善和扩充。组态王 6.55 提供了丰富的、简捷易用的配置界面，提供了大量的图形元素和图库精灵，同时也为用户创建图库精灵提供了简单易用的接口；该款产品的历史曲线、报表及 Web 发布功能进行了大幅提升与改进，软件的功能性和可用性有了很大的提高。组态王具有以下主要功能：

① 全新的支持 ocx 控件发布的 Web 功能，保证了浏览器客户端和发布端工程的高度一致。

② 新增向导式报表功能，可以快速建立班报、日报、周报、月报、季报和年报表。

③ 可视化操作界面，真彩显示图形，支持渐进色，并有丰富的图库以及动画连接。

④ 拥有全面的脚本与图形动画功能。

⑤ 可以对画面中的一部分进行保存，以便以后进行分析或打印。

⑥ 变量导入、导出功能，变量可以导出到 Excel 表格中，方便的对变量名称等属性进行修改，然后再导入新工程中，实现了变量的二次利用，节省了开发时间。

⑦ 强大的分布式报警、事件处理，支持实时、历史数据的分布式保存。

⑧ 强大的脚本语言处理，能够帮助您实现复杂的逻辑操作和与决策处理。

⑨ 全新的 WebServer 架构，全面支持画面发布、实时数据发布、历史数据发布以及数据库数据的发布。

⑩ 方便的配方处理功能。

⑪ 丰富的设备支持库，支持常见的 PLC 设备、智能仪表、智能模块。

⑫ 提供硬加密及软授权两种授权方式。

（2）组态王的组成

组态王软件结构由工程管理器、工程浏览器及运行系统三部分构成。

① 工程管理器　用于新工程的创建和已有工程的管理，对已有工程进行搜索、添加、备份、恢复以及实现数据词典的导入和导出等功能。

② 工程浏览器　是一个工程开发设计工具，用于创建监控画面、监控的设备及相关变量、动画连接、命令语言以及设定运行系统配置等的系统组态工具。

③ 工程运行界面　从采集设备中获得通信数据，并依据工程浏览器的动画设计显示动态画面，实现人与控制设备的交互操作。

5.4.3.2　组态王的版本

KingView 组态软件又成为"组态王"软件，由北京亚控科技发展有限公司开发，是国内最为著名的组态软件之一。组态王经历了从最初的 1.0 版本发展到现在的 7.5 版本，其功能、支持的硬件设备、性能不断增强。组态王软件基于 Microsoft Windows Win10/Win7/Vista/XP 操作系统，用户可以在企业网络的所有层次的各个位置上都可以及时获得系统的实时信息，适用于从单一设备的生产运营管理和故障诊断，到网络结构分布式大型集中监控管理系统的开发。

表 5-3 列出了组态王 KingView6.55 的主要软件版本，每种版本提供一个 USB 的授权软

件锁。当多个软件版本在一台计算机上使用时，一个软件锁集成多个软件版本的授权。一般情况下开发版为一把锁，运行版和其他版本为另一把锁。当监控系统变量点数低于 64 时，可以不需要开发版；当监控系统软件的变量点大于 64 点时，必须依靠开发版支持才能开发，开发版支持调试过程中的运行，但只能连续运行 2 小时。运行版支持组态软件的运行，但不支持开发。Web Server 版本支持通过网页发布进行远程监控。KingACT 版本提供功能强大的编程、仿真和调试功能，是基于 PC 的实时控制软件，符合 IEC61131-3 国际标准。可以在连接 I/O 设备之前测试并修改程序。KingACT 在线提供下载、运行系统操作、变量操作（强制、赋值、观测），支持 TCP/IP 协议进行远程下载、远程监控操作、远程的变量操作。可以在本地完成对远程系统进行在线监控、诊断、远程操作。

表 5-3　组态王的软件版本一览表

序号	产品名称	规格	备注
1	开发版	64 点	光盘一张 手册一套 加密锁一个
2		256 点	
3		512 点	
4		无限点	
5	运行版	64 点	光盘一张 加密锁一个
6		128 点	
7		256 点	
8		512 点	
9		1024 点	
10		无限点	
11	Web Server	5 用户	
12		10 用户	
13		20 用户	
14		50 用户	
15		无限用户	

5.4.3.3　安装组态王软件

（1）组态王安装基本要求

CPU：P4 处理器、1GHz 以上或相当型号。

内存：最少 128MB，推荐 256MB，使用 WEB 功能或 2000 点以上推荐 512M。

显示器：VGA、SVGA 或支持桌面操作系统的任何图形适配器，要求最少显示 256 色。

鼠标：任何 PC 兼容鼠标。

并行口或 USB 口：用于接入组态王加密锁。

操作系统：Windows XP（sp2）/Win7/Win10 简体中文版。

网络锁：支持网络用户，用户数目和支持的点数由网络锁决定。

（2）安装组态王系统程序

组态王软件存于一张光盘上。点击光盘上的安装程序 Install.exe，弹出组态王安装窗口，点击"安装组态王程序"，然后根据组态王安装过程向导进行操作。

（3）安装组态王设备驱动程序

如果用户在安装组态王时没有选择安装组态王设备驱动程序，则可以点击光盘上的安装程序 Install.exe，从弹出的窗口中选择"安装组态王驱动程序"进行设备驱动程序的安装。

5.4.3.4 组态王支持的 I/O 设备

组态王软件作为一个开放型的通用工业监控软件，支持与国内外常见的 PLC、智能模块、智能仪表、变频器、数据采集板卡等（如西门子 PLC、莫迪康 PLC、欧姆龙 PLC、三菱 PLC、研华模块等）通过常规通信接口（如串口方式、USB 接口方式、以太网、总线、GPRS 等）进行数据通信。组态王软件与 I/O 设备进行通信一般是通过调用 *.dll 动态库来实现的，不同的设备、协议对应不同的动态库。

组态王支持通过 OPC、DDE 等标准传输机制和其他监控软件（如 Intouch、Ifix、Wincc 等）或其他应用程序（如 VB、VC 等）进行本机或者网络上的数据交互。

亚控公司在不断地进行新设备驱动的开发，有关支持设备的最新信息以及设备最新驱动的下载可以通过亚控公司的网站 http：//www.kingview.com 获取。

5.5 基于组态王软件的计算机数据采集系统

5.5.1 数据采集系统的开发步骤

不同品牌的组态软件的功能和用途有较大差别，但其开发的基本功能和基本步骤大致相同。通常情况下，开发一个工程一般分为以下几步。

第一步：创建新工程，为工程创建一个目录用来存放与工程有关的文件。

第二步：配置硬件系统，配置工程中使用的硬件设备。

第三步：定义变量，定义全局变量，包括内存变量和 I/O 变量。

第四步：制作图形画面，按照实际工程的要求绘制监控画面。

第五步：定义动画连接，根据现场的监控要求使静态画面随着过程控制对象产生动画效果。

第六步：编写事件脚本，用以完成较复杂的控制过程。

第七步：配置其他辅助功能，如网络、配方、SQL 访问、Web 浏览等。

第八步：工程运行和调试。

完成以上步骤后，一个简单的工程就建立起来了。

5.5.2 创建一个工程

（1）工程管理器

组态王工程管理器是用来建立新工程，对添加到工程管理器的工程做统一的管理。工程管理器的主要功能包括：新建、删除工程，对工程重命名，搜索组态王工程，修改工程属性，工程备份、恢复，数据词典的导入导出，切换到组态王开发或运行环境等。启动组态王后的工程管理窗口如图 5-7 所示。

工程管理器提供以下操作功能：

① 新建工程　单击"新建"快捷键或点击"文件→新建工程"，弹出新建工程对话框，可以根据对话框提示建立组态王工程。

② 搜索工程　直接点击"搜索"图标或点击"文件→搜索工程"，用来把计算机的某个路径下的所有的工程一起添加到组态王的工程管理器，它能够自动识别所选路径下的组态王工程。

图 5-7　工程管理器界面

③ 备份工程　工程备份是在需要保留工程文件的时候，把组态王工程压缩成组态王自己的".cmp"文件。点击"工程管理器"上的"备份"图标，弹出"备份工程"对话框，可根据提示进行操作。

④ 删除　在工程列表区中选择任一工程后，单击此快捷键删除选中的工程。

⑤ 属性　在工程列表区中选择任一工程后，单击此快捷键弹出工程属性对话框，可以在工程属性窗口中查看并修改工程属性。

⑥ 恢复　单击"恢复"快捷键可将备份的工程文件恢复到工程列表区中。

⑦ DB 导出　利用此快捷键可将组态王工程数据词典中的变量导出到 Excel 表格中，用户可在 Excel 表格中查看或修改变量的属性。在工程列表区中选择任一工程后，单击此快捷键，在弹出的"浏览文件夹"对话框中输入保存文件的名称，系统自动将选中工程的所有变量导出到 Excel 表格中。

⑧ 开发　在工程列表区中选择任一工程后，单击此快捷键进入工程的开发环境。

⑨ 运行　在工程列表区中选择任一工程后，单击此快捷键进入工程的运行环境。

（2）工程浏览器

工程浏览器是组态王 6.55 的集成开发环境。工程的各个组成部分包括 Web、文件、数据库、设备、系统配置、SQL 访问管理器，它们以树形结构显示在工程浏览器窗口的左侧。工程浏览器的使用和 Windows 的资源管理器类似，如图 5-8 所示，工程浏览器由菜单栏、工具条、工程目录显示区、目录内容显示区、状态条组成。"工程目录显示区"以树形结构图显示大纲项节点，用户可以扩展或收缩工程浏览器中所列的大纲项。

（3）工程加密

工程加密是为了保护工程文件不被其他人随意修改，只有设定密码的人或知道密码的人才可以对工程做编辑或修改。点击"工具"选择"工程加密"，可进入工程加密对话框。密码设定成功后，如果退出开发系统，下次再进的时候就会提示要输入密码。

注意：如果没有密码则无法进入开发系统，工程开发人员一定要牢记密码。

5.5.3　定义外部设备和数据变量

5.5.3.1　外部设备定义

组态王把那些需要与之交换数据的硬件设备或软件程序都作为外部设备使用。外部硬件设备通常包括仪表、模块、PLC、板卡等；外部软件程序通常指包括 DDE、OPC 等服务程序。按照计算机和外部设备的通信连接方式，则分为：串行通信（RS-232/422/485）、以太

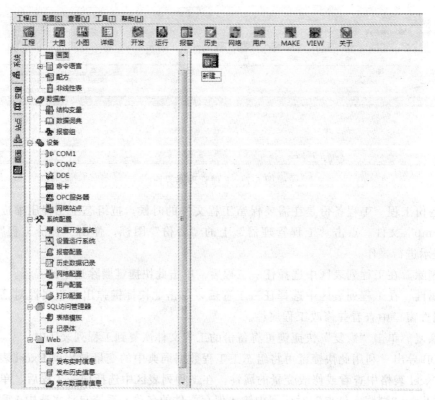

图 5-8 工程浏览器界面

网、专用通信卡等。在计算机和外部设备硬件连接好后，为了实现组态王和外部设备的实时数据通信，必须在组态王的开发环境中对外部设备和相关变量加以定义。为了方便定义外部设备，组态王设计了"设备配置向导"，引导用户一步步完成设备的连接。

图 5-9 为外部设备设置的示例。例子中以 Nudam-7017 模块作为数据采集部件，建立组态王与 Nudam-7017 模块连接，操作顺序为：设备→COM1→新建→牛顿 7000 系列→Nudam-7017→串口→输入模块名称"Nudam_01"→COM1→输入模块的实际地址，本例设为 1，后续点击确定即可，这样就建立了地址为 1 的 Nudam-7017 模块与组态王的连接。其他模块的组态方法与此例子基本相同。

(a) 选择通信设备　　　　　　(b) 设置设备逻辑名称　　　　　(c) 设置设备地址

图 5-9 外部设备定义窗口

一般说明："设备"下的子项中默认列出的项目表示组态王和外部设备几种常用的通信

方式，如 COM1、COM2、DDE、板卡、OPC 服务器、网络站点，其中 COM1、COM2 表示组态王支持串口的通信方式，DDE 表示支持通过 DDE 数据传输标准进行数据通信，其他类似。

特别说明：标准的计算机都有两个串口，所以此处作为一种固定显示形式，这种形式并不表示组态王只支持 COM1、COM2，也不表示组态王计算机上肯定有两个串口；并且"设备"项下面也不会显示计算机中实际的串口数目，用户通过设备定义向导选择实际设备所连接的 PC 串口即可。

5.5.3.2 I/O 变量定义

（1）数据词典中变量的类型

数据词典中存放的是应用工程中定义的变量以及系统变量。变量可以分为基本类型和特殊类型两大类，基本类型的变量又分为内存变量和 I/O 变量两种。

"I/O 变量"指的是组态王与外部设备或其他应用程序交换的变量。这种数据交换是双向的、动态的，就是说在组态王系统运行过程中，每当 I/O 变量的值改变时，该值就会自动写入外部设备或远程应用程序；每当外部设备或远程应用程序中的值改变时，组态王系统中的变量值也会自动改变。所以，那些从下位机采集来的数据、发送给下位机的指令、那些不需要和外部设备或其他应用程序交换，只在组态王内使用的变量，比如计算过程的中间变量，就可以设置成"内存变量"。

基本类型的变量也可以按照数据类型分为离散型、实型、整型和字符串型。

① 内存离散变量、I/O 离散变量　类似一般程序设计语言中的布尔（BOOL）变量，只有 0、1 两种取值，用于表示一些开关量。

② 内存实型变量、I/O 实型变量　类似一般程序设计语言中的浮点型变量，用于表示浮点数据，取值范围：10E－38～10E＋38，有效值 7 位。

③ 内存整数变量、I/O 整数变量　类似一般程序设计语言中的有符号长整数型变量，用于表示带符号的整型数据，取值范围 2147483648～2147483647。

④ 内存字符串型变量、I/O 字符串型变量　类似一般程序设计语言中的字符串变量，可用于记录一些有特定含义的字符串，如名称、密码等，该类型变量可以进行比较运算和赋值运算。

⑤ 特殊变量　特殊变量类型有报警窗口变量、历史趋势曲线变量、系统变量三种。

（2）变量的产生

在工程浏览器树型目录中选择"数据词典"，在右侧双击"新建"图标，弹出"变量属性"对话框，如图 5-10 所示。在变量属性对话框中，根据实际情况和项目要求进行变量定义。

组态王变量名命名规则：变量名命名时不能与组态王中现有的变量名、函数名、关键字、构件名称等重复；命名的首字符只能为字符，不能为数字等非法字符，名称中间不允许有空格、算术符号等非法字符存在；名称长度不能超过 31 个字符。

（3）基本属性的定义

"变量属性"对话框的基本属性卡片中的各项用来定义变量的基本特征，各项意义解释如下：

① 变量名　唯一一个标识应用程序中数据变量的名字，同一应用程序中的数据变量不能重名，数据变量名区分大小写，最长不能超过 31 个字符。变量名可以是汉字或英文名字，

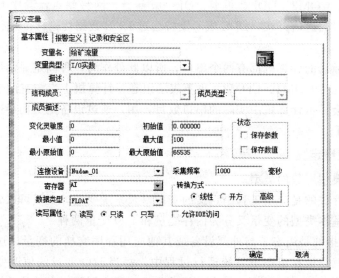

图 5-10　变量定义窗口

第一个字符不能是数字。变量的名称最多为 31 个字符。

② 变量类型　在对话框中只能定义八种基本类型中的一种，用鼠标单击变量类型下拉列表框列出可供选择的数据类型。当定义有结构模板时，一个结构模板就是一种变量类型。

③ 描述　用于输入对变量的描述信息。例如若想在报警窗口中显示某变量的描述信息，可在定义变量时，在描述编辑框中加入适当说明，并在报警窗口中加上描述项，则在运行系统的报警窗口中可见该变量的描述信息（最长不超过 39 个字符）。

④ 变化灵敏度　数据类型为实数型或整型时此项有效，只有当该数据变量的值变化幅度超过"变化灵敏度"时，组态王才更新与之相连的画面显示（缺省为 0）。

⑤ 最小值　指该变量值在数据库中的下限。

⑥ 最大值　指该变量值在数据库中的上限。

⑦ 最小原始值　变量为 I/O 模拟变量时，驱动程序中输入原始模拟值的下限。

⑧ 最大原始值　变量为 I/O 模拟变量时，驱动程序中输入原始模拟值的上限。

⑨ 初始值　这项内容与所定义的变量类型有关，定义模拟量时出现编辑框可输入一个数值，定义离散量时出现开或关两种选择。定义字符串变量时出现编辑框可输入字符串，它们规定软件开始运行时变量的初始值。

⑩ 连接设备　只对 I/O 类型的变量起作用，工程人员只需从下拉式"连接设备"列表框中选择相应的设备即可。此列表框所列出的连接设备名是组态王设备管理中已安装的逻辑设备名。

⑪ 保存参数　选择此项后，在系统运行时，如果修改了此变量的域值（可读可写型），系统将自动保存修改后的域值。当系统退出后再次启动时，变量的域值保持为最后一次修改的域值，无须用户再去重新设置。

⑫ 保存数值　选择此项后，在系统运行时，当变量的值发生变化后，系统将自动保存该值。当系统退出后再次启动时，变量的值保持为最后一次变化的值。

（4）变量的类型

① 基本变量类型　变量的基本类型共有两类：内存变量、I/O 变量。I/O 变量是指可

与外部数据采集程序直接进行数据交换的变量，如下位机数据采集设备（如数据采集模块、PLC、仪表等）或其他应用程序（如 DDE、OPC 服务器等）。这种数据交换是双向的、动态的，就是说，在"组态王"系统运行过程中，每当 I/O 变量的值改变时，该值就会自动写入下位机或其他应用程序；每当下位机或应用程序中的值改变时，"组态王"系统中的变量值也会自动更新。内存变量是指那些不需要和其他应用程序交换数据、也不需要从下位机得到数据、只在"组态王"内需要的变量，比如计算过程的中间变量，就可以设置成"内存变量"。

② 变量的数据类型　组态王的变量定义中，有内存数据类型和 I/O 数据类型两种。内存数据类型只在计算机中起作用，I/O 数据类型则是计算机与实际 I/O 设备进行通信获得的，共有 9 种类型，见表 5-4。

表 5-4　组态王的数据类型

变量符号	变量类型	位数	字节数	数值范围
Bit	位	1	—	0,1
Byte	字节数	8	1	0～255
Short	有符号短整型数	16	2	−32768～32767
Ushort	有符号短整型数	16	2	0～65535
BCD	BCD 码整型数	16	2	−9999～9999
Long	长整型数	32	4	−2147483648～2147483647
LongBCD	BCD 码长整型数	32	4	−99999999～99999999
Float	浮点数	32	4	$-3.4 \times 10^{+38}$～$+3.4 \times 10^{+38}$
String	字符串	—	最多 128	最多 128 个字符

③ 特殊变量类型　特殊变量类型有报警窗口变量、历史趋势曲线变量、系统预设变量三种。这几种特殊类型的变量正是体现了"组态王"系统面向工控软件、自动生成人机接口的特色。

a. 报警窗口变量　这是工程人员在制作画面时通过定义报警窗口生成的，在报警窗口定义对话框中有一选项为"报警窗口名"，工程人员在此处键入的内容即为报警窗口变量。此变量在数据词典中是找不到的，是组态王内部定义的特殊变量。可用命令语言编制程序来设置或改变报警窗口的一些特性，如改变报警组名或优先级，在窗口内上下翻页等。

b. 历史趋势曲线变量　这是工程人员在制作画面时通过定义历史趋势曲线时生成的，在历史趋势曲线定义对话框中有一选项为"历史趋势曲线名"，工程人员在此处键入的内容即为历史趋势曲线变量（区分大小写）。此变量在数据词典中是找不到的，是组态王内部定义的特殊变量。工程人员可用命令语言编制程序来设置或改变历史趋势曲线的一些特性，如改变历史趋势曲线的起始时间或显示的时间长度等。

c. 系统预设变量　预设变量中有 8 个时间变量是系统已经在数据库中定义的，用户可以直接使用。

$年：返回系统当前日期的年份。

$月：返回 1 到 12 之间的整数，表示当前日期的月份。

$日：返回 1 到 31 之间的整数，表示当前日期的日。

$时：返回 0 到 23 之间的整数，表示当前时间的时。

$分：返回 0 到 59 之间的整数，表示当前时间的分。

$秒：返回 0 到 59 之间的整数，表示当前时间的秒。

$日期：返回系统当前日期字符串。

＄时间：返回系统当前时间字符串。

以上变量由系统自动更新，工程人员只能读取时间变量，而不能改变它们的值。预设变量还有以下几种。

＄用户名：在程序运行时记录当前登录的用户的名字。

＄访问权限：在程序运行时记录当前登录的用户的访问权限。

＄启动历史记录：表明历史记录是否启动（1＝启动；0＝未启动）。工程人员在开发程序时，可通过按钮弹起命令预先设置该变量为1，在程序运行时可由用户控制，按下按钮启动历史记录。

＄启动报警记录：表明报警记录是否启动（1＝启动；0＝未启动）。工程人员在开发程序时，可通过按钮弹起命令预先设置该变量为1，在程序运行时可由工程人员控制，按下按钮启动报警记录。

＄新报警：每当报警发生时，"＄新报警"被系统自动设置为1，由工程人员负责把该值恢复到0。

＄启动后台命令：表明后台命令是否启动（1＝启动；0＝未启动）。工程人员在开发程序时，可通过按钮弹起命令预先设置该变量为1，在程序运行时可由工程人员控制，按下按钮启动后台命令。

5.6 创建组态画面

5.6.1 画面设计

5.6.1.1 建立新画面及工具箱的使用

在工程浏览器左侧的"工程目录显示区"中选择"画面"选项，在右侧视图中双击"新建"图标，弹出新建画面对话框，如图 5-11 所示。输入工程名称、设置画面位置等项后点击"确定"即产生新的画面。

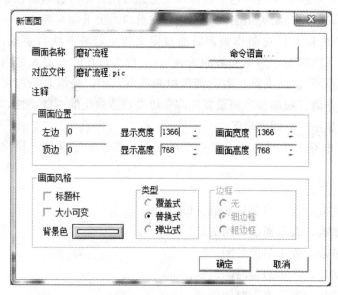

图 5-11 创建画面窗口

图 5-12 工具箱

5.6.1.2 使用工具箱

接下来在此画面中绘制各种图素。绘制图素的主要工具放置在图形编辑工具箱内。当画面打开时，工具箱自动显示。工具箱中的每个工具按钮都有"浮动提示"，帮助您了解工具的用途。如果工具箱没有出现，选择"工具"菜单中的"显示工具箱"或按 F10 键将其打开，工具箱中各种基本工具的使用方法和 Windows 中的"画笔"很类似，如图 5-12 所示。可以通过"工具箱"获得工具绘制图形，或者从菜单栏的"工具"下拉菜单选择绘图功能。

5.6.1.3 使用图库管理器

选择"图库"菜单中"打开图库"命令或按 F2 键打开图库管理器，如图 5-13 所示。使用图库管理器降低了工程人员设计界面的难度，用户更加集中精力于维护数据库和增强软件内部的逻辑控制，缩短开发周期；同时用图库开发的软件将具有统一的外观，方便工程人员学习和掌握；另外利用图库的开放性，工程人员可以生成自己的图库元素。

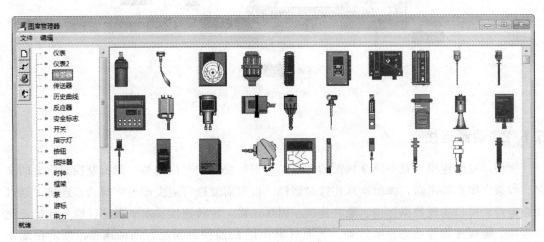

图 5-13　图库管理器

5.6.1.4 设计监控画面

利用工具箱及图库，在新建的空白画面中进行监控画面的设计。本例设计一个如图 5-14所示的磨矿分级监控流程画面，画面中对给矿流量、给矿补加水流量、排矿补加水流量、溢流浓度、球磨机电机电流、螺旋分级机电机电流、球磨机噪音指数、球磨机给矿端轴承温度、球磨机排矿端轴承温度、矿仓料位等参数进行数据采集与监控。监控画面设计要点为：

① 依靠工具箱进行编辑　从工具箱选取编辑工具，进行文字、线条、形状、管道、过渡色类型、调色板等图素的编辑，根据需要绘制图形。

② 从图库管理器获得图件　打开图库管理器，根据文字列表和图片缩略图选择图件，双击后将图件导入监控画面，可以点击图件后改变大小和位置。

③ 进行图形画面的调整、修改。

组态技巧：为了便于调试检查，显示的数据项全部采用"＃＃＃.＃＃＃"符号格式，如果运行时还显示"＃＃＃.＃＃＃"符号，说明没有定义。另外，该字符串最好与显示数据的最大长度一致，以免实际显示时出现越界。

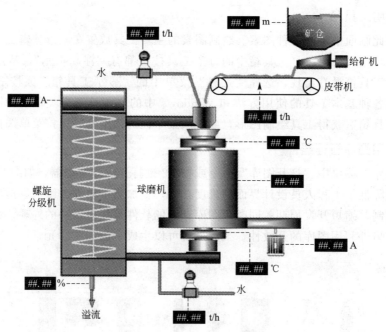

图 5-14　磨矿分级监控流程画面

5.6.2　动画连接

　　所谓"动画连接"就是建立画面的图素与数据库变量的对应关系。双击监控画面上的文字、线条、图形等图素，弹出动画连接对话框。根据需要进行定义即可实现动态连接。通过动画连接，可以实现数据连接、隐含连接、闪烁连接、旋转连接、水平滑动杆输入连接、充填连接、流线连接等动态显示效果。下面对图 5-15 的监控画面进行动画连接。假定在此工程中已经通过数据词典功能进行相关变量定义，主要监控变量有：给矿流量、给矿补加水流量、排矿补加水流量、溢流浓度、球磨机电机电流、螺旋分级机电机电流、球磨机噪音指数、球磨机给矿端轴承温度、球磨机排矿端轴承温度、矿仓料位等。

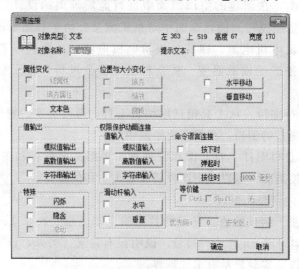

图 5-15　动画连接对话框

5.6.2.1 数据连接

数据连接就是将监控画面的数据项与变量进行连接，以实现数据的实时显示。方法是：双击数据项，弹出如图 5-16 所示的动画连接对话框。对于仅需要进行数据显示的变量只需点击"模拟输出"项进行组态。对于需要进行数据显示和设定的变量，需要分别点击"模拟输出"和"模拟输入"项进行组态。

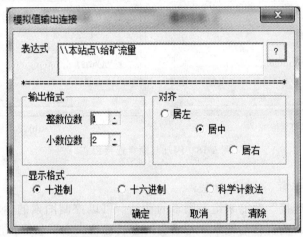

图 5-16　模拟量输出连接组态

本例双击"给矿流量"的数据项，弹出动画连接对话框。点击"模拟输出"项弹出如图 5-16 所示的窗口，点击"?"图标，从弹出的数据词典中选择"给矿流量"变量。选择输出格式的整数位为 1 和小数位数为 2（整数保持至少为 1 位和小数保持 2 位），数据显示居中。所谓"模拟输出"就是将变量显示到画面。

5.6.2.2 充填、旋转、缩放连接

点击要进行充填、旋转、缩放连接的图素，弹出动画连接对话框。可以根据需要点击充填、旋转或缩放项，分别弹出图 5-17(a)、(b)、(c) 所示的位置与大小变化组态对话框。根据实际情况和监控需要进行组态定义。

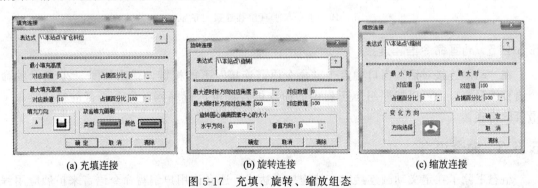

(a) 充填连接　　　　　(b) 旋转连接　　　　　(c) 缩放连接

图 5-17　充填、旋转、缩放组态

注意：充填、旋转、缩放连接的表达式必须是模拟量，既可以是单一变量也可以是运算表达式。

5.6.2.3 闪烁、隐含连接

点击要进行隐含或显示的图素（图形或文字），弹出动画连接对话框，点击"隐含"项

进行图素的隐含操作，如图 5-18(b) 所示，当条件满足时，该图素隐含，否则不隐含；点击"闪烁"项进行图素的闪烁操作，如图 5-18(a) 所示，当条件为真时，该图素闪烁，否则不闪烁。注意，隐含、闪烁连接的运算结果必须是离散量，可以是位变量、位运算表达式或模拟量大小的判断结果。

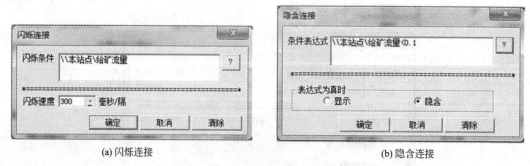

(a) 闪烁连接　　　　　　　　　　　　　　　(b) 隐含连接

图 5-18　闪烁与隐含连接组态

5.6.2.4　位置移动连接

通过"位置移动连接"功能来组态图素的动画，可以控制图素的运动方向和运动速度，实现图素的水平移动、垂直移动或水平与垂直的合成移动。水平与垂直位移连接对话框如图 5-19 所示，图中对应值为表达式的计算结果，移动距离为显示屏幕的像素。

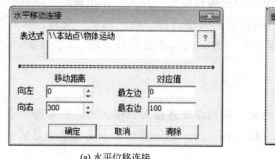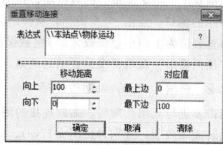

(a) 水平位移连接　　　　　　　　　　　　　(b) 垂直位移连接

图 5-19　水平与垂直位移连接对话框

5.6.2.5　动画命令语言连接

在"动画连接对话"窗口中点击"命令语言连接"下的按键，弹出如图 5-20 所示的命令语言编写窗口，可以按照组态王提供的命令语言规范进行编程，命令语言的格式类似 C 语言的格式。

5.6.3　命令语言

组态王除了在定义动画连接时支持连接表达式，还允许用户编写命令语言来扩展应用程序的功能，极大地增强了应用程序的可用性。命令语言的格式类似 C 语言的格式，工程人员可以利用其来增强应用程序的灵活性。组态王的命令语言编辑环境已经编好，用户只要按规范编写程序段即可，它包括：应用程序命令语言、热键命令语言、事件命令语言、数据改变命令语言、自定义函数命令语言和画面命令语言等。

命令语言的句法和 C 语言非常类似，可以说是 C 语言的一个简化子集，具有完备的词

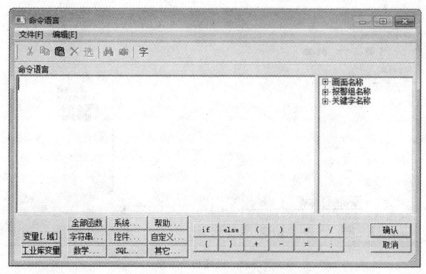

图 5-20　命令语言编写窗口

法语法查错功能和丰富的运算符、数学函数、字符串函数、控件函数、SQL 函数和系统函数。各种命令语言通过"命令语言编辑器"编辑输入并进行语法检查，在运行系统中进行编译执行。命令语言有六种形式，其区别在于命令语言执行的时机或条件不同。

① 应用程序命令语言　可以在程序启动、关闭时或在程序运行期间周期执行。如果希望周期执行，还需要指定时间间隔。

② 热键命令语言　被链接到设计者指定的热键上，软件运行期间，操作者随时按下热键都可以启动这段命令语言程序。

③ 事件命令语言　规定在事件发生、存在、消失时分别执行的程序。离散变量名或表达式都可以作为事件。

④ 数据改变命令语言　只链接到变量或变量的域。在变量或变量的域值变化到超出数据字典中所定义的变化灵敏度时，它们就被触发执行一次。

⑤ 自定义函数命令语言　提供用户自定义函数功能。用户可以根据组态王的基本语法及提供的函数自己定义各种功能更强的函数，通过这些函数能够实现工程特殊的需要。

⑥ 画面、按钮命令语言　可以在画面显示、隐含时或在画面存在期间定时执行画面命令语言。在定义画面中的各种图素的动画连接时，可以进行命令语言的连接。

5.6.4　画面的切换

利用系统提供的"菜单"工具和 ShowPicture（）函数能够实现在主画面中切换到其他任一画面的功能。具体操作如下：

① 选择工具箱中的"按钮"工具。将鼠标放到监控画面的任一位置并按住鼠标左键画一个按钮大小的菜单对象，双击弹出如图 5-21 所示的画面切换编程菜单定义对话框。

② 菜单项输入完毕后单击"命令语言"按钮，弹出命令语言编辑框，在编辑框中输入如下命令语言：ShowPicture（磨矿流程），也可以点击"全部函数"或"其他"键，找到"ShowPicture"函数，选择后在语言编辑框中显示该函数，选择 ShowPicture 内的双引号部分，点击右边"画面名称"选择已产生的监控画面，如本例中产生的"磨矿流程"画面。

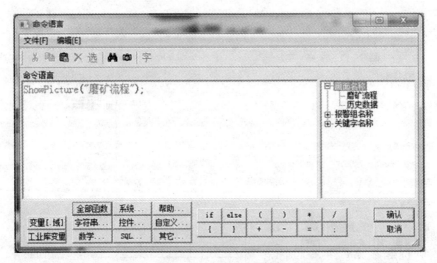

图 5-21　画面切换编程

5.6.5　运行系统设置

"组态王"软件包由工程管理器、工程浏览器和画面运行系统三部分组成。其中工程浏览器内嵌组态王画面制作开发系统，生成人机界面工程。画面制作开发系统中设计开发的画面工程在 TouchVew 运行环境中运行。工程管理器和运行系统各自独立，一个工程可以同时被编辑和运行，这对于工程的调试是非常方便的。

在运行工程之前首先要在开发系统中对运行系统环境进行配置。在开发系统中单击菜单栏"配置→运行系统"命令或工具条"运行"按钮或工程浏览器"工程目录显示区→系统配置→设置运行系统"按钮后，弹出"运行系统设置"对话框，如图 5-22 所示。"运行系统设置"对话框由"运行系统外观"属性页、"主画面配置"属性页和"特殊"属性页组成。

图 5-22　运行系统设置对话框

5.7　趋势曲线

5.7.1　实时趋势曲线

组态王提供两种形式的实时趋势曲线：工具箱中的组态王内置实时趋势曲线和实时趋势曲线 Active X 控件。在组态王开发系统中制作画面时，选择菜单"工具→实时趋势曲线"

项或单击工具箱中的"画实时趋势曲线"按钮，此时鼠标在画面中变为十字形，在画面中用鼠标画出一个矩形，实时趋势曲线就在这个矩形中绘出，如图 5-23 所示。实时趋势曲线对象的中间有一个带有网格的绘图区域，表示曲线将在这个区域中绘出，网格左方和下方分别是 X 轴（时间轴）和 Y 轴（数值轴）的坐标标注。

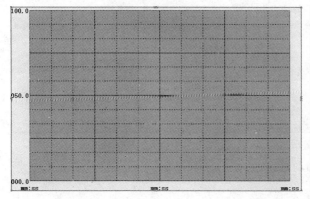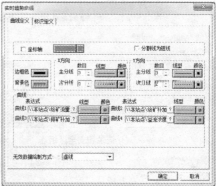

图 5-23　实时趋势曲线创建

5.7.2　历史趋势曲线

5.7.2.1　与历史趋势曲线有关的其他必配置项

（1）定义变量范围

由于历史趋势曲线数值轴显示的数据是以百分比来显示，因此对于要以曲线形式来显示的变量需要特别注意变量的范围。如果变量定义的范围很大，例如 $-999999 \sim +999999$，而实际变化范围很小，例如 $-0.0001 \sim +0.0001$ 这样，曲线数据的百分比数值就会很小，在曲线图表上就会出现看不到该变量曲线的情况，因此必须合理设置变量的范围。变量的数据的最大值和最小值可以从前面介绍的"变量定义"窗口中设置。

（2）对某变量作历史记录

对于要以历史趋势曲线形式显示的变量，都需要对变量作记录。在组态王工程浏览器中单击"数据库"项，再选择"数据词典"项，选中要作历史记录的变量，双击该变量，则弹出"定义变量"对话框，如图 5-24(a) 所示。选中"记录和安全区"选项卡片，选择变量记录的方式。

（3）定义历史库数据文件的存储目录

在组态王工程浏览器的菜单条上单击"配置"菜单，再从弹出的菜单命令中选择"历史数据记录"命令项，弹出的对话框，如图 5-24(b) 所示，在此对话框中设置历史数据文件保存天数、硬盘空间不足报警和记录历史数据文件在磁盘上的存储路径。本例中设置数据保存天数为 365 天，当超过 365 天时，自动删除过时的历史数据，始终保存 365 天的历史数据文件；设定的硬盘可用空间下限为 500M，当硬盘可用空间小于 500M 时将报警；将历史数据文件保存到 c:\hisdat 的路径中。

（4）重启历史数据记录

在组态王运行系统的菜单条上单击"特殊"菜单项，再从弹出的菜单命令中选择"重启历史数据记录"，此选项用于重新启动历史数据记录。在没有空闲磁盘空间时，系统就自动

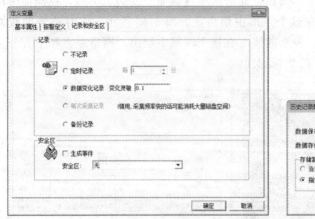

(a) 记录和安全区组态   (b) 历史数据路径配置

图 5-24　变量的记录方式与记录路径配置

停止历史数据记录。

5.7.2.2　使用控件创建历史趋势曲线

在组态王开发系统中制作画面时，选择菜单"图库→打开图库→历史曲线"项，然后在画面上画出区域，即可得到一个较为完整的历史曲线窗口。双击"历史曲线窗口"弹出如图 5-25 所示的控件式历史数据定义窗口。输入曲线趋势曲线名称，根据需要设置曲线序号对应的变量、曲线类型、颜色等。或点击"?"符号，从弹出菜单上选择要显示历史数据的变量。

图 5-25　控件式历史数据定义窗口

历史曲线定义完毕后，接着定义时间光标对应时刻的序号曲线对应的数据。数据显示定义方法与前面相同，不同的本画面显示的数据来源于历史曲线窗口光标处曲线对应的数据。

数据获取由函数 HTGetValueAtScooter（）进行，组态方法如下。

调用格式：

RealResult＝HTGetValueAtScooter（HistoryName，scootNum，PenNum，Content-String）；

参数：

HistroyName：历史趋势变量，代表趋势名。

ScootNum：整数，代表左或右指示器（1＝左指示器，2＝右指示器）。

PenNum：代表笔号的整型变量或值（1 到 8）。

ContentString：代表返回值类型的字符串，可以为以下字符串之一。

"Value"取得在指示器位置处的值；"Valid"判断取得的值是否有效。返回值为 0 表示取得的值无效，为 1 表示有效。若是"Value"类型，则返回模拟值；若是"Valid"类型，则返回离散值。

例如：采集趋势曲线 Trend1 的笔 Pen3 在右指示器的当前值。历史数据获取的函数定义为：

HTGetValueAtScooter（Trend1，2，3，"Value"）

绘制如图 5-26 所示的画面，显示的数据项与曲线数量一致。双击"＃＃＃.＃＃"数据项，从弹出的动画连接窗口中通过 HTGetValueAtScooter（）函数定义显示的数据。图 5-26 为历史数据显示画面的创建。

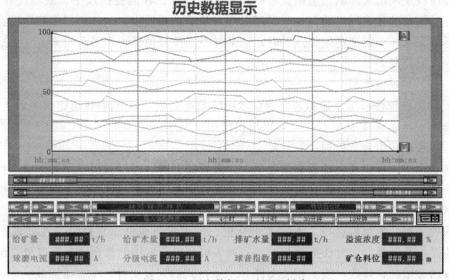

图 5-26　历史数据显示画面创建

5.8　控件

控件可以作为一个相对独立的程序单元被其他应用程序重复调用。控件的接口是标准的，凡是满足这些接口条件的控件，包括第三方软件供应商开发的控件，都可以被组态王直接调用。组态王中提供的控件在外观上类似于组合图素，工程人员只需把它放在画面上，然后配置控件的属性进行相应的函数连接，控件就能完成其复杂的功能。

组态王本身提供很多内置控件，如列表框、选项按钮、棒图、温控曲线等，这些控件只能通过组态王主程序来调用，其他程序无法使用，这些控件的使用主要是通过组态王相应控件函数或与之连接的变量实现的。随着 Active X 技术的应用，Active X 控件也普遍被使用。组态王支持符合其数据类型的 Active X 标准控件。这些控件包括 Microsoft Windows 标准控件和任何用户制作的标准 Active X 控件。这些控件在组态王中被称为"通用控件"，本手册及组态王程序中但凡提到"通用控件"，即是指 Active X 控件。

5.8.1　组态王内置控件

在画面编辑状态下，通过"编辑→插入控件"操作，弹出如图 5-27(a) 所示的组态王控件窗口。组态王控件为组态王内置控件，是组态王提供的、只能在组态王程序内使用。它能实现控件的功能，组态王通过内置的控件函数和连接的变量来操作、控制控件，从控件获得输出结果。其他用户程序无法调用组态王内置控件。这些控件包括：棒图控件、温控曲线、X-Y 曲线、列表框、选项按钮、文本框、超级文本框、开放式数据库查询控件、历史曲线控件等。在组态王中加载内置控件，可以单击工具箱中的"插入控件"按钮。组态王主要控件的功能简单介绍如下：

（1）立体棒图控件

棒图是指用图形的变化表现与之关联的数据的变化的绘图图表。组态王中的棒图图形可以是二维条形图、三维条形图或饼图。

（2）温控曲线控件

温控曲线反映出实际测量值按设定曲线变化的情况。在温控曲线中，纵轴代表温度值，横轴对应时间的变化，同时将每一个温度采样点显示在曲线中，另外还提供两个游标，当用户把游标放在某一个温度的采样点上时，该采样点的注释值就可以显示出来。主要适用于温度控制，流量控制等。

（3）X-Y 轴曲线控件

X-Y 轴曲线控件可用于显示两个变量之间的数据关系，如电流-转速曲线等形式的曲线。组态王提供了超级 X-Y 曲线控件，建议用户使用该控件。

（4）列表框和组合框控件

在列表框中，可以动态加载数据选项，当需要数据时，可以直接在列表框中选择，使与控件关联的变量获得数据。组合框是文本框与列表框的组合，可以在组合框的列表框中直接选择数据选项，也可以在组合框的文本框中直接输入数据。组态王中列表框和组合框的形式有：普通列表框、简单组合框、下拉式组合框、列表式组合框。它们只是在外观形式上不同，其他操作及函数使用方法都是相同的。列表框和组合框中的数据选项可以依靠组态王提供的函数动态增加、修改，或从相关文件（.csv 格式的列表文件）中直接加载。

（5）复选框控件

复选框控件可以用于控制离散型变量，如用于控制现场中的各种开关、做各种多选选项的判断条件等。复选框一个控件连接一个变量，其值的变化不受其他同类控件的影响，当控件被选中时，变量置为 1，不选中时，变量置为 0。

（6）编辑框控件

控件用于输入文本字符串并送入指定的字符串变量中。输入时不会弹出虚拟键盘或其他的对话框。

（7）单选按钮控件

当出现多选一的情况时，可以使用单选按钮来实现。单选按钮控件实际是由一组单个的选项按钮组合而成的。在每一组中，每次只能选择一个选项。

（8）超级文本显示控件

组态王提供一个超级文本显示控件，用于显示 RTF 格式或 TXT 格式的文本文件，而且也可在超级文本显示控件中输入文本字符串，然后将其保存成指定的文件，调入 RTF、TXT 格式的文件和保存文件通过超级文本显示控件函数来完成。

5.8.2 Active X 控件

组态王支持 Windows 标准的 Active X 控件，包括 Microsoft 提供的标准 Active X 控件和用户自制的 Active X 控件。在画面编辑状态下，通过"编辑→插入通用控件"操作，弹出如图 5-27 所示的组态王控件窗口。Active X 控件的引入在很大程度上方便了用户，用户可以灵活地编制一个符合自身需要的控件，或调用一个已有的标准控件，来完成一项复杂的任务，而无须在组态王中做大量的复杂的工作。一般的 Active X 控件都具有控件属性、控件方法、控件事件，用户在组态王中通过调用控件的这些属性、事件、方法来完成工作。Active X 控件的使用包括创建 Active X 控件和设置 Active X 控件的固有属性。

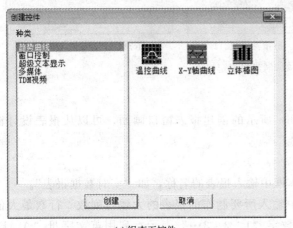

(a) 组态王控件　　　　　　　　　　　　　　(b) Windows控件

图 5-27　组态王控件和 Windows 控件选择窗口

5.8.2.1 创建 Active X 控件

在组态王工具箱上单击"插入通用控件"或选择菜单"编辑→插入通用控件"命令。弹出"插入控件"对话框，从列表中选择需要的控件。

5.8.2.2 设置 Active X 控件的固有属性

根据控件的特点，有些控件带有固定的属性设置界面，这些属性界面在组态王里称为控件的"固有属性"。通过这些固有属性，可以设置控件的操作状态、控件的外观、颜色、字体或其他的一些属性等。设置的固有属性一般为控件的初始状态。每个控件的固有属性页都各不相同。设置固有属性的方法为：首先选中控件，在控件上单击鼠标右键，系统弹出快捷菜单，选择"控件属性"命令。如果用户创建的控件有属性页的话，则会直接弹出控件的属性页。

5.9 报表系统

数据报表是反映生产过程中的数据、状态等，并对数据进行记录的一种重要形式。组态王提供内嵌式报表系统，工程人员可以任意设置报表格式，对报表进行组态。组态王 6.55 新增了报表向导工具，该工具可以以组态王的历史库或 KingHistorian 为数据源，快速建立所需的班报表、日报表、月报表和年报表等。此外，还可以实现值的行列统计功能。

5.9.1 创建报表

（1）产生报表画面

进入组态王开发系统，产生一个新的画面，在组态王工具箱按钮中，用鼠标左键单击"报表窗口"按钮拖动鼠标画出一个矩形，报表窗口创建成功，报表窗口如图 5-28(a) 所示。

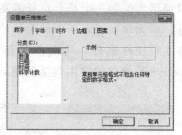

(a) 报表及报表工具箱窗口   (b) 报表设计窗口   (c) 设置单元格格式窗口

图 5-28 创建报表窗口

（2）配置报表

左键双击报表窗口，得到如图 5-28(b) 所示的创建报表窗口画面。可以从报表设计窗口中输入报警控件名称、设置行数和列数。

"报表设计"对话框中各项的含义为：

① 报表名称 在"报表控件名"文本框中输入报表的名称，如"实时数据报表"。

② 表格尺寸 在行数、列数文本框中输入所要制作的报表的大致行列数。行数最大值为 20000 行；列数最大值为 52 列。行用数字"1、2、3…"表示，列用英文字母"A、B、C、D…"表示。单元格的名称定义为"列标＋行号"，如"a1"。列标使用时不区分大小写。

③ 套用报表格式 用户可以直接使用已经定义的报表模板，而不必再重新定义相同的表格格式。单击"表格样式"按钮，弹出"报表自动调用格式"对话框。套用后的格式用户可按照自己的需要进行修改。

④ 添加报表套用格式 单击"请选择模板文件："后的"…"按钮，弹出文件选择对话框，用户选择一个自制的报表模板（＊.rtl 文件）。在"自定义格式名称："文本框中输入当前报表模板被定义为表格格式的名称，如"格式 1"。单击"添加"按钮将其加入到格式列表框中，供用户调用。

⑤ 删除报表套用格式 从列表框中选择某个报表格式，单击"删除"按钮，即可删除不需要的报表格式。删除套用格式不会删除报表模板文件。

⑥ 预览报表套用格式 在格式列表框中选择一个格式项，则其格式显示在右边的表格框中。

（3）单元格属性定义

在报表窗口的栏目位置上点击右键，从弹出的窗口中选择"设置单元格格式"，弹出如图 5-28(c) 所示的窗口，可以对报表显示作数字、字体、对齐、边框、图案的格式设置。

5.9.2　报表函数

报表在运行系统单元格中数据的计算、报表的操作等都是通过组态王提供的一整套报表函数实现的。报表函数分为报表内部函数、报表单元格操作函数、报表存取函数、报表历史数据查询函数、统计函数、报表打印函数等。报表函数较多，下面仅介绍几个常用的单元格操作函数。

（1）将指定报表的指定单元格设置为给定值

Long nRet＝ReportSetCellValue（String szRptName，long nRow，long nCol，float fValue）

参数说明：szRptName 为报表名称；Row 为要设置数值的报表的行号（可用变量代替）；Col 为要设置数值的报表的列号（这里的列号使用数值，可用变量代替）；Value 为要设置的数值。

（2）将指定报表的指定单元格设置为给定字符串

Long nRet＝ReportSetCellString（String szRptName，long nRow，long nCol，String szValue）

参数说明：szRptName 为报表名称；Row 为要设置数值的报表的行号（可用变量代替）；Col 为要设置数值的报表的列号（这里的列号使用数值，可用变量代替）；Value 为要设置的文本。

（3）将指定报表的指定单元格区域设置为给定值

Long nRet＝ReportSetCellValue2（String szRptName，long nStartRow，long nStart-Col，long nEndRow，long nEndCol，float fValue）

参数说明：szRptName 为报表名称；StratRow 为要设置数值的报表的开始行号（可用变量代替）；StartCol 为要设置数值的报表的开始列号（这里的列号使用数值，可用变量代替）；EndRow 为要设置数值的报表的结束行号（可用变量代替）；EndCol 为要设置数值的报表的结束列号（这里的列号使用数值，可用变量代替）；Value 为要设置的数值。

（4）将指定报表指定单元格设置为给定字符串

Long nRet＝ReportSetCellString2（String szRptName，long nStartRow，long nStart-Col，long nEndRow，long nEndCol，String szValue）

参数说明：szRptName 为报表名称；StartRow 为要设置数值的报表的开始行号（可用变量代替）；StartCol 为要设置数值的报表的开始列号（这里的列号使用数值，可用变量代替）；StartRow 为要设置数值的报表的开始行号（可用变量代替）；Value 为要设置的文本。

（5）获取指定报表的指定单元格的数值

float fValue＝ReportGetCellValue（String szRptName，long nRow，long nCol）

参数说明：szRptName 为报表名称；Row 为要获取数据的报表的行号（可用变量代替）；Col 为要获取数据的报表的列号（这里的列号使用数值，可用变量代替）。

（6）获取指定报表的指定单元格的文本

String szValue＝ReportGetCellString（String szRptName，long nRow，long nCol）

参数说明：szRptName 为报表名称；Row 为要获取文本的报表的行号（可用变量代替）；Col 为要获取文本的报表的列号（这里的列号使用数值，可用变量代替）。

（7）获取指定报表的行数

Long nRows＝ReportGetRows（String szRptName）

参数说明：szRptName 为报表名称。

（8）获取指定报表的列数

Long nCols＝ReportGetColumns（String szRptName）

参数说明：szRptName 为报表名称。

（9）设置报表的行数

ReportSetRows（String szRptName，long RowNum）

参数说明：szRptName 为报表名称；RowNum 为要设置的行数。

（10）设置报表列数

ReportSetColumns（String szRptName，long ColumnNum）

参数说明：szRptName 为报表名称；ColumnNum 为要设置的列数。

（11）存储报表

Long nRet＝ReportSaveAs（String szRptName，String szFileName）

函数功能：将指定报表按照所给的文件名存储到指定目录下，ReportSaveAs 支持将报表文件保存为 rtl、xls、csv 格式。保存的格式取决于所保存的文件的后缀名。

参数说明：szRptName 为报表名称；szFileName 为存储路径和文件名称。

（12）读取报表

Long nRet＝ReportLoad（String szRptName，String szFileName）

函数功能：将指定路径下的报表读到当前报表中来。ReportLoad 支持读取 rtl 格式的报表文件。报表文件格式取决于所保存的文件的后缀名。

参数说明：szRptName 为报表名称；szFileName 为报表存储路径和文件名称。

（13）报表打印函数

报表打印函数根据用户的需要有两种使用方法，一种是执行函数时自动弹出"打印属性"对话框，供用户选择确定后，再打印；另外一种是执行函数后，按照默认的设置直接输出打印，不弹出"打印属性"对话框，适用于报表的自动打印。报表打印函数原型为：

ReportPrint2（String szRptName）

或者　ReportPrint2（String szRptName，EV_LONG｜EV_ANALOG｜EV_DISC）

参数说明：szRptName 为要打印的报表名称；EV_LONG｜EV_ANALOG｜EV_DISC 为整型或实型或离散型的一个参数，当该参数不为 0 时，自动打印，不弹出"打印属性"对话框。如果该参数为 0，则弹出"打印属性"对话框。

5.10　组态王的历史数据库

5.10.1　组态王历史数据库概述

数据存储功能对于任何一个工业过程来说都是至关重要的，随着工业自动化程度的普及和提高，工业现场对重要数据的存储和访问的要求也越来越高。一般组态软件都存在对大批量数据的存储速度慢、数据容易丢失、存储时间短、存储占用空间大、访问速度慢等不足之处，对于大规模的、高要求的系统来说，解决历史数据的存储和访问是一个刻不容缓的问题。组态王 6.55 顺应这种发展趋势，提供高速历史数据库，支持毫秒级高速历史数据的存储和查询。采用最新数据压缩和搜索技术，数据库压缩比低于 20%，大大节省了磁盘空间。查询速度大大提高，一个月内的数据按照每小时间隔查询，可以在百毫秒内迅速完成。完整实现历史库数据的后期插入、合并；可以将特殊设备中存储的历史数据片段通过组态王驱动程序完整的插入到历史库中；也可以将远程站点上的组态王历史数据片段合并到历史数据记录服务器上，真正地解决了数据丢失的问题。更重要的是，组态王 6.55 扩展了数据存储功能，允许同时向组态王的历史库和工业库 KingHistorian 中存储数据。

注意：由于组态王 6.5 以后的版本采用了新的历史数据记录模式，组态王软件 6.5 以前版本所存储的历史数据库将与新的历史库不兼容。

5.10.2 组态王变量的历史记录属性

在组态王中，离散型、整型和实型变量支持历史记录，字符串型变量不支持历史记录。组态王的历史记录形式可以分为数据变化记录、定时记录（最小单位为 1min）和备份记录。记录形式的定义通过变量属性对话框中提供的选项完成。

在工程浏览器的数据词典中找到需要定义记录的变量，双击该变量进入如图 5-29 所示的"定义变量"对话框，点击"记录和安全区"项弹出相应的窗口，根据需要进行变量记录属性的设定。

记录属性的定义：

① 不记录 此选项有效时，则该变量值不进行历史记录。

② 定时记录 无论变量变化与否，系统运行时按定义的时间间隔将变量的值记录到历史库中，每隔设定的时间对变量的值进行一次记录。最小定义时间间隔单位为 1min，这种方式适用于数据变化缓慢的场合。

③ 数据变化记录 系统运行时，变量的值发生变化，而且当前变量值与上次的值之间的差值大于设置的变化灵敏度时，该变量的值才会被记录到历史记录中。这种记录方式适合于数据变化较快的场合。

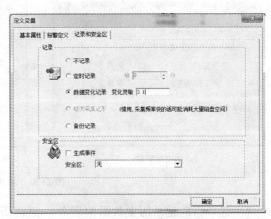

图 5-29 记录属性设置

④ 变化灵敏度 定义变量变化记录时的阈值。当"数据变化记录"选项有效时，"变化灵敏度"选项才有效。

⑤ 每次采集记录 系统运行时，按照变量的采集频率进行数据记录，每到一次采集频率，记录一次数据。该功能只适用于 I/O 变量，内存变量没有该记录方式。该功能应慎用，因为当数据量比较大，且采集频率比较快时，使用"每次采集记录"，存储的历史数据文件会消耗很多的磁盘空间。

⑥ 备份记录 选择该项，系统在平常运行时，不再直接向历史库中记录该变量的数值，而是通过其他程序调用组态王历史数据库接口，向组态王的历史记录文件中插入数据。在进行历史记录查询等时，可以查询到这些插入的数据。

5.10.3 历史记录存储及文件的格式

5.10.3.1 历史库设定窗口

组态王以前的版本能够存储历史数据到组态王的历史数据库或 KingHistorian 工业库。组态王 6.55 版本进一步扩展了数据存储功能，即同时存储历史数据到组态王的历史库和工业库中。在组态王工程浏览器中，打开"历史库配置"属性对话框。如图 5-30(a) 所示。

① 运行时启动历史数据记录 如果选择"运行时启动…"选项，则运行系统启动时，直接启动历史记录。否则，运行时用户也可以通过系统变量"$启动历史记录"来随时启动历史记录，或通过选择运行系统中"特殊"菜单下的"启动历史记录"命令来启动历史记录。

② 配置可访问的工业库服务器 当需要查询工业库服务器里的历史数据时，需要事先配置好该项。点击"配置可访问的工业库服务器"按钮，弹出"工业库配置"对话框。配置工业库服务器的 IP 地址、端口号、登陆工业库的用户名、密码等选项，然后点击"添加"按钮，在列表中列出工业库服务器的信息，如图 5-30(b) 所示。

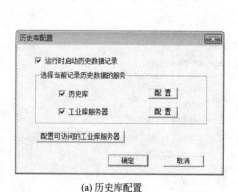
(a) 历史库配置

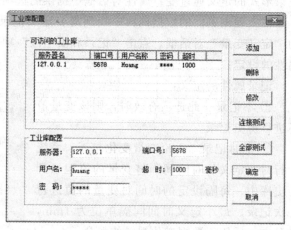
(b) 工业库配置

图 5-30 历史记录组态

③ 选择当前记录历史数据的服务 记录历史数据有三种选择。一般选择"组态王历史库"选项，将历史数据直接存储到组态王历史库中；若用户购买了 KingHistorian 工业库软件，则可选择"工业库服务器"选项，将历史数据存储到已配置好的工业库服务器中；当然也可同时选择"组态王历史库"选项和"工业库服务器"选项将历史数据同时存储到组态王的历史库和工业库中。下面我们分别介绍两种选项的配置。

5.10.3.2 组态王历史库属性

点击"历史库"右边的"配置"按钮，弹出"历史记录配置"对话框，可以根据需要进行属性配置。

① 数据保存天数 选择历史库保存的时间。最长为 8000 天，最短为 1 天。当到达规定的时间时，系统自动删除最早的历史记录文件。

② 数据存储所在磁盘空间小于设置值 磁盘存储空间不足时报警。当历史库文件所在的磁盘空间小于设置值时（设置范围 100～8000），系统运行后，将检测存储路径所在的硬

盘空间，如果硬盘空间小于设定值，则系统给出提示。此时工程人员应该尽快清理磁盘空间，以保证组态王历史数据能够正常保存。

③ 历史库存储路径的选择　历史库的存储路径可以选择当前工程路径，也可以指定一个路径。如果工程为单机模式运行，则系统在指定目录下建立一个"本站点"目录，存储历史记录文件；如果是网络模式，本机为"历史记录服务器"，则系统在该目录下为本机及每个与本机连接的 I/O 服务器建立一个目录（本机的目录名称为本机的站点名，I/O 服务器的目录名称为 I/O 服务器的站点名），分别保存来自各站点的历史数据。

④ 历史记录文件格式　组态王的历史记录文件包括三种：＊.tmp，＊.std，＊.ev。＊.tmp 为临时的数据文件，＊.std 为压缩的原始数据文件，＊.cv 为进行了数据处理的特征值文件。

5.10.3.3　工业库服务器

点击"工业库服务器"右边的"配置"按钮，弹"记录历史数据工业库配"页面，在该页面配置工业库服务器的 IP 地址、端口号、登录工业库的用户名、密码等选项。下面给出一个例子说明。

服务器：127.0.0.1（这里，工业库装在本地）

端口号：5678

用户名：huang

密码：huang

超时：0ms

注意：用户可以即配置组态王的历史库，也配置工业库，从而同时把历史数据存储到组态王的历史库和工业库中。

5.10.4　历史数据的查询、备份和合并

（1）历史数据的查询

在组态王运行系统中可以通过以下三种方式查询历史数据：报表、历史趋势曲线、WEB 发布中的历史数据和历史曲线的浏览。

① 使用报表查询历史数据　主要通过以下四个函数实现：ReportsetHistdata（）、ReportsetHistData2（）、ReportsetHistData3（）和 ReportSetHistDataEx。

② 使用历史趋势曲线查询历史数据　组态王提供三种形式的历史趋势曲线：历史趋势曲线控件、图库中的历史趋势曲线、工具箱中的历史趋势曲线。

③ 使用 WEB 历史数据发布　可以通过发布的数据视图或时间曲线查看组态王历史库或工业库中的数据。

注意：在历史记录配置中，如果选择记录历史数据到"组态王历史库"，则可同时查询组态王历史库和工业库服务器中的历史数据。如果选择记录历史数据到"工业库服务器"，则只能查询工业库中的历史数据。另外，组态王暂不支持工业库实时数据的直接访问。

（2）网络历史库的备份合并

在使用组态王网络功能时，有些系统中历史记录服务器与 I/O 服务器不是经常连接的，而是间断连接的，如拨号网络连接的网络系统。在这种情况下，I/O 服务器上变量的历史记录数据如果在网络不通的时候很容易丢失。

为了解决这个问题，组态王中专门提供了网络历史库存储"备份合并"的功能。在一般

的网络里，I/O 服务器是不进行历史库记录的，而是将所有的数据都发送到历史记录服务器上记录。在组态王的"网络配置"中提供了一个选项"进行历史数据备份"。如图 5-31 所示。

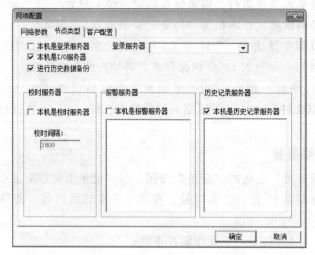

图 5-31　I/O 服务器历史库备份设定

在 I/O 服务器上选择该项，则系统运行时，I/O 服务器自动记录本机产生的历史记录。在历史记录服务器上建立远程站点时，可以看到 I/O 服务器记录历史记录的选项。

注意：进行历史数据备份的站点，必须在"网络配置"中选择"本机是历史记录服务器"，否则无法进行历史记录，然后定义历史记录服务器的节点类型。

这样当系统运行时，无论网络连通与否，历史记录服务器都不会记录来自 I/O 服务器上的变量的实时库中的值。在网络连通时，需要用户通过命令语言调用组态王提供的历史库备份函数——BackUpHistData（）来将 I/O 服务器上的历史数据传送到历史记录服务器上。

5.11　组态王与应用程序的数据交换

5.11.1　动态数据交换

组态王支持动态数据交换（dynamic data exchange，DDE），能够和其他支持动态数据交换的应用程序方便地交换数据。通过 DDE，工程人员可以利用 PC 机丰富的软件资源来扩充"组态王"的功能，比如用电子表格程序从"组态王"的数据库中读取数据，执行复杂计算，然后"组态王"再从电子表格程序中读出结果来控制各个生产参数；可以利用 VISUAL BASIC 开发服务程序，完成数据采集、报表打印、多媒体声光报警等功能，从而很容易组成一个完备的上位机管理系统。还可以和数据库程序、人工智能程序、专家系统等进行通信。

5.11.1.1　动态数据交换的概念

DDE 是 Windows 平台上的一个完整的通信协议，它使支持动态数据交换的两个或多个应用程序能彼此交换数据和发送指令。DDE 始终发生在客户应用程序和服务器应用程序之间。DDE 过程可以比喻为两个人的对话，一方向另一方提出问题，然后等待回答。提问的一方称为"顾客"（Client），回答的一方称为"服务器"（Server）。一个应用程序可以同时是"顾客"和"服务器"：当它向其他程序中请求数据时，它充当的是"顾客"；若有其他程序需要它提供数据，它又成了"服务器"。

DDE 对话的内容是通过三个标识名来约定的。

① 应用程序名（application）　进行 DDE 对话的双方的名称。商业应用程序的名称在产品文档中给出。"组态王"运行系统的程序名是"VIEW"；Microsoft Excel 的应用程序名是"Excel"；Visual Basic 程序使用的是可执行文件的名称。

② 主题（topic）　被讨论的数据域（domain）。对"组态工"来说，主题规定为"tagname"；Excel 的主题名是电子表格的名称，比如 sheet1、sheet2……；Visual Basic 程序的主题由窗体（Form）的 LinkTopic 属性值指定。

③ 项目（item）　这是被讨论的特定数据对象。在"组态王"的数据词典里，工程人员定义 I/O 变量的同时，也定义项目名称（参见第五章变量定义和管理）。Excel 里的项目是单元，比如 r1c2（r1c2 表示第一行、第二列的单元）。对 Visual Basic 程序而言，项目是一个特定的文本框、标签或图片框的名称。

建立 DDE 之前，客户程序必须填写服务器程序的三个标识名。为方便使用，列表 5-5 说明。

表 5-5　服务器程序的填写方法

项目	应用程序名		主题		项目	
	规定	用例	规定	用例	规定	用例
组态王	VIEW	—	tagname	—	工程人员自己定义	温度
Excel	Excel	—	电子表格名	sheet1	单元	r2c2
VB	执行文件名	vbdde	窗体的 LinkTopic 属性	Form1	控件的名称	Text

5.11.1.2　组态王访问 Excel 的数据

为了建立 DDE 连接，需要在"组态王"的数据词典里新建一个 I/O 变量，并且登记服务器程序的三个标识名。当 Excel 作为"顾客"向"组态王"请求数据时，要在 Excel 单元中输入远程引用公式：

＝VIEW∣TAGNAME! 设备名 . 寄存器名

此"设备名 . 寄存器名"指的是组态王数据词典里 I/O 变量的设备名和该变量的寄存器名。设备名和寄存器名的大小写一定要正确。

在本例中，假设组态王访问 Excel 的数据，组态王作为客户程序向 Excel 请求数据。数据流向如图 5-32 所示。

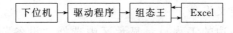

图 5-32　组态王访问 Excel 线路图

组态王作为客户程序，需要在定义 I/O 变量时设置服务器程序 Excel 的三个标识名，即：服务程序名设为 Excel，话题名设为电子表格名，项目名设置成 Excel 单元格名。具体步骤如下。

（1）在"组态王"中定义 DDE 设备

在工程浏览器中，从左边的工程目录显示区中选择"设备→DDE"，然后在右边的内容显示区中双击"新建"图标，则弹出"设备配置向导"，定义的连接对象名为 EXCEL（也就是连接设备名），定义 I/O 变量时要使用此连接设备。

（2）在"组态王"中定义变量

在工程浏览器左边的工程目录显示区中，选择"数据库→数据词典"，用左键双击"新建"图标，弹出"变量属性"对话框，在此对话框中建立一个 I/O 实型变量。如图 5-33 示例。

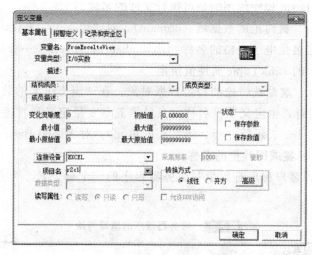

图 5-33　与 Excel 连接的变量定义

（3）启动应用程序

首先启动 Excel 程序，然后启动组态王运行系统。TouchVew 启动后就自动开始与 Excel 连接。例如，在 Excel 的 A2 单元（第二行第一列）中输入数据，可以看到 TouchVew 中的数据也同步变化。

5.11.1.3　Excel 访问组态王的数据

在本例中，假设组态王通过驱动程序从数据采集模块获取数据，Excel 又向组态王请求数据。组态王既是驱动程序的"客户"，又充当了 Excel 的服务器，Excel 访问组态王的数据。数据流向如图 5-34 所示。

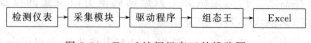

图 5-34　Excel 访问组态王的线路图

具体步骤如下。

（1）在"组态王"中定义设备

在工程浏览器中，从左边的工程目录显示区中选择"设备"，然后在右边区域中双击"新建"图标，则弹出"设备配置向导"（假设建立了 S7_315 的 PLC），已配置的设备的信息列表框如图 5-35 所示。

（2）在"组态王"中定义 I/O 变量

在工程浏览器左边的工程目录显示区中，选择"数据库→数据词典"，然后在右边的显示区中双击"新建"图标，弹出"变量属性"对话框，在此对话框中建立一个 I/O 实型变

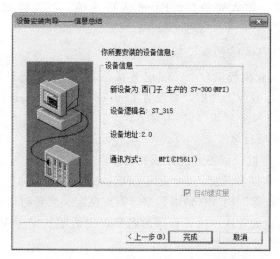

图 5-35　Excel 访问组态王的设备配置

量。如图 5-36 所示。变量名例如设为 FromViewToExcel。必须选择"允许 DDE 访问"选项。该选项用于组态王能够从外部采集来的数据传送给 VB 或 Excel 或其他应用程序使用。该变量的项目名为"FT_01"。变量名在"组态王"中使用，项目名是供 Excel 引用的。连接设备为 Nudam7017_1，用来定义服务器程序的信息。

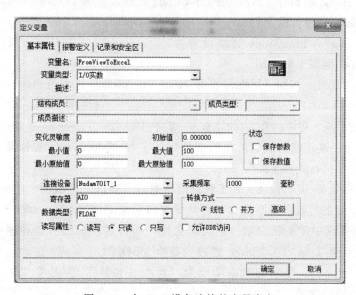

图 5-36　与 PLC 设备连接的变量定义

（3）启动应用程序

启动"组态王"画面运行系统 TouchVew。TouchVew 启动后，如果数据词典内定义的有 I/O 变量，TouchVew 就自动开始连接。然后启动 Excel。选择 Excel 的任一单元，例如 r2c2，输入远程公式：

＝VIEW｜tagname！AI0

VIEW 和 tagname 分别是"组态王"运行系统的应用程序名和主题名，AI0 是"组态王"中的 I/O 变量 FromViewToExcel 的项目名。在 Excel 中只能引用项目名，不能直接使用"组态王"的变量名。输入完成后，Excel 进行连接。若连接成功，单元格中将显示数值。

5.11.1.4 组态王与 VB 间的数据交换

在 Visual Basic 可视化编程工具中，DDE 连接是通过控件的属性和方法来实现的。对于作"顾客"的文本框、标签或图片框，要设置 LinkTopic、LinkItem、LinkMode 三个属性。

control. LinkTopic＝服务器程序名/主题名

control. LinkItem＝项目名

其中，control 是文本框、标签或图片框的名字。

control. LinkMode 有四种选择：0＝关闭 DDE；1＝热连接；2＝冷连接；3＝通告连接。

如果组态王作为"顾客"向 VB 请求数据，需要在定义变量时说明服务器程序的三个标识名，即：应用程序名设为 VB 可执行程序的名字，把话题名设为 VB 中窗体的 LinkTopic属性值，项目名设为 VB 控件的名字。

(1) 组态王访问 VB 的数据

组态王访问 VB 的数据，组态王作为客户程序向 VB 请求数据。使 VB 成为"服务器"很简单，需要在组态王中设置服务器程序的三个标识名，并把 VB 应用程序中提供数据的窗体的 LinkMode 属性设置为 1。

a. 运行可视化编程工具 Visual Basic。选择菜单"File→New Project"，显示新窗体Form1。设计 Form1，将窗体 Form1 的 LinkMode 属性设置为 1（source）。

修改 VB 中窗体和控件的属性。

窗体 Form1 属性：LinkMode 属性设置为 1（source）；LinkTopic 属性设置为 FormTopic，这个值将在组态王中引用。

文本框 Text1 属性：Name 属性设置为 Text_To_View，这个值也将在"组态王"中被引用。

b. 生成 vbdde. exe 文件。在 Visual Basic 菜单中选择"File→Save Project"，工程文件命名为 vbdde. vbp，这将使生成的可执行文件默认名是 vbdde. exe。选择菜单"File→Make EXE File"，生成可执行文件 vbdde. exe。

c. 在组态王中定义 DDE 设备。在工程浏览器中的工程目录显示区中选择"设备→DDE→新建"，则弹出"设备配置向导"窗口，可从此窗口定义 DDE 设备。

d. 在工程浏览器中定义新变量。定义新变量，项目名设为服务器程序中提供数据的控件名，此处是文本框 Text_To_View，连接设备为 VBDDE。

e. 创建组态王画面。显示的数据项设为"＃＃＃＃＃"，为对象"＃＃＃＃＃"设置"模拟值输出"的动画连接。

f. 执行应用程序。在 VB 中选择菜单"Run→Start"，运行 vbdde. exe 程序，在文本框中输入数值。运行组态王，得到 VB 中的数值。如果画面运行异常，选择 TouchVew 菜单"特殊→重新建立未成功的 DDE 连接"，连接完成后再试一试以上程序。

(2) VB 访问组态王的数据

VB 访问组态王的数据，VB 作为客户程序向组态王请求数据。组态王通过设备驱动程序从下位机采集数据，VB 又向组态王请求数据。

a. 在组态王中定义设备。在工程浏览器中，从左边的工程目录显示区中选择"设备"，然后在右边的内容显示区中双击"新建"图标，则弹出"设备配置向导"，进行设备的配置。

b. 在组态王中定义 I/O 变量。选择"数据库→数据词典→新建",弹出"变量属性"对话框,在此对话框中建立一个 I/O 实型变量。

c. 创建画面。在组态王画面开发系统中建立画面,产生"♯♯♯♯♯"文本作为数据显示项,为文本对象"♯♯♯♯♯"设置"模拟值输出"动画连接。

d. 运行可视化编程工具 Visual Basic。

e. 编制 Visual Basic 程序。双击 Form1 窗体中任何没有控件的区域,弹出"Form1.frm"窗口,在窗口内书写 Form_Load 子例程。

f. 生成可执行文件。在 VB 中选择菜单"File→Save Project"保存修改结果。选择菜单"File→ Make Exe File"生成 vbdde.exe 可执行文件。激活设备驱动程序和组态王运行系统 TouchVew。在 Visual Basic 菜单中选择"Run → Start"运行 vbdde.exe 程序。窗口 Form1 的文本框 Text2 中显示出变量的值。

5.11.2 组态王与 OPC 数据交换

5.11.2.1 OPC 简介

OPC 是 OLE for process control 的缩写,即把 OLE 应用于工业控制领域。OLE 原意是对象链接和嵌入,随着 OLE2 的发行,其范围已远远超出了这个概念。现在的 OLE 包容了许多新的特征,如统一数据传输、结构化存储和自动化,已经成为独立于计算机语言、操作系统甚至硬件平台的一种规范,是面向对象程序设计概念的进一步推广。OPC 建立在 OLE 规范之上,它为工业控制领域提供了一种标准的数据访问机制。

工业控制领域用到大量的现场设备,在 OPC 出现以前,软件开发商需要开发大量的驱动程序来连接这些设备。即使硬件供应商在硬件上做了一些小小改动,应用程序也可能需要重写;同时,由于不同设备甚至同一设备不同单元的驱动程序也有可能不同,软件开发商很难同时对这些设备进行访问以优化操作。硬件供应商也在尝试解决这个问题,然而由于不同客户有着不同的需要,同时也存在着不同的数据传输协议,因此也一直没有完整的解决方案。

自 OPC 提出以后,这个问题终于得到解决。OPC 规范包括 OPC 服务器和 OPC 客户两个部分,其实质是在硬件供应商和软件开发商之间建立了一套完整的"规则",只要遵循这套规则,数据交互对两者来说都是透明的,硬件供应商无须考虑应用程序的多种需求和传输协议,软件开发商也无须了解硬件的实质和操作过程。OPC 具有以下优点:

① 硬件供应商只需提供一套符合 OPC Server 规范的程序组,无须考虑工程人员需求。

② 软件开发商无须重写大量的设备驱动程序。

③ 工程人员在设备选型上有了更多的选择。

④ OPC 扩展了设备的概念。只要符合 OPC 服务器的规范,OPC 客户都可与之进行数据交互,而无须了解设备究竟是 PLC 还是仪表,甚至在数据库系统上建立了 OPC 规范,OPC 客户也可与之方便地实现数据交互。OPC 通信系统结构如图 5-37 所示。

5.11.2.2 组态王与 OPC 的连接

(1) OPC Server 软件的安装

要使组态王通过 OPC 与设备通信,需要将 OPC 软件与组态王安装在同一台计算机上。OPC Server 软件一般由设备生产厂家提供,不同厂家设备的 OPC Server 软件一般是不同

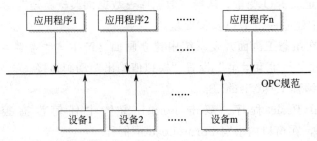

图 5-37　OPC 通信系统结构

的。不同的供应商的硬件存在不同的标准和协议，OPC 作为一种工业标准，提供了工业环境中信息交换的统一标准软件接口，数据用户不用再为不同厂家的数据源开发驱动或服务程序。OPC 将数据来源提供的数据以标准方式传输至任何客户机应用程序。OPC（用于进程控制的 OLE）是一种开放式系统接口标准，可允许在自动化/PLC 应用、现场设备和基于 PC 的应用程序之间进行简单的标准化数据交换。

本例为组态王与西门子的 S7-200PLC 进行通信。西门子提供的 S7-200PLC 的 OPC 软件名称为 "S7-200 PC ACCESS V1.0"。

PC Access 软件是专用于 S7-200 PLCs 的 OPC Server（服务器）软件，它向 OPC 客户端提供数据信息，可以与任何标准的 OPC Client（客户端）通信。PC Access 软件自带 OPC 客户测试端，用户可以方便地检测其项目的通信及配置的正确性。

（2）组态王作为 OPC 客户端的用例

a. 建立 OPC 设备　组态王中支持多 OPC 服务器。在使用 OPC 服务器之前，需要先在组态王中建立 OPC 服务器设备。在组态王工程浏览器的"设备"项目中选中"OPC 服务器"，工程浏览器的右侧内容区显示当前工程中定义的 OPC 设备和"新建 OPC"图标。双击"新建"图标，组态王开始自动搜索当前的计算机系统中已经安装的所有 OPC 服务器，然后弹出"查看 OPC 服务器"对话框，如图 5-38 所示。

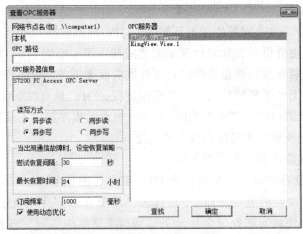

图 5-38　创建 OPC 设备

b. 在 OPC 服务器中定义数据项　OPC 服务器作为一个独立的应用程序，可能由硬件制造商、软件开发商或其他第三方提供，因此数据项定义的方法和界面都可能有所差异。下面以西门子公司的 S7-200 OPC Server 为例讲解 OPC Server 的使用方法。

运行 S7-200 Access 应用程序，双击程序组 S7-200 OPC Server 图标，弹出 S7-200 OPC Server 主窗口如图 5-39 所示。右击"MicroWin(COM1)"，从弹出上网窗口中选择"NEW PLC"项，弹出如图 5-39(a) 所示的窗口，将设备名称修改为"S7-200 PLC"后，设备地址设置与 PLC 的实际地址一致，本例为 2。双击建立的"S7-200 PLC"项，从右边的栏目中右击鼠标键，从弹出的对话框中选择"NEW·Item"，弹出如图 5-39(b) 所示的窗口，可以从此窗口中定义 PLC 的变量。

(a) 创建PLC设备

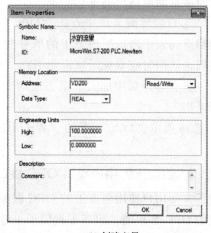
(b) 创建变量

图 5-39　在 OPC 应用软件创建 OPC 设备和变量

5.11.2.3　OPC 服务器与组态王数据词典的连接

OPC 服务器与组态王数据词典的连接如同 PLC 或板卡等外围设备与组态王数据词典的连接一样。在组态王工程浏览器中，选中数据词典，在工程浏览器右侧双击新建图标，选择 I/O 类型变量，在连接设备处选择 OPC 服务器，如图 5-40 所示。

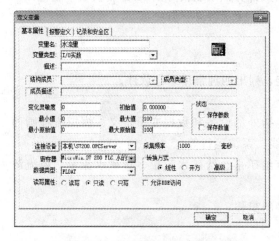
图 5-40　在组态王中创建变量

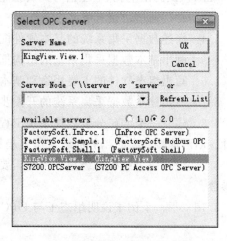
图 5-41　选择 OPC 服务器

5.11.2.4　组态王作为 OPC 服务器的使用

如图 5-41 所示为组态王作为 OPC 服务器的使用的例子。通过组态王 OPC 服务器功能，用户可以更方便地实现其他支持 OPC 客户的应用程序与组态王之间的数据通信和调用。组态王 OPC 服务器的使用：

　　a. 启动组态王的运行系统（组态王的 OPC 服务器是指组态王的运行系统）。

　　b. 运行某些厂家提供的 OPC 客户端。

　　c. 选择界面"OPC"菜单中的 connect（连接）选项，弹出连接服务器选项画面。

　　d. 组态王的 OPC 服务器标志是 KingView. View. 1（KingView. View），用户选择此选项并点击"确定"按钮完成客户端与服务器的连接（如果用户事先没有启动组态王运行系统，此时将自动启动组态王）。

　　e. 在客户端界面菜单中点击"OPC"菜单下的 ADDITEM 选项，弹出填加项目画面，在变量浏览列表中列出了组态王的所有变量数据项（OPC 客户端的具体使用方法因厂家不同而不同，使用时应参见厂家说明书）。

　　f. 一旦在客户端中加入了组态王的变量，客户端便按照给定的采集频率对组态王的数据进行采集。

　　g. 选择菜单"OPC"下的"WrightItem"项，可以对可读写变量的可读写的域进行修改。

5. 11. 2. 5　组态王为用户提供 OPC 接口

　　为了方便用户使用组态王的 OPC 服务器功能，使用户无须在无其他需求的情况下再购买其他的 OPC 客户端，组态王提供了一整套与组态王的 OPC 服务器连接的函数接口，这些函数可通过提供的动态库 KingvewCliend. dll 来实现。用户使用该动态库可以自行用 VB、VC 等编程语言编制组态王的 OPC 客户端程序。

思考题与习题

　　5.1　试述模拟信号数据采集的方式以及 A/D 模块性能指标。

　　5.2　A/D 模块的分辨率为 12 位，输入信号范围为 0～10V，检测仪表的信号范围为 4～20mA，试画出电流/电压信号的转换电路以及计算该仪表信号的 A/D 转换数字量范围。

　　5.3　常用通信协议有哪些？

　　5.4　简述数据采集系统的基本硬件配置。

　　5.5　画出基本数据采集系统的结构框图。

　　5.6　写出组态软件的主要用途和基本功能，列出四种常用组态软件。

　　5.7　写出建立数据采集系统的开发步骤。

　　5.8　建立一个磨矿分级监控系统工程，包括外部设备和数据变量定义、模拟流程画面设计、动画连接、实时趋势曲线、历史趋势曲线、系统运行等。

　　5.9　设计一个磨矿分级报表系统，要求有给矿量、给矿水流量、排矿水流量、溢流浓度参数。

　　5.10　举一个例子说明组态王与 OPC 连接的步骤。

第 6 章

矿物加工过程自动检测案例

6.1 触摸屏 PLC 一体机及其应用

6.1.1 概述

触摸屏 PLC 一体机是最近发展起来的一种新型工控计算机，由于性能可靠、功能灵巧、性价比高、使用方便，在数据采集与过程控制方面得到了广泛的应用。触摸屏 PLC 一体机其实就是把工业触摸屏技术和 PLC 技术融合在一起，该设备既具有工业触摸屏的监控组态和屏幕操作功能，又具有 PLC 的数据采集、程序执行和控制输出等功能，是一种性价比很高的新型工控计算机，十分适合小型数据采集系统和控制系统。优控触摸屏 PLC 一体机的实物图如图 6-1 所示。

(a) 正面图　　　　　　　　　　　　(b) 背面图

图 6-1　优控触摸屏 PLC 一体机实物图

触摸屏 PLC 一体机的软件分为监控组态和 PLC 编程两部分，监控组态软件提供监控系统开发，PLC 编程由所支持品牌的 PLC 编程软件开发。在计算机组态编程完毕后，通过通信线输入触摸屏 PLC 一体机。触摸屏 PLC 一体机提供在线调试的功能。

目前，国内外的触摸屏 PLC 一体机的品牌和种类繁多，性能有所差别，应根据实际需要进行选择。总体而言，国内外相关产品的质量和性能基本接近。国内市场上的触摸屏 PLC 一体机主要以国内品牌为主，有中达优控、台达、昆仑通泰、威伦通、步科、顾美等。

本书以优控触摸屏 PLC 一体机为例进行介绍。

6.1.2　优控触摸屏 PLC 一体机的主要型号

中达优控触摸屏 PLC 一体机有多种型号，各种机型的屏幕尺寸、I/O 口等有所差别。优控触摸屏 PLC 一体机没有 I/O 口的扩展功能，可根据需要进行选择。目前该品牌主要提供 M500 系列（表 6-1）、M700（表 6-2）、M1000-40、M1000-60 四个系列的触摸屏 PLC 一体机。该品牌不同型号一体机的监控组态软件是相同的，所不同的是 PLC 的开发软件，目前仅支持台达 ES2 系列 PLC 和三菱 FX 系列 PLC 两种类型的 PLC。下面介绍几种最为常用的优控触摸屏 PLC 一体机型号。

表 6-1　M500 系列触摸屏 PLC 一体机型号一览表

型　号	开孔尺寸/mm	HMI 尺寸/in	总点数	输入/N	继电器输出/N	晶体管输出/N	温度	A/D	D/A	485通信	PLC软件
MM-24MR-4MT_500_ES_A	154×94	5	36	12	12	12	无	0	0	1	台达ES2
MM-24MR-4MT_500_ES_B	154×94	5	36	12	12	12	2 路 10KNTC（−50～+150℃）	2	2	无	台达ES2
MM-24MR-4MT_500_FX_A	154×94	5	28	12	12	4	无	0	0	无	三菱FX1S
MM-24MR-4MT_500_FX_B	154×94	5	28	12	12	4	2 路 10KNTC（−50～+150℃）	2	2	无	三菱FX1S
MM-24MR-4MT_500_FX_C	154×94	5	28	12	12	4	2 路 K 型热电偶（0～+600℃）	2	2	无	三菱FX1S

注：1in=25.4mm。

表 6-2　M700 系列触摸屏 PLC 一体机型号一览表

型　号	开孔尺寸/mm	HMI 尺寸/in	总点数	输入/N	继电器输出/N	晶体管输出/N	温度	A/D	D/A	485通信	PLC软件
MM-40MR-12MT_700_ES_A	193×139	7	52	24	16	12	无	0	0	1	台达ES2
MM-40MR-12MT_700_ES_B	193×139	7	52	24	16	12	2 路 KNTC（−50～+150℃）	4	2	无	台达ES2
MM-40MR-12MT_700_ES_C	193×139	7	52	24	16	12	2 路 K 型热电偶（0～+600℃）	4	2	无	台达ES2
MM-40MR-12MT_700_FX_A	193×139	7	52	24	16	12	无	0	0	1	三菱FX1N
MM-40MR-12MT_700_FX_B	193×139	7	52	24	16	12	2 路 KNTC（−50～+150℃）	4	2	无	三菱FX1N
MM-40MR-12MT_700_FX_C	193×139	7	52	24	16	12	2 路 K 型热电偶（0～+600℃）	4	2	无	三菱FX1N

注：上述两个表格中的温度通道厂家可根据需要改为 A/D 通道。

M500 系列和 M700 系列触摸屏 PLC 一体机接线图如图 6-2、图 6-3 所示。

6.1.3　触摸屏 PLC 一体机软件系统构成

优控触摸屏 PLC 一体机软件系统由两部分组成：一部分是中达优控公司开发的组态软件，用于监控界面的开发，组态程序由一体机上的 HMI 通信口输入；另一部分是所兼容的 PLC 厂家开发的编程软件，用于 PLC 程序的开发，一体机支持哪种品牌的 PLC，就用该品

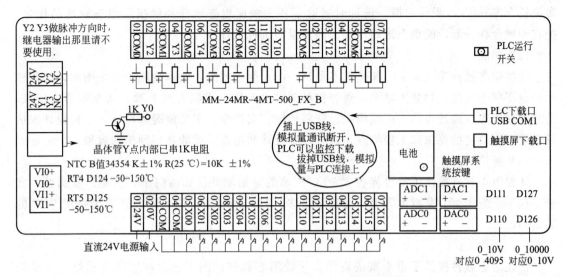

图 6-2 MM-24MR-4MT_500_FX 一体机接线图

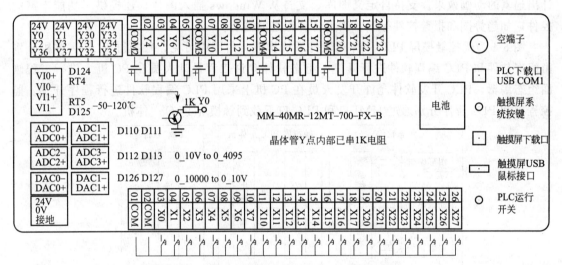

图 6-3 MM-40MR-12MT-700-FX 一体机接线图

牌相应 PLC 编程软件开发，PLC 程序由一体机上的 PLC 通信口输入。

优控组态软件（简称 YouKong）是集成化的开发环境，功能丰富和便于开发。YouKong 利用了 Windows 系统的优点，界面一致性好、简单，菜单的布局接近于 Windows 操作习惯，易学易用，工程设计人员可以在 YouKong 中开发适合自己工程使用的组态。它的功能结构特点可以减少开发测控项目的时间，缩短系统升级和维护的时间，与第三方应用程序无缝集成，增强生产力。

优控组态软件支持优控触摸屏以及优控触摸屏 PLC 一体机的监控软件开发，其功能和特点如下。

（1）画面

优控触摸屏系列的颜色达到 26 万色，画图时可以用鲜艳的颜色来组态，配有丰富的图库，让工程设计人员能够更加方便、快捷地设计自己的工程组态。把组态下载到触摸屏后，具有和电脑屏幕一样的效果，颜色字体不失真。同时操作画面非常简洁明了，菜单的设计与布局符合 Windows 操作习惯，设计时吸取了各大画面组态软件和触摸屏组态软件的优势，把它们融合在一起，能组态出高性能、高质量的工程文件。

（2）功能

优控组态软件功能齐全，如从基本形状绘图，颜色描绘，文本绘制，系统图库，动画显示，位图状态变化，趋势图显示，报警控件等这些功能。它具有动态圆、动态矩形、仪表、历史数据收集、地址查找、离线模拟、资料传输、宏指令、多功能键等功能。工程设计人员只需要根据自己的要求和工程特点，进行方案设计和组态，就能达到预想的效果。

（3）通信

优控组态软件提供了与世界各大 PLC 厂家的通信驱动。如西门子、三菱、欧姆龙、富士、松下、施耐德、艾默生等等，涵盖了许多厂家，同时还可以为顾客开发出指定 PLC 的通信驱动。

（4）资源

优控组态软件提供了很丰富的资源。优控组态软件的图库包含：三维指示灯、三维按钮、电机、三维罐体、三维管道、电子、棒图等，并且很多的图形都带有动画属性，可以设计出逼真的动画效果。支持自定义图库，支持从 Windows 插入图片。还提供了功能丰富的控件，如趋势图和报警控件等等，满足各种组态的需要。

图 6-4 为优控触摸屏 PLC 一体机软件系统构成。由图中可见，触摸屏 PLC 一体机分别由组态软件和 PLC 编程软件进行开发。组态软件允许工程设计人员在 PC 机上进行工程画面组态编辑，PLC 开发软件允许开发人员在 PC 机上采用 PLC 编程软件进行程序开发。监控程序和 PLC 程序分别通过 HMI 口和 PLC 口下载到触摸屏 PLC 一体机。

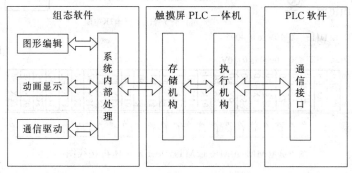

图 6-4 触摸屏 PLC 一体机开发软件构成

6.1.4 优控组态软件开发界面简介

优控组态软件与通用组态软件的基本功能和开发步骤很相似，所不同的是通用组态软件可以为不同类型的控制计算机开发，组态软件运行于监控计算机中，而优控组态软件只适用于优控品牌的一体机，并且从 PC 开发后传送到一体机运行。优控组态软件的开发界面如图6-5 所示。

开发界面和各个功能区域的含义为：

① 菜单栏 显示 YouKong 的各项命令的菜单，这些菜单均是下拉式菜单。

② 工具栏 显示一些常用命令的快捷方式按钮。显示文件、编辑、绘图等功能的相应按钮。

③ 绘图工作区 工程设计人员进行组态，编辑图形对象的窗口。

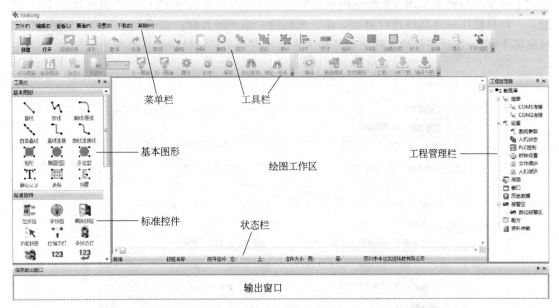

图 6-5　优控组态软件开发界面

④ 工程管理器　触摸屏的通信连接、参数设置、画面管理、报警设置、配方设置、历史数据收集器设置的树形菜单。

⑤ 输出窗口　工程设计人员进行组态编辑和编译时，输入、输出信息的提示，错误提示等不同的信息提示。

⑥ 状态栏　当前组态状态。包括鼠标的坐标、控件类型、控件坐标、控件大小等一系列的状态。

6.1.5　监控系统软件开发步骤

6.1.5.1　PLC 程序开发

不同型号的优控触摸屏 PLC 一体机支持不同厂家的 PLC，支持何种品牌型号的 PLC 就用该品牌型号的 PLC 编程软件进行开发。例如一体机支持三菱 FX 系列 PLC，则用三菱公司的 GX Developer 编程软件进行程序开发。编程完毕后用特定的通信电缆，通过触摸屏 PLC 一体机的"PLC"通信口写入，也可以从该通信口读出 PLC 程序。

触摸屏 PLC 一体机的 PLC 程序开发与实际 PLC 的开发方法和步骤相同，可以在 PC 机上编程，下载、上传和联机调试。

6.1.5.2　触摸屏软件开发

由于优控触摸屏 PLC 一体机的组态软件面向的是简单的监控系统开发，因此其功能比通用组态软件少，但其开发步骤与通用组态软件大致相同。值得一提的是，优控组态软件将触摸屏与 PLC 作为一个整体考虑，不支持单独的数据变量，而是直接对 PLC 的寄存器进行操作。优控组态软件的基本开发步骤为：

步骤 1　创建工程。

鼠标左键点击"文件→新建工程"，弹出工程组态窗口，输入工程名称，设定与实际一致的一体机的型号，选择项目的路径，设置屏幕显示的方式等，如图 6-6 所示。鼠标左键点击"下一步"后弹出如图 6-7 所示的通信组态窗口，根据触摸屏 PLC 一体机支持的 PLC 类型、一体机使用的通信口进行组态，接下来创建一个画面名称。这样就建立了一个面向特定触摸屏 PLC 一体机型号的工程项目，接下来就是在此工程项目中进行监控系统开发。

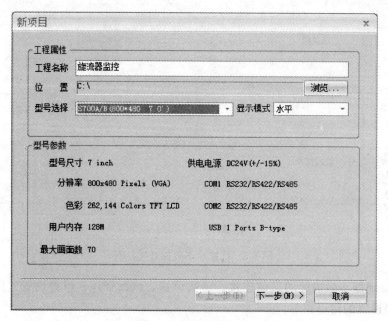

图 6-6　创建工程窗口

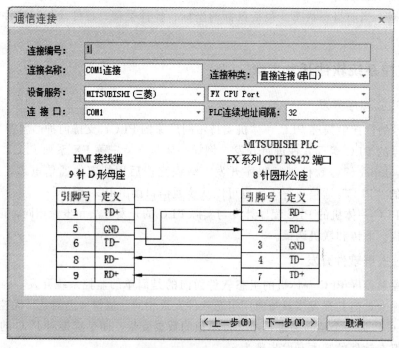

图 6-7　通信组态窗口

步骤 2　图形编辑。

鼠标右键点击工程浏览器的"画面"，从弹出的窗口中创建新画面。画图过程中，可以根据需要从"基本图形"库和"标准控件"库中调用图形部件，在图形窗口中绘制需要的监控画面。数据显示和数值输入等从"标准控件"库中获得，直线、矩形、圆、静态文字等基本图形从"基本图形"库中获得。

步骤 3　动画连接。

双击要进行动画连接的图形，如数值显示、数据输入等，从弹出的窗口进行动画连接组态，点击不同的图形弹出不同的窗口，如图 6-8 为数值动画连接的组态窗口。

(a) 数值显示组态窗口

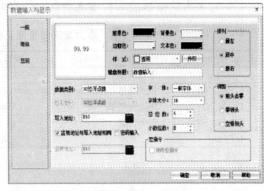

(b) 数值输入组态窗口

图 6-8　数值动画连接组态窗口

步骤 4　编译、下载与上载。

当用户把画面组态编辑完成后，需先点击保存，然后把组态画面进行编译，点击"下载→编译"命令进行编译。系统编译的时候，信息输出窗口会随时显示编译情况，当画面组态存在错误的时候，将无法完成编译，可以根据信息输出窗口提示的错误来修改组态画面，也可以双击"错误"，YKHMI组态画面编辑软件会自动的寻找到错误的对象，并把该错误对象选择起来，工程组态设计人员可以双击定位该错误对象查看其属性设置，找出错误来源并做出相应的更改。修改后点击保存按钮并再次执行编译命令，直到系统弹出编译成功的对话框。

应用软件编译通过后，选择"下载→USB下载"命令下载应用程序。工程组态设计人员也可以直接选择下载菜单中的"编译下载"图标下载程序，完成编译和下载两个命令。

另外，可以点击"上载"命令，将一体机的监控程序读到 PC 的组态软件系统。

注意：下载组态应用程序时，通信电缆的一端必须插在一体机的"HMI"通信口，并且从"设置→COM 连接"正确选择通信口和进行通信连接参数的设置。

步骤 5　运行调试。

下载成功后，接下来可以进行系统运行和调试。检查显示数据是否与实际一致，检查系统是否按照设计要求动作等，直至满足应用要求。

6.1.6　触摸屏 PLC 一体机在水力旋流器监测的应用

6.1.6.1　水力旋流器检测点配置

水力旋流器是矿物加工流程常用的一种矿浆分级设备，由于其分级效率高，适合于多种粒级矿石的分级，在矿物加工作业得到了广泛的应用。水力旋流器的分级效率与其工作参数密切相关，只有将工作参数控制在工艺要求范围内，才能取得好的分级效果。过去，旋流器多为小型化设备，每个分级作业的旋流器一般都在一台以上，管理和控制不便。近年来，旋流器不断向着大型化发展，需要采用先进的自动化技术手段来实施旋流器的控制，这不仅有利于提高生产效率，也便于设备的生产管理。

旋流器检测系统采用电磁流量计、核子密度计和压力变送器检测旋流器入流的体积流量、矿浆密度和入流压力，采用电磁流量计和核子密度计检测旋流器溢流的体积流量和矿浆密度。检测仪表的信号输入触摸屏 PLC 一体机进行处理。检测仪表主要技术数据如表 6-3 所示。图 6-9 为水力旋流器的测控点布置图。

表 6-3　水力旋流器检测系统检测仪表一览表

序号	位号	名称	量程	输出信号	安装地点
1	FT-01	电磁流量计	$0\sim300m^3/h$	$4\sim20mA$	入流
2	DT-01	核子密度计	$0\sim4000kg/m^3$	$4\sim20mA$	入流
3	PT-01	压力变送器	$0\sim1.5MPa$	$4\sim20mA$	入流
4	FT-02	电磁流量计	$0\sim300m^3/h$	$4\sim20mA$	溢流
5	DT-02	核子密度计	$0\sim4000kg/m^3$	$4\sim20mA$	溢流

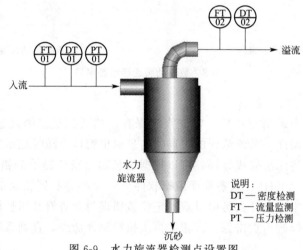

图 6-9　水力旋流器检测点设置图

6.1.6.2　主机的选择

选择中达优控的触摸屏 PLC 一体机作为监控主机，型号为 MM-40MR-12MT ＿700＿FX＿B，主要技术参数为：屏幕规格为 7in（1in＝2.54cm），分辨率为 800×480；总开关量点数为 52，其中 DI 24 点，继电器输出 16 点，晶体管输出 12 点；A/D 通道为 6，D/A 通道为 2；PLC 与三菱 FX1N 系列兼容。

6.1.6.3　检测系统接线图

图 6-10 为水力旋流器检测系统的接线图，由于一体机的输入信号为 $0\sim10V$ 的电压信号，而采用的检测仪表输出信号都为 $4\sim20mA$，因此，在一体机的 AI 输入端并联一个 250Ω 的精密电阻（精度 0.1％），将电流转换为 $1\sim5V$ 的电压信号。

AI 通道的 A/D 分辨率为 12 位，可以将 $0\sim10V$ 电压信号转换为数字量 $0\sim4095$，而 $1\sim5V$ 信号对应的 A/D 数字量为 $409\sim2047$。

注：AD4 通道在标准版为温度传感器输入，非标版改为 $0\sim10V$ 信号输入。

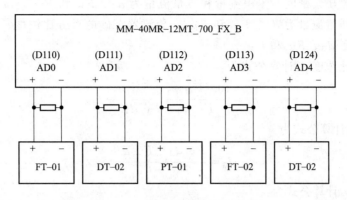

图 6-10　水力旋流器检测系统接线图

6.1.6.4　数据采样、量化及参数计算

（1）数据采样与量化

检测仪表信号连接到一体机的 AI 通道后，由一体机的 PLC 自动进行 A/D 转换，并将 AD0～AD4 通道的 A/D 转换结果分别存放于 D110、D111、D112、D113、D114 寄存器中。由于 A/D 采样值为整形数字量，需要量化为与检测仪表显示值一致的实型数据。其计算公式为：

$$V = \frac{N - N_{\mathrm{L}}}{N_{\mathrm{H}} - N_{\mathrm{L}}}(E_{\mathrm{H}} - E_{\mathrm{L}}) + E_{\mathrm{L}} \tag{6-1}$$

式中，V 为实测值；N 为采样值；N_{H}、N_{L} 分别为采样值高、低限；E_{H}、E_{L} 分别为检测仪表量程高、低限。本例子中 $N_{\mathrm{H}} = 2047$，$N_{\mathrm{L}} = 409$，电磁流量计的 $E_{\mathrm{H}} = 300 \mathrm{m}^3/\mathrm{h}$、$E_{\mathrm{L}} = 0$，核子密度计的 $E_{\mathrm{H}} = 4000 \mathrm{kg/m}^3$、$E_{\mathrm{L}} = 0$，压力变送器的 $E_{\mathrm{H}} = 1.5 \mathrm{MPa}$、$E_{\mathrm{L}} = 0$。

PLC 提供丰富的指令集，可以进行数值运算、逻辑运算等。触摸屏 PLC 一体机的数据计算主要在 PLC 中进行，可以根据旋流器各参数的计算公式进行数值计算。首先将采样值（整形数，占 2 个字节）转换为实型数（浮点数，占 4 个字节），然后采用浮点数计算指令编程，根据公式编写各参数的数值计算程序。组态软件可以从参数数据存储的寄存器中读取数值。

（2）参数计算

检测仪表信号经数据采样和量化后，检测系统得到与检测仪表一致的原始数据。根据流程输入、输出参数的关系，利用公式推导可以获得各参数的计算公式。

矿浆百分比浓度计算公式为：

$$\rho = \frac{100\left(1 - \dfrac{1000}{d}\right)}{1 - \dfrac{1000}{\delta}} \times 100 \tag{6-2}$$

式中，ρ 为质量分数，%；d 为矿浆密度，$\mathrm{kg/m}^3$；δ 为矿石密度，$\mathrm{kg/m}^3$；水的密度取 $1000 \mathrm{kg/m}^3$。

矿石质量流量 F_{M_3} 的计算公式为：

$$F_{M_3} = F_{M_1} - F_{M_2} \tag{6-3}$$

旋流器沉砂各参数的计算方法如下：

设旋流器入流矿浆密度、体积流量和质量流量为 d_1、F_{V_1} 和 F_{M_1}，旋流器溢流矿浆密度、体积流量和质量流量为 d_2、F_{V_2} 和 F_{M_2}，旋流器沉砂的百分比浓度、密度、体积流量和质量流量为 ρ_3、d_3、F_{V_3} 和 F_{M_3}。

矿浆的百分比浓度 ρ_3 计算公式为：

$$\rho_3 = \frac{100(F_{M_1}\rho_1 - F_{M_2}\rho_2)}{F_{V_1}d_1 - F_{V_2}d_2}\%\tag{6-4}$$

矿浆密度 d_3 计算公式为：

$$d_3 = \frac{F_{V_1}d_1 - F_{V_2}d_2}{F_{V_1} - F_{V_2}}\tag{6-5}$$

体积流量 F_{V_3} 计算公式为：

$$F_{V_3} = F_{V_1} - F_{V_2}\tag{6-6}$$

质量流量 F_{M_3} 计算公式为：

$$F_{M_3} = F_{M_1} - F_{M_2}\tag{6-7}$$

6.1.6.5 监测画面

监测画面采用优控组态软件在 PC 机上进行开发，开发方法和步骤如前所述。限于篇幅，本案例仅介绍旋流器检测的流程画面。如图 6-11 所示，该画面显示了旋流器入流、溢流和沉砂的主要参数，基本上反映了旋流器的实时工作状态。

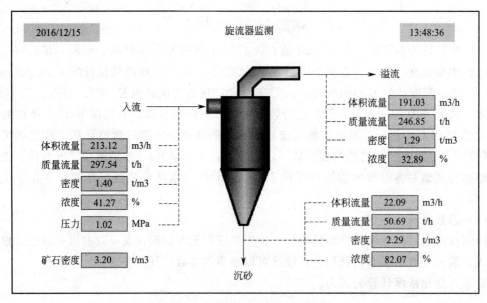

图 6-11　水力旋流器实时监测画面

6.2　磨矿机负荷检测

6.2.1　概述

磨矿机广泛应用于矿山、冶金、化工、建材、陶瓷等领域，特别是在矿山的选矿过程中更是占有重要地位。从统计数字看，选矿厂磨矿作业的生产费用大约占选矿厂全部费用的 40％以上，磨机消耗掉的电能占选矿厂的 30％～70％，全世界用于碎磨作业的电耗占世界总发电量的 3%～4%。随着矿产资源的日趋贫化，需要处理的矿石将越来越多，磨矿过程中的能耗和钢耗在工业经济中所占比重也将不断增加。

湿式球磨机是选矿工业最为常用的粉碎设备。湿式球磨机内部负荷体由钢球、物料以及水组成。充填率和球料比是反映球磨机负荷的两个最为重要的参数，直接关系到粉碎效率。充填率是指球磨机筒体内部负荷体所占空间的比率。充填率过低则筒体内部可供粉碎的物料少，导致电能白白浪费；充填率过高则内部钢球运动变弱，物料不能受到充分碰撞或磨剥，粉碎效率也不高，甚至出现"胀肚"故障而严重影响生产。球料比是指球磨机筒体内部装载的钢球质量与物料质量的比值。即便球磨机处在最佳的充填率状态下，如果钢球多物料少，则钢耗和电耗主要用在钢球自身的相互消耗上，粉碎效率低；反之钢球少物料多，大量物料只随筒体运动而没有受到粉碎作用，粉碎效率也不高。实践表明，保持球磨机在合理的充填率和球料比状态下运行，不但能大幅度提高球磨机的处理能力，降低单位矿量的消耗，而且对于提高整个选矿厂的生产指标都具有十分重要的作用。要实现球磨机优化控制就必须首先解决充填率和球料比的实时精确检测问题。国内外先后出现了多种负荷参数的检测方法，这些方法相互补充并且发挥了积极的作用。

传统的单因素检测法主要包括：电流法、声响法、有用功率法、振动法等。这些方法虽然简单易行，但由于检测原理的局限性，都不能单独在整个过程中精确检测球磨机的负荷参数。电流法根据磨机电机电流强度的大小分析判断磨机内部的负荷参数情况，对球磨机装载量检测有一定的作用，电流法比较直观，同时受周围环境的影响比较小，在过载时电流变化明显，但实际上，从空磨到满磨，磨机电流变化范围很小，且易受电网因素影响，检测信号灵敏度不高。声响法又被称为噪声法或电耳法，球磨机发出的声响与内部物料量及球料比例等因素有关，可以根据筒体发出的声响不同来判断负荷的多少，测量音量的装置可以直接装在筒体外壁上，也可以安装在球磨机附近。影响声响法测量的因素比较多，如周围其他球磨机产生的噪声，环境噪声，物料的硬度，颗粒的直径，物料负荷，介质负荷，磨矿浓度以及循环负荷的变化等。有用功率法根据球磨机电机有用功率和球磨机负荷之间存在单峰值对应关系，通过有用功率判断球磨机的装载量，影响有用功率的因素主要有给矿量、钢球的补加及消耗量等，单峰值关系曲线不好确定负荷参数，有用功率主要取决于其装球量。振动法通过检测球磨机的振动强度间接检测球磨机的物料负荷，在球磨机转速不变时，球磨机振动强度与物料量有关。振动法又分为传统的轴承振动法和新兴的筒体振动法两种，影响振动的主要因素有磨矿浓度、钢球量、球料比、电网电压变化等。目前还出现了由单因素检测与先进算法相结合的球磨机负荷参数的检测方法。

考虑单一检测方法各自存在的优点和不足，组合两种或三种具有互补性的检测方法进行负荷参数的检测，先后出现了声响-功率双信号检测法、声响-振动双信号检测法、声响-功率-振动三信号检测法等多因素检测法。声响-功率双信号检测法是一种将噪声量和有功功率联合起来检测球磨机负荷的技术方法，根据有用功率、声响双信号判断出球磨机生产中充填率和球料比，此法受磨矿浓度的影响很大。有关研究表明：振动信号的变化与磨矿工作参数的变化紧密相关，球磨机的功耗和产品粒度主要与机械振动信号有关，而其他因素则主要与音量信号有关，通过音量与振动信号的测量，可以检测磨矿操作参数的变化情况。有学者将声响、功率、振动联合进行检测的三因素法，采用基于自适应网络模糊推理系统进行分析计算，实验结果表明，该方法的优点是降低了模型的复杂性，提高了参数的估计精度。

力传感器法是利用力传感器对与球磨机负荷有关的作用力进行直接测量，从而检测球磨机负荷参数的技术方法。目前主要有衬板压力检测法、筒体应力检测法、筒体称重检测法等。衬板压力检测法是在球磨机筒体内部衬板下面安装一个能测定径向压力和切向压力的传感器，测量信号引入计算机进行处理，得到受力图谱，从图谱中可以判断球磨机负荷体的脱离角和接触角，由此可以算出球磨机的充填率，再分析径向压力的大小，可以计算球料比。国际控制公司根据这种原理研制了球磨机测控系统，可以将测量信号通过无线发射-接收器传到计算机，由计算机对负荷参数进行检测和控制。筒体应力检测法根据筒体内的钢球和物料的重量作用引起筒体的变形，且此变形量与负荷成比例关系，当筒体旋转时，筒体的下表面将始终受拉应力，上表面将始终受压应力，这个拉、压应变量可以通过应变传感器进行直接测量并计算出装载量。

基于多传感器融合的负荷参数检测法是目前研究最为热门的检测方法之一。通过融合多个具有互补性的传感器信息获得比单个传感器更多的信息，以使系统的有效性得以显著加强，通过对来自不同传感器的数据加以分析和综合，用软件实现负荷参数的测量或估计。有专利公开了一种采用多个声传感器和振动传感器同时检测筒式球磨机，对筒体某段的噪声量和振动量采用模糊推理融合获得该段负荷，将筒体各段的负荷进行加权平均融合获得总体负荷量。有文献介绍一种基于多传感器技术的筒式球磨机料位检测方法，该方法步骤为：分别采集筒体处、背景噪声较高处以及环境的噪声信号，分别对信号进行盲源分离处理和甄别，对其进行离散傅里叶变换、取模、归一化后计算球磨机内料位的值。

球磨机负荷参数精确检测仍然是世界范围内研究的重点课题。目前国内磨矿生产主要靠人工操作，球磨机的负荷状态主要依靠工人的感官来判断，球磨机效率普遍都不高。因此，球磨机的主要负荷参数的精确检测，对于实现磨矿作业优化控制、提高球磨机效率、节能降耗等具有非常重大的现实意义。

6.2.2 磨音检测法

6.2.2.1 声压与声强的计算

由于声波的存在而使大气压增加，因此声压的单位也是 dyn/cm^2，国际单位为 Pa。某点声压 P 与参考声压 P_0 之间的比值关系为声压级 L_P，声压级是反应声信号强弱的最基本的参量。

$$L_P = 20 \lg \frac{P}{P_0} \tag{6-8}$$

式中，L_P 的单位为分贝，dB；参考声压 $P_0 = 2 \times 10^{-5} Pa = 20\mu Pa$。

声强级是指某点的声强 I 与参考声强 I_0 的比值 L_I，并用下式表示，单位为分贝。

$$L_I = 10 \lg \frac{I}{I_0} \tag{6-9}$$

式中，参考声强 $I_0 = 10^{-12} W/m^2$。

在工业实践中，可用声压级近似代替声强级。磨机的声强级一般为 $90 \sim 130 dB$，声频约为 $6 \sim 8000 Hz$，随磨机规格由大变小，主要频率区则由小变大。

6.2.2.2 声强与负荷的关系

长期的实践表明，磨机的声强和负荷有一定关系。在磨机负荷未出现过负荷（胀肚）前，随着负荷的增加，声强降低。在现实的磨矿生产中，有经验的操作人员经常通过判别球磨机工作时发出的磨音来确定运行处于何种状态。图 6-12 为磨机声强与负荷的关系曲线，从图中可见，未出现"胀肚"前，磨音随负荷增大而减小，但磨机仍可处于稳定的运行状态。当出现"胀肚"时，磨音量迅速减小，在实际生产中操作工人表述为"声音沉闷"，这时磨机进入故障状态，磨机的研磨作用大大减弱，会出现磨机吐矿的恶性循环现象，必须立即进行停矿处理，待"胀肚"解决后才能恢复给矿。

实际生产过程中，磨机声强与负荷的关系曲线并不是稳定不变的，如图 6-13 所示，会随着钢球的磨损、磨矿浓度等因素的变化而出现漂移。一般情况下，钢球负荷较大时声强较高，关系曲线处于较高位置；钢球磨损后声强降低，关系曲线向下漂移。钢球负荷较大时磨矿能力较强，钢球磨损后磨矿能力减弱。磨矿浓度降低，矿浆流动快，磨机筒体内的物料量减少，声强升高，关系曲线向上漂移；磨矿浓度升高，矿浆流动慢，磨机筒体内的物料量增加，声强降低，关系曲线向下漂移。

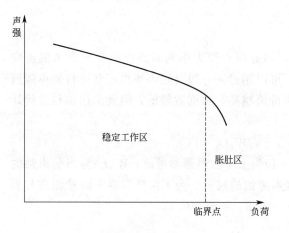

图 6-12　磨机声强与负荷　　　　　图 6-13　磨机声强-负荷
　　　　关系曲线　　　　　　　　　　关系漂移曲线

6.2.2.3　磨机声强的检测原理

磨机的声强可以采用电耳进行检测，电耳是一种将噪声量转换成电流输出信号的仪表，主要由声音传感器、信号放大器和处理器等组成。声音传感器根据声强大小将噪声转换成不同强度的微弱电信号，然后经过信号放大器放大后传给处理器，处理器作进一步处理后进行显示，或者输出测量范围内与噪声量（分贝）对应的 4～20mA 电流信号，输出信号的大小反映了噪声的强弱程度。输出信号可供计算机、控制器等利用。电耳检测原理如图 6-14 所示。

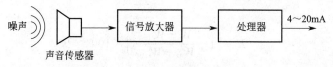

图 6-14　电耳检测原理方框图

采用电耳测量磨机噪声量时，要将电耳装在磨矿介质降落区的筒体表面一侧，电耳正对筒体水平中间的表面，一般与筒体表面距离 1～1.5m，或者将电耳装在磨机排矿端附近，距离排矿端出口 1m 左右。电耳测量受磨机介质负荷和周围环境的影响很大，因此必须对采集的数据进行滤波处理。

6.2.2.4 基于声强分析的磨机负荷检测方法

从上述磨机声强与负荷的关系可知，磨机的声强的关系曲线不是稳定不变的，而是随条件变化而漂移的，因此不能仅仅根据声强的大小判断磨机的负荷。磨矿生产实践表明，磨机声强与负荷的关系曲线是逐渐漂移的，在一定时间内是相对比较稳定的，并且出现"胀肚"时，声强都会出现急剧变化。根据磨机这一运行特性，对磨机负荷状态检测采取以下方法：

（1）计算声强的平均值

设一段时间由 N 个采样周期 T 组成，则在这段时间内磨机噪声的声强计算公式为

$$W = \frac{1}{N} \sum_{n=1}^{N} w(n) \tag{6-10}$$

式中，W 为一段时间内的平均声强；$w(n)$ 为第 n 个采样周期 T 的声强测量值；N 为一段时间的采样总个数。

（2）计算声强的参考值

由于磨机的声强-负荷曲线是不断漂移的，因此以声强大小判断磨机负荷的参考值也应该随实际情况的变化而变化。生产实践表明，可以用过去一段时间内磨机正常运行的声强值作为当前的参考值。离现在越近的声强值利用价值越高，否则就越低，因此采用加权迭代计算法计算声强的参考值，计算公式为：

$$W_r(k) = a_1 W(k) + a_2 W_r(k-1) \tag{6-11}$$

式中，$W_r(k)$ 为当前声强参考值；$W_r(k-1)$ 为上一次声强参考值；$W(k)$ 为当前声强的平均值；a_1 和 a_2 分别为当前声强和上次声强参考值的权值。为了保持声强实时检测值与参考值的一致性，一般取 $a_1 + a_2 = 1$，例如取 $a_1 = 0.55$ 和 $a_2 = 0.45$。

（3）声强变化率的计算

由于磨机的磨音受干扰因素很多，因此在计算磨机声强的变化率时往往取一段时间的声强平均值作计算，声强变化率的计算方法如下。

$$W' = \frac{\mathrm{d}w}{\mathrm{d}t} \approx \frac{\Delta W}{\Delta t} = \frac{W(i) - W(i-1)}{t_2 - t_1} \tag{6-12}$$

式中，W' 为声强变化率；$W(i)$ 和 $W(i-1)$ 分别为当前和上次的声强值；$t_2 - t_1$ 为两次测量值的时间间隔。

（4）磨机负荷状态的判断

目前对磨机负荷状态没有统一的表示方法。本例以指数来表示磨机的负荷装载量，即以 0～100 表示磨机的负荷大小程度，0 表示空载（空磨），100 表示满载。由于 0～100 范围太大，这里取刚"胀肚"时的负荷状态为 100，以空磨时的负荷状态为 0，则磨机负荷状态的理论表示方法为

$$L = \left(1 - \frac{W - W_{100}}{W_0 - W_{100}}\right) \times 100 \tag{6-13}$$

式中，L 为磨机负荷指数；W 为当前声强；W_0 和 W_{100} 分别为空载和满载时的声强。磨机负荷指数 L 的大小反映了磨机的负荷程度。

由于生产过程中磨机的钢球不断磨损，因此不同钢球负荷对应的 W_0 和 W_{100} 也不断变化，因此式(6-13)仅仅能反映磨机某一阶段的负荷状态，不能反映整个过程的负荷状态。为了方便起见，引入相对负荷状态指数概念，取磨机声强等于声强参考值时的相对负荷状态

指数为 0，取"胀肚"时的相对状态指数为满 100，则磨机的相对负荷状态指数计算公式为：

$$L_r = k(W_R - W) \tag{6-14}$$

式中，L_r 为相对负荷状态指数；k 为系数，取"胀肚"时的 $L_r = 100$ 而计算得到；W_R 为声强参考点；W 为当前声强。

当 L_r 为负值时，说明磨机欠载，需要增大给矿量；当 L_r 为 100 时说明已经出现满载，需要进行减矿处理。实际生产中，可能出现 L_r 小于 100 就出现"胀肚"或 L_r 大于 100 而没有出现"胀肚"，因此式(6-14)作为磨机负荷检测的一种简单算法，在特定的情况下是有效的，但不能适用于磨机整个运行过程的检测。

6.2.3　电流检测法

6.2.3.1　磨机电机电流与负载的关系

电动机是磨机将电能转化为机械能的设备，与其他设备的电动机一样，磨机的电动机电流强度也与负载有关。根据三相电动机的工作原理，由于在电动机稳态运行时，电动机相应稳态转矩 T 的方程式为：

$$T = T_0 + T_\Omega + T_\sigma \approx T_2 + T_0 \tag{6-15}$$

式中，T_2 为电动机输出的机械转矩；T_Ω 为机械损耗转矩；T_σ 为附加损耗对应转矩；T_0 为空载转矩。

如图 6-15 为球磨机断面示意图，由筒体、钢球、矿石、水等组成。由于球磨机为圆筒形，当球磨机筒体稳定运行时，其电动机输出的机械转矩与球磨机自身扭矩处于平衡状态，球磨机扭矩的计算公式为

$$T_N = GL \tag{6-16}$$

式中，G 为球磨机重力（筒体与负荷）；L 为球磨机重心到轴心的垂直距离。

电动机处于稳定运行状态时，其定子电流与机械转矩成相向对应关系，机械转矩越高，则定子电流越大，反之亦然。当球磨机重心离轴心较远时，随着筒体内物料量的增加，重力 G 不断增大，而球磨机重心不断向轴心靠近，力臂 L 逐渐减小，此时，G 占优势，机械转矩 T_N 还出现增大的趋势，电动机定子的电流逐渐增大；当筒体内物料达到一定程度时，L 占优势，随着筒体内物料量的增加，机械转矩 T_N 反而减小，电动机定子的电流也随着减小。球磨机电动机定子电流与装载量的关系如图 6-16 所示，是一条单峰值的曲线关系。

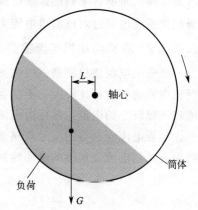

图 6-15　球磨机断面示意图

由图 6-16 可见，当球磨机工作点在 A 点左边时，球磨机处于比较安全的稳定运行状态；当球磨机工作点在 A、B 点之间时，球磨机的处理量达到最大，并且越靠近 B 点处理量越大，当球磨机工作点在 B 点的右边时，球磨机处于不能正常工作的"胀肚"状态。

理论上说，球磨机工作点越靠近 B 点，其处理量越大，但实际上由于 B 点是"胀肚"的临界点，很容易由于出现波动（如矿石硬度、矿石粒度、给矿量等增大）而进入"胀肚"状态。实际生产中，一般将球磨机的工作点控制在 A 点附近。

球磨机装载量与其电动机定子的电流的特性关系曲线并非稳定不变。刚加钢球时，球磨

机装载量-电流特性曲线处于较高的位置，随着钢球的不断磨损，球磨机装载量-电流特性曲线逐渐向下漂移，因此，为了便于分析，可以简单地认为球磨机电机电流量由两部分合成：一部分为钢球引起的电流量，另一部分为矿石和水引起的电流量。球磨机运行过程中，钢球量引起的电流量变化缓慢，而矿石和水引起的电流量则因为矿石性质、操作量等因素变化而变化。图 6-17 为球磨机装载量-电流特性曲线漂移示意图。

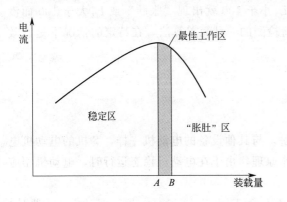

图 6-16　球磨机电动机定子电流与装载量的关系

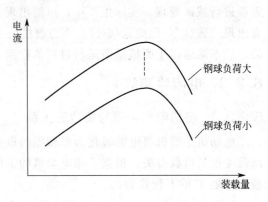

图 6-17　装载量-电流特性曲线漂移示意图

　　采用电流法检测球磨机的负荷时，由于电动机电流与装载量的关系为单峰值关系，因此不能简单以电流大小为依据判断球磨机的工作点是在峰值点的左边还是右边；另外，由于电动机电流与装载量的关系曲线会受到钢球磨损、电网电压变化等因素的变化而出现漂移，必须以电流的大小、电流的变化规律、球磨机的运行时间、钢球的添加情况等为依据估计球磨机的钢球装载量和物料装载量情况。

　　由于电流检测法比较简单、成本低，在我国选矿厂仍然得到广泛应用。现场工人通常通过看电流、听磨音来判断球磨机的运行状态，并根据球磨机运行状态进行操作。一些磨矿分级控制系统也通过对球磨机电流大小和变化规律的分析，判断球磨机的运行状态。

6.2.3.2　磨机电动机电流检测

　　当采用电流法检测磨机的检测球磨机的负荷时，一般只需要检测其中一相电流即可。球磨机电机的电流都比较大，不能直接接入电流变送器，需要电流互感器按比例将电机定子电流转换成较小的电流，然后由电流变送器转换成 4～20mA 的输出信号，供计算机或仪表使用。尽管电流变送器的型号规格多种多样，但其接线方法是基本相同的。如图 6-18 所示为磨机三线制电流变送器的电流检测电路图。

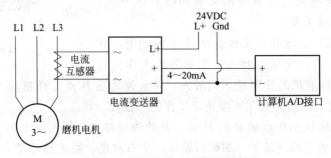

图 6-18　磨机电机电流检测电路图

6.2.4 有功功率检测法

6.2.4.1 磨机电机有功功率与装载量的关系

实践证明，球磨机、棒磨机的有功功率不仅与其物料负荷量有关，而且主要取决于其装球量、装棒量。因此用有功功率法检测磨机负荷多用于自磨和砾磨。但将功率法与其他方法配合仍可检测球（棒）磨机的负荷，例如我国有些选矿厂的磨矿分级测控系统以"数字滤波"技术和经验数学模型实现了用有功功率法检测和控制球磨机的负荷。

在磨矿过程中，用于带动磨矿机筒体连同其内的磨矿介质和物料一起转动的功率为有功功率。当磨机及转速固定时，有功功率直接与磨机总负荷量有关。

测量转动机械有功功率的方法有测量扭矩-转速法和测量电机有功功率法。前者是根据设备轴功率 $P = M\omega = M\dfrac{\pi n}{30}$（kW）的关系式，利用测扭和测转速仪表，分别测出轴的扭矩 M 及转速 n，求算轴功率 P。这类方法一般都比较复杂，尤其不适应于实际生产过程。因此，在实践上通常用测量电机有功功率法检测生产中的磨机功率，以便于直接进行自动控制。

测量电机输出功率可用三相功率表或用变送器式功率表，这种功率表在负载的电压和电流都是正弦波形时，可以输出与负载的三相有功功率成正比的直流电信号。通过不同的方法将此信号取出，实现自动显示和控制。

磨矿机有功功率与装载量的关系曲线与磨矿机电流量与装载量的关系曲线很相似，也是单峰值关系，也会随着钢球的磨损而出现特性曲线的漂移。图 6-19 为磨矿机有功功率与装载量的关系特性曲线，图 6-20 为磨矿机有功功率-装载量特性曲线漂移示意图。

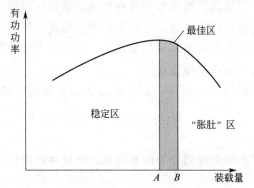

图 6-19 有功功率-装载量关系特性曲线

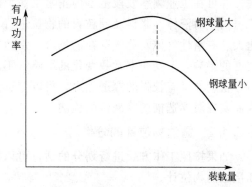

图 6-20 有功功率-装载量特性曲线漂移

就特性曲线而言，磨矿机的有功功率-装载量特性曲线与电流-装载量特性曲线很相似，但两者有较大的区别，应根据实际情况灵活运用。下面对电流检测法和有功功率检测法进行比较：①电流检测比较简单，只需获得单相电流，有功功率需要获得三相电路的电压与电流。②电流检测法容易受到电网电压变化的影响，而有功功率检测法则受影响较小。③对于已安装有功功率自动补偿的磨矿系统，有功功率自动补偿电路会自动提高功率因素，从而破坏磨矿机有功功率与装载量的特性关系，因此不宜使用有功功率法。

6.2.4.2 磨机电动机有功功率检测

磨机电动机有功功率可以采用有功功率变送器进行检测，有功功率变送器输出与有功功率成正比的信号，供计算机或仪表使用。三相有功功率变送器主要有三相三线制和三相四线制，本例子采用三相三线制的有功功率变送器，需要输入电机主电路的三相电压和两相电流。图6-21为典型的磨机三相三线制有功功率变送器的接线图，供电电源与输出信号共用信号地，输出与有功功率大小对应的4~20mA信号。

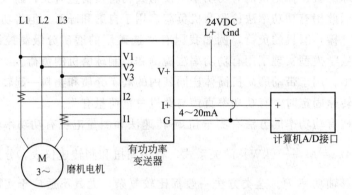

图6-21 磨机三相三线制有功功率检测电路图

6.3 浮选机矿浆液位检测

6.3.1 基于雷达物位计的浮选机矿浆液位检测

6.3.1.1 概述

雷达物位计是物位测量仪表中比较常用的一种类型。雷达物位计采用微波脉冲的测量方法，并可在工业频率波段范围内正常工作，波束能量低，可安装于各种金属、非金属容器或管道内，对液体、浆料及颗粒料的物位进行非接触式连续测量。适用于粉尘、温度、压力变化大、有惰性气体及蒸气存在的场合。雷达物位计对人体及环境均无伤害，还具有不受介质密度的影响，不受介电常数变化的影响，不需要现场校调等优点。

雷达波具有较强的穿透能力，可以穿透浮选机的矿化泡沫，到达矿浆表面后反射回来，从而实现对浮选槽矿浆液位的检测。

6.3.1.2 雷达物位计的分类

如果按照工作方式进行划分的话，可以把雷达物位计划分为两种类型：非接触的物位计和接触的物位计。

（1）非接触式雷达物位计

非接触式雷达物位计发射功率很低的极短的微波，通过天线系统发射并接收。雷达波以光速运行，运行时间可以通过电子部件被转换成物位信号。一种特殊的时间延伸方法可以确保极短时间内稳定和精确的测量。即使存在虚假反射的时候，最新的微处理技术和软件也可以准确地分析出物位回波。通过输入容器尺寸，可以将上空距离值转换成与物位成正比的信号。仪表可以空仓调试。在固体测量中的应用可以使用K-频段（波长1.67~1.11cm）的高频传感器。由于信号的聚焦效果非常好，容器内的安装物或容器的黏附物都不会影响测量。

（2）接触式雷达物位计

接触式雷达物位计又称为导波雷达物位计，导波雷达物位计的微波脉冲沿着一根缆、棒或包含一根棒的同轴套管运行，接触到被测介质后，微波脉冲被反射回来，并被电子部件接收和分析计算其运行时间,微处理器识别物位回波,分析计算后将它转换成物位信号给出。由于测量原理简单,可以不带料调整,从而节省了大量调试费用。测量缆或棒可以截短,使之更加适应现场的应用。导波雷达物位计对于蒸汽不敏感,即使在烟雾、噪声、蒸气很强烈的情况下,测量精度也不受到影响;不受介质特性变化的影响,被测介质的密度变化或介电常数的变化不会影响测量精度。导波雷达物位计对于黏附不敏感,在测量探头或容器壁上黏附介质不会影响测量结果。容器内安装物如果采用同轴套管式的测量完全不受容器内安装物的影响,不需要特殊调试。

导波雷达物位计可以提供不同形式的探头用于不同应用。

缆式:用于测量液体介质或重量大的固体介质,量程可达 60m;

棒式:用于测量液体介质或重量小的固体介质,量程可达 6m;

同轴套管:用于测量低黏度的介质,不受过程条件的影响,量程可达 6m。

6.3.1.3 雷达物位计对浮选机矿浆液位检测

理论上说,非接触式雷达物位计和接触式雷达物位计都可以适用于浮选机矿浆液位的检测。但实际应用情况是:非接触式雷达物位计安装和调试非常方便,无须考虑矿物黏附的问题,但对于厚密的矿化泡沫,非接触式雷达物位计会出现提前反射而严重影响检测精度。接触式雷达物位计的探头可以透过泡沫层进入矿浆,不受泡沫密度的影响,但由于探头接触矿浆,容易在探头上黏附较多的矿团(少量不影响),从而造成检测误差。另外,接触式测量会带来附加的维护量。

本案例采用棒式导波雷达物位计检测浮选机矿浆的液位,测杆长度为 2000mm,其安装如图 6-22 所示。浮选机矿浆液位的计算公式为:$h = H - L$,式中,H 为雷达物位计到浮选机底部的距离;L 为雷达物位计到矿浆液面的距离;为一个实时检测值。

值得一提的是,尽管雷达物位计应用比较方便,但其价格较高,一般是超声波物位计的几倍。另外,有些应用场合并不一定适合雷达物位计的使用,许多应用采用超声波物位计加辅助测量装置的检测方法。

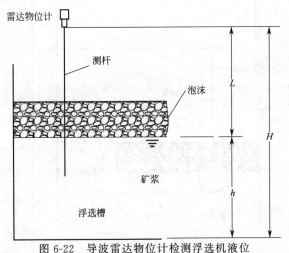

图 6-22 导波雷达物位计检测浮选机液位

6.3.2 基于超声波物位计的浮选机矿浆液位检测

浮选作业自动控制需要对浮选机液位进行在线检测,但由于浮选机矿浆的表面存在大量的矿化泡沫,采用现有的物位检测仪表很难直接检测矿浆的液位。超声波物位计具有检测精度高、性能可靠、价格较低等特点,传统的方法将一个超声波物位计在固定高度直接对浮选机液面进行照射,但由于浮选机矿浆的表面存在大量的矿化泡沫,其泡沫层厚度和密度经常发生变化,导致矿浆液位测量不准确。

为了实现超声波物位计对浮选机矿浆液位的检测,本案例借助辅助装置将矿浆液位引到一个平板上,平板高度随矿浆液面高度而升降,通过测量平板至超声波物位计的距离,即可获得浮选机液位的高度。该检测装置示意图如图 6-23 所示。由图中可见,该检测装置由超声波物位计、支架、平板、套筒、连杆、挡片、浮球等组成。该检测方法以浮球作为测量浮选机液位的基本手段,借助浮球以及相关连接件的重量,浮球可以通过泡沫层进入浮选机矿浆的液面,并随浮选机矿浆液面的高低而升降,通过测量超声波物位计下端到平板的距离,即可计算得到浮选机矿浆的液面高度。

在实际应用中,当辅助装置和超声波物位计安装完毕后,超声波物位计到浮选机底部的距离 H 就确定了,对于矿浆浓度和浮选机充气量变化不大的情况,平板到浮球液面处的距离 L 也基本稳定。浮选机液位的计算公式为:

$$h = H - L - h_1 \tag{6-17}$$

平板到超声波物位计探头末端的高度由超声波物位计测得。平板到矿浆液面的距离以及超声波物位计探头末端到浮选机底部的距离由人工测得,是一个定值。这样,浮选槽矿浆液位可通过式(6-17)计算得到。

本案例方法简单实用,是浮选槽矿浆液位检测常用的方法,不足之处主要表现在:浮球上部和连杆容易黏附矿粉,并且随水分变化而出现不同程度脱落,导致平板至矿浆液面的距离出现不同程度的变化,为了获得较高的检测精度,需要定时对浮球和连杆进行冲洗。

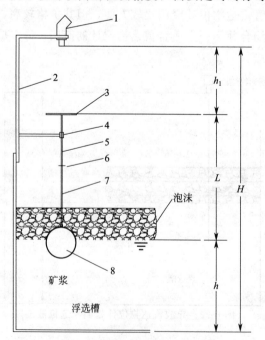

图 6-23 超声波式浮选机液位检测装置

1—超声波物位计;2—支架;3—平板;4—套筒;5—滑杆;
6—挡片;7—连杆;8—浮球

6.4 多流道X荧光在流品位分析系统

6.4.1 多流道矿浆品位检测方法

选矿过程需要分析各个环节的矿浆品位，以及时了解生产作业指标情况，从而进行调节以提高生产指标。目前我国大部分选矿厂仍主要依靠人工化学分析获得各个选矿环节的矿浆品位，不仅劳动强度大，而且很不及时。为了及时获得选矿生产各个环节的矿石品位情况，以提高选矿生产的技术和经济指标，X荧光在流品位分析系统在选矿工业得到了广泛应用。

X荧光在流品位分析系统主要由分析探头、计算机和采样器等组成，其中分析探头、计算机是核心部分，价格比较昂贵，并且经常需要专业技术人员进行维护。为了减少投资和便于维护管理，我国选矿厂多采用分散采样、集中分析的检测方法。该方法依次对多个检测点进行采样，并通过管道将矿浆样品输送到分析探头，检测结束后自动排出，从而实现一套分析系统对多个检测点矿浆品位在线检测。图6-24为多流道X荧光分析系统示意图。该系统根据管道矿浆压力的差别，配置不同的采样装置，然后输送到矿浆分配器制样，得到各个检测点的样品，

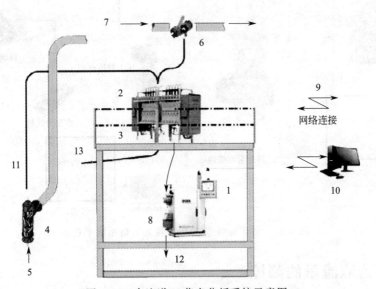

图6-24 多流道X荧光分析系统示意图

1—探头；2—矿浆分配器；3—流程取样；4—压力管道取样器；
5—压力工艺管道；6—无压力管道取样器；7—自流工艺管道；
8—标定取样器；9—工艺流程控制系统；10—分析仪管理站；
11—样品管路；12—取样矿浆返回；13—测量矿浆返回

6.4.2 多流道X荧光在流品位分析系统的应用

X荧光品位分析仪采用能量色散的分析技术，利用X光管激发被测试样。当入射能量高于被测试样原子内层电子结合能时，高能X射线驱逐一个内层电子出现一个空穴，外层电子自发地由能量高的状态跃迁到能量低的状态。当外层的电子跃入内层空穴时产生一个能量差，如果该能量不能被原子内部吸收，将会以辐射形式释放，于是便产生X射线荧光。由于X射线荧光的能量是特征性的，与元素有某种对应的关系，同时在一定检测周期内，

荧光光子数与元素含量成正比，依据 X 荧光的上述特点实现对元素的定性和定量分析，从而得到某种元素的含量（品位）。

本案例主要检测磨矿分级过程的铜、锌、锡品位，选用的载流 X 荧光分析仪型号为 BOXA，该型号是一款高性能的测量矿浆金属元素品位的实时分析仪器，可以检测数十种金属和非金属元素的品位，为选矿厂进行选矿工艺控制和调整提供快速、准确的分析结果。图 6-25 是本案例的磨矿分级过程多流道 X 荧光分析系统示意图。由图中可见，现场矿浆通过采样分时输送到一台载流 X 荧光分析仪进行分析，分析样品排放到磨矿分级的泵池或进入后续选别流程，可以同时分析铜、锌、锡三种元素的品位。多流道 X 荧光在流品位分析系统具有投入低、便于维护的特点，对于检测点较多的情况，检测周期稍大，但比化学分析法快很多，能满足选矿生产的要求。

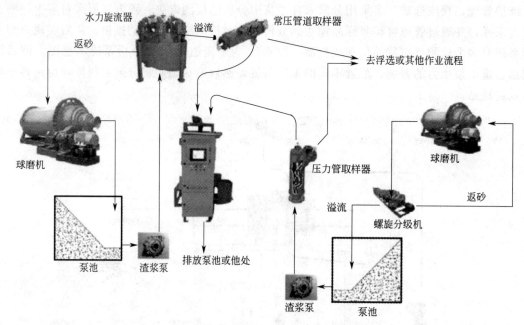

图 6-25　磨矿分级多流道 X 荧光分析系统示意图

6.5　浮选药液流量的测控

6.5.1　概述

加药是选矿厂浮选生产中必不可少的一个环节，加药工作的好坏直接影响到矿产品的质量。根据浮选作业工艺要求，需要在各工艺过程加入不同种类、不同流量的药液，通过药液与矿物之间发生一系列的作用，从而达到分离或净化矿物的目的。有的选矿厂使用的药液多达数十种，加药点多达数百个，要合理控制这数百个加药点的流量，靠手工或机械操作不仅需要多个操作人员，劳动强度大，而且很难按质完成，这就需要实施药液的自动控制。

数控加药系统是选矿厂浮选作业常用的一种自动加药设备，由于结构简单、投资少、便于维护，得到了广泛的应用。数控加药系统主要由控制主机、恒压装置、加药装置等组成。近年来，数控加药系统主要以 PLC 为控制主机、以计算机作为管理主机，这种结构模式既便于开发也便于生产过程的维护和使用。

数控加药系统中，恒压加药装置是一个重要的单元，该装置主要实现液位的恒定和药剂的添加控制。恒压加药装置如图 6-26 所示。该装置主要由药液恒压箱、恒压电磁阀、加药电磁阀、压力变送器、管道等组成。恒压加药装置自动保持药液液位的恒定和通过加药电磁阀控制单位时间内各加药点的药剂量。每一种药液需要一个恒压加药装置，每个加药点需要一个加药电磁阀。本例假定有 3 种药液，每种药液有 3 个加药点。

6.5.2 加药控制原理

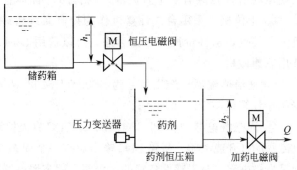

流体力学理论和生产实践都证明，当药液性质不变、液位高度 h_2 不变，以及加药电磁阀和管道不变的情况下，药液的输出流量与阀门打开时间成线性关系。计算公式如式(6-18) 所示。

$$V = Qt \qquad (6-18)$$

式中，V 为输出药剂体积量，mL；Q 为药剂流量，mL/s；t 为阀门打开时间，s。

图 6-26 恒压加药装置示意图

根据上述原理，对于保持不变的管路和药液，将液位 h_2 控制在一恒定值，体积流量 Q 就是一恒定值。因此，控制一定周期内加药电磁阀的动作时间 t，就可实现一定周期内的药液量的控制，这就是数控加药系统的基本控制原理。

由于要求保持药箱液位的恒定，需要由压力变送器检测药剂恒压箱的液位，并通过 PLC 控制恒压电磁阀的开关保持药剂液位的恒定。

6.5.3 测控参数的确定

根据上面介绍的数控加药系统，系统要控制 3 种药剂，分别对应 1♯～3♯；每一种药剂有 3 个加药点，分别对应 1♯～3♯。由此可以列出系统的 I/O 参数，如表 6-4 所示。

表 6-4 I/O 参数表

开关量输入点		输出点	
位号	说明	位号	说明
KA1	1♯流程设备运行状态	YV01	1♯药剂1♯加药点电磁阀
KA2	2♯流程设备运行状态	YV02	1♯药剂2♯加药点电磁阀
KA3	3♯流程设备运行状态	YV03	1♯药剂3♯加药点电磁阀
		YV04	2♯药剂1♯加药点电磁阀
		YV05	2♯药剂2♯加药点电磁阀
		YV06	2♯药剂3♯加药点电磁阀
模拟量输入点		YV07	3♯药剂1♯加药点电磁阀
位 号	说 明	YV08	3♯药剂2♯加药点电磁阀
LT1	1♯药剂液位检测压力变送器	YV09	3♯药剂3♯加药点电磁阀
LT2	2♯药剂液位检测压力变送器	YV21	1♯药剂恒压电磁阀
LT3	3♯药剂液位检测压力变送器	YV22	2♯药剂恒压电磁阀
		YV23	3♯药剂恒压电磁阀

6.5.4 控制系统的硬件配置

根据前面的工艺分析可知，控制系统共有 3 个开关量输入点、12 个开关量输出点、3 个模拟量输入点。为了便于控制和管理，控制系统由下位机（负责测控）和上位机（负责管理）组成。本控制系统的主要硬件配置为：

① 下位机　下位机由 PLC 基本单元和 A/D 模块组成。PLC 的基本单元采用三菱 FX2N-16MT-001（8 点直流输入和 8 点晶体管输出），同时采用 FX2N-8EYT 作为扩展模块（8 点晶体管输出），采用 FX2N-4AD 作为模拟量输入模块，该模块有 4 个输入通道。这样供使用的 I/O 点共有 8 个直流输入点、16 个晶体管型输出点和 4 个模拟量输入点。

② 上位机　采用台式计算机作为控制系统管理。目前，普通台式机的可靠性已与工控机十分接近，从性价比等方面考虑，可以选用 IBM、DELL、联想等品牌的计算机，本案例选用联想微机。

③ 通信适配器　选用型号为 SC09（RS232/RS422 转换模式）的通信适配器。通信适配器用于计算机与 PLC 的通信。

④ 固态继电器　将 PLC 输出的 24V DC 直流控制信号转换成 220V AC 的输出，用以驱动电磁阀的打开或关闭。每路 PLC 输出对应一个固态继电器。固态继电器的选型根据电磁阀的型号规格决定。对于感性负载的电磁阀，固态继电器在选择电压或电流输出等级时应作适当地放大，本例选用输入控制信号为 24V DC 和输出规格为 220V AC、3A 的固态继电器。

⑤ 电磁阀　本例的电磁阀分为恒压和加药两种用途。电磁阀口径根据药剂流量选择，材质则根据药剂化学性质等进行选型。为保证恒压电磁阀能起到恒压的作用，可根据经验公式(6-19) 进行选择。

$$D_1 \geqslant 2D_2 \sqrt{\frac{nh_2}{h_1}} \tag{6-19}$$

式中　D_1——恒压电磁阀的口径，mm；

D_2——加药电磁阀的口径，mm；

h_1——恒压电磁阀中心线到储药箱液面的高度，以最小液面高度计算；

h_2——加药电磁阀中心线到药剂恒压箱液面的高度；

n——加药电磁阀的个数。

⑥ 压力变送器　采用两线制变送器，即供电（24V DC）和信号（4～20mA）共用一对线。量程为 0～20kPa。

控制系统硬件配置图如图 6-27 所示。由于压力变送器为电流信号，实际应用中 FX2N-4AD 模块的 V＋端子和 I＋端子短接，图中省略。SCR 为固态继电器。

6.5.5　控制系统上位软件开发

本案例选用组态王 6.55 作为上位监控软件，该组态软件根据钥匙点数限制软件变量的数量，有 64 点、128 点、256 点、512 点、1024 点、无限点等软件钥匙，组态软件支持的最多点数与软件钥匙点数相同。根据控制系统实际需要的变量数，选择 64 点即可满足要求。监控系统在此软件平台上进行开发。软件的开发步骤为：

6.5.5.1　通信设备配置

SC09 通信适配器连接 PLC 的编程口和计算机的 COM1 口，按照"设备"→"COM 1"→"新建"→"PLC"→"三菱"→"FX2"→"编程口"→设定逻辑名称设为 FX2NPLC →选择 COM1 通信口 →设备指定地址设为 0 →尝试恢复间隔为 30S，最长恢复

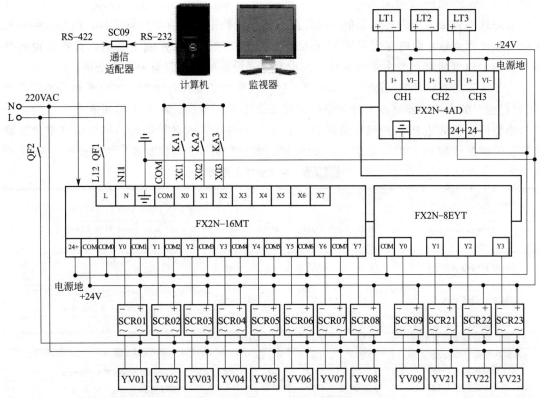

图 6-27　控制系统的硬件配置图

时间为 24h 的软件操作路径进行通信设备的创建。同时按照图 6-28 进行串行口参数的设置。

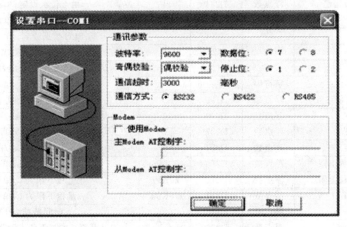

图 6-28　组态王串行口参数设置

6.5.5.2　监控画面的绘制

由组态软件的"文件"→"画面"→"新建"，创建"操作面板"画面和"电磁阀标定画面"，绘制的画面如图 6-29、图 6-30 所示。绘制画面时，需要特别提醒的是，数字显示项最好用"♯"表示，每一个数据字符用一个♯符号。例如，"♯♯♯.♯♯"表示显示的数据最多为 3 位整数和两位小数，这样可以保证显示数据的空间能显示有关数据。在运行时，没有定义的显示项，♯符号不变。

6.5.5.3 监控变量的定义

组态软件将变量分为实际变量（由外部设备得到数据）和内存变量两种，组态软件只对实际变量计算点数，而内存变量则不计入 I/O 通信点数。定义控制变量时，直接从设备获得数据的 I/O 变量都归类为实际变量，而没有定义设备的变量归类为内存变量。

为了节省组态软件的实际点数，预留一些点供今后扩展开发使用，本例子对开关量采用"数据打包"的方式，即将 8 个开关量打包在 1 个字节变量内，从而获得每 8 个点节约 7 个点。当将打包变量从 PLC 传到计算机时，需要在上位计算机进行解包；同样将在上位计算机打包的数据传到 PLC 时，也需要在 PLC 进行解包。表 6-5 为控制系统主要监控变量表。

表 6-5　主要监控变量表

变量名称	变量类型	占用地址	范　　围	备　　注
设备运行状态	字节	D10	0～255	用低 8 位，bit0～bit7 对应 X000 至 X007
控制输出 01	字节	D11	0～255	用低 8 位，bit0～bit7 对应 Y000 至 Y007
控制输出 02	字节	D12	0～255	用低 8 位，bit0～bit7 对应 Y010 至 Y017
电磁阀启停开关 01	字节	D21	0～255	用低 8 位，bit0～bit7 对应 M0 至 M7 控制 Y000 至 Y007 连接的电磁阀
电磁阀启停开关 02	字节	D22	0～255	用低 8 位，bit0～bit7 对应 M10 至 M17 Y010 至 Y017 连接的电磁阀
1#恒压箱液位采样数字量	整型	D41	0～4000	
2#恒压箱液位采样数字量	整型	D42	0～4000	
3#恒压箱液位采样数字量	整型	D43	0～4000	
1#恒压箱液位值	浮点数	D30		通过计算获得，单位为 mm
2#恒压箱液位值	浮点数	D32		通过计算获得，单位为 mm
3#恒压箱液位值	浮点数	D34		通过计算获得，单位为 mm
1#恒压箱液位设定值	浮点数	D230		由上位机设定，单位为 mm
2#恒压箱液位设定值	浮点数	D232		由上位机设定，单位为 mm
3#恒压箱液位设定值	浮点数	D234		由上位机设定，单位为 mm
液位允许变化范围	浮点数	D236		由上位机设定，单位为 mm
数据读	位	M20		将 PLC 数据读到计算机，1 为可读
数据写	位	M21		将计算机数据写入 PLC，1 为可写
设定允许	位	M23		读出或写入使能，1 为允许
参数设定密码	字符串	内存变量		
标定加药电磁阀流量系数	浮点数	D198		9 台电磁阀共用地址，单位 mL/s
1#药剂密度	浮点数	D200		单位为 kg/m³
2#药剂密度	浮点数	D202		单位为 kg/m³
3#药剂密度	浮点数	D204		单位为 kg/m³
1#压力变送器量程上限	浮点数	D210	20kPa	量程下限为 0，单位为 Pa
2#压力变送器量程上限	浮点数	D212	20KPa	量程下限为 0，单位为 Pa
3#压力变送器量程上限	浮点数	D214	20KPa	量程下限为 0，单位为 Pa
加药周期	浮点数	D220		时间基准为 100ms
Q11_SP	浮点数	D250		1#药剂 1#加药点药量设定值(mL/min)
Q12_SP	浮点数	D252		1#药剂 2#加药点药量设定值(mL/min)
Q13_SP	浮点数	D254		1#药剂 3#加药点药量设定值(mL/min)
Q21_SP	浮点数	D256		2#药剂 1#加药点药量设定值(mL/min)
Q22_SP	浮点数	D258		2#药剂 2#加药点药量设定值(mL/min)
Q23_SP	浮点数	D260		2#药剂 3#加药点药量设定值(mL/min)
Q311_SP	浮点数	D262		3#药剂 1#加药点药量设定值(mL/min)
Q32_SP	浮点数	D264		3#药剂 2#加药点药量设定值(mL/min)
Q33_SP	浮点数	D266		3#药剂 3#加药点药量设定值(mL/min)
标定加药量设定植	浮点数	D196		9 台电磁阀公用地址，单位为(mL/min)

6.5.6 加药控制系统监控画面

本控制系统主要设计两个监控画面，即操作面板画面和电磁阀标定画面。操作面板用于各加药控制点加药量的设定、电磁阀开/关选择；电磁阀标定画面用于对各电磁阀进行标定，主要是加药控制点流量系数的标定。监控画面如图 6-29 和图 6-30 所示。

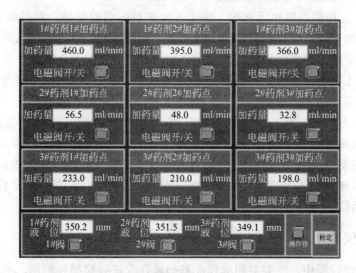

图 6-29　加药控制系统操作面板画面

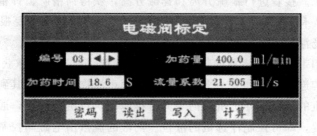

图 6-30　加药控制系统电磁阀标定画面

图 6-29 中的"电磁阀开/关"对应的地址为 M0～M7、M10；"加药量"对应的地址为 D250～D266；1♯～3♯"药剂液位"对应的地址为 D230、D232、D234；1♯～3♯阀对应的地址为 M11～M13。

图 6-30 中的加药量对应的地址为 D196，流量系数对应的地址为 D198，加药时间对应的地址为 D146，读出/写入对应的地址为 D20/D21。

6.6　浮选作业监控系统

6.6.1　概述

泡沫浮选是现代浮选的主要方法，具体做法是将一定品种和数量的药剂，加入磨好的矿浆中，使疏水性的矿粒选择性地富集在气泡的表面上。附着矿粒的气泡，由于聚合体的密度比矿浆小，能从矿浆中浮起，在矿浆表面形成泡沫层，而亲水性的矿粒仍然停留在矿浆中。只要将泡沫与矿浆分离，就能使疏水性的矿粒与亲水性的矿粒分离。

浮选过程中，都要添加一些药剂，使浮选过程按照一定的方向进行。浮选时常用的药剂又称为浮选药剂，其主要作用如下。

① 捕收剂 用以增强矿物的疏水性和可浮性的药剂。

② 起泡剂 用以提高气泡的稳定性和寿命的药剂。

③ 调整剂 包括抑制剂和活化剂。用于改变矿粒表面的性质，对捕收剂在各种矿粒表面的吸附分别起阻碍或促进作用，扩大各种矿粒浮游性的差异而达到彼此分离。

浮选药剂量必须根据实际生产要求进行添加，过多或过少都会影响浮选效果。本案例中添加的浮选药剂主要有：捕收剂为乙黄药，加水制成一定浓度的药液；起泡剂为2♯油；调整剂为石灰乳、硫化钠、碳酸钠。

浮选流程分为粗选、精选、扫选以及矿物分离四个阶段。每个浮选阶段由1～4台自充气式浮选机串联而成，浮选机槽体之间有阀门，用于控制浮选机矿浆的液位。浮选机矿浆液位需要根据作业的不同而加以控制，一般情况下，粗选和扫选浮选机的矿浆液位较高，以便于更多地刮出目的矿物，而精选浮选机的矿浆液位较低，以便于提高泡沫矿物的品位。

6.6.2 现场仪表配置

实际浮选生产过程中，主要对粗选作业和扫选作业进行检测和控制。本案例的浮选流程处理的是铜锌矿，其流程步骤为：首先进行选铜，将铜硫分离出来，然后对选铜尾矿进行选锌，将锌硫分离出来。接着进行铜硫分离和锌硫分离，获得铜精矿、锌精矿和硫。整个浮选流程的测控参数主要有加药量、pH值和浮选机槽体液位，测控点主要根据实际工艺要求设置。根据选矿厂现场浮选流程工艺要求，设置如图6-31所示的测控点。

浮选机液位采用带有辅助装置的超声波物位计检测，首先用浮球获得浮选机矿浆的液位，并通过连杆机构连接浮球和一个平板，然后由超声波物位计检测其到平板的距离，通过计算后可获得浮选机的液位；浮选机阀门与大行程电动执行机构连接，通过电动执行机构控制浮选机阀门的开度，即可控制浮选机的液位。药液的流量由电磁阀控制，通过控制每个加药周期内电磁阀的开启时间，即可控制药液的流量。矿浆由石灰乳调节其pH值，矿浆pH值由酸度计检测，石灰乳的流量由电磁流量计检测和由电动调节阀控制，通过控制石灰乳的流量，即可控制矿浆的pH值。

6.6.3 检测与执行仪表选型

本案例需要检测与控制的参数主要有浮选机的矿浆液位、矿浆的pH值、药液的流量、石灰的流量。浮选机的矿浆液位检测装置由超声波物位计和辅助测量装置组成，由浮球将泡沫下面的矿浆液位通过连杆机构引到上部的平板上，通过超声波物位计检测平板的高度，即可获得浮选机矿浆液位。由于浮选机矿浆中有大量的气泡，并且pH电极很容易结垢和被矿粒黏附，本案例设计了一个pH值辅助检测装置，可以进行消除气泡和清除结垢处理，同时便于装置内的矿浆与外部矿浆及时交换。

浮选生产过程中，选用的检测与执行仪表主要由实际工矿条件确定，并且根据需要增加辅助检测装置，选用的检测与执行仪表如表6-6所示。

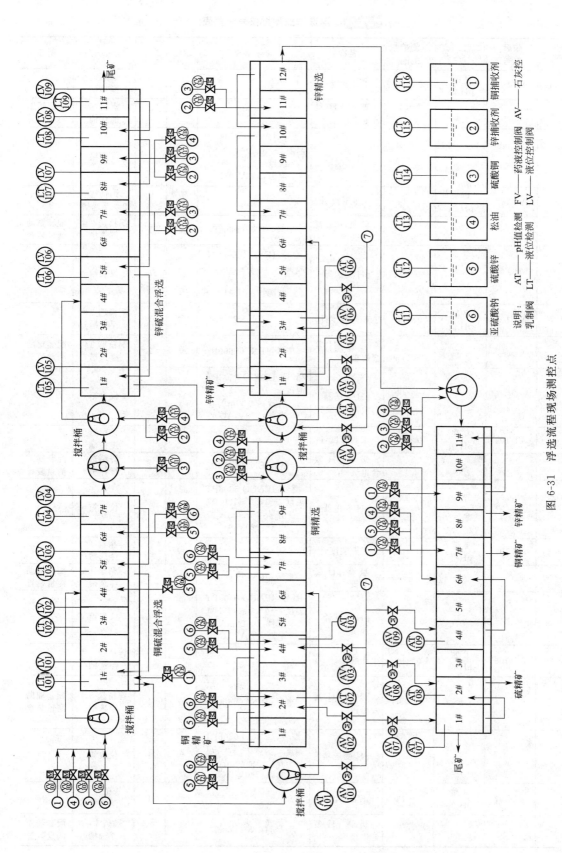

图 6-31　浮选流程现场测控点

说明：
AT——pH值检测　　FV——药液控制阀　　AV——石灰控制
LT——液位检测　　LV——液位控制阀

铜捕收剂①　锌捕收剂②　硫酸铜③　松油④　硫酸锌⑤　亚硫酸钠⑥乳制阀

第6章　矿物加工过程自动检测案例　　201

表 6-6　浮选作业测控仪表一览表

序号	仪表位号	测控对象	测控范围	名称	型号/规格	单位	数量	安装地点	备注
1	AT-101	矿浆pH值	0～14	工业酸度计		台	1	铜精选搅拌桶	
				玻璃pH复合电极	型号:JENCO 600P	支	1	铜精选搅拌桶	配套辅助测量装置
				pH变送器	型号:JENCO 6308PT 温度:-10.0～120.0℃ 信号:4～20mA 电源:220V AC	台	1	仪表箱	
2	AT-102	矿浆pH值	0～14	工业酸度计		台	1	铜精选2#浮选槽	
				玻璃pH复合电极	型号:JENCO 600P	支	1	铜精选2#浮选槽	配套辅助测量装置
				pH变送器	型号:JENCO 6308PT 温度:-10.0～120.0℃ 信号:4～20mA 电源:220V AC	台	1	仪表箱	
3	AT-103	矿浆pH值	0～14	工业酸度计		台	1	铜精选3#浮选槽	
				玻璃pH复合电极	型号:JENCO 600P	支	1	铜精选3#浮选槽	配套辅助测量装置
				pH变送器	型号:JENCO 6308PT 温度:-10.0～120.0℃ 信号:4～20mA 电源:220V AC	台	1	仪表箱	
4	AT-104	矿浆pH值	0～14	工业酸度计		台	1	锌精选搅拌桶	
				玻璃pH复合电极	型号:JENCO 600P	支	1	锌精选搅拌桶	配套辅助测量装置
				pH变送器	型号:JENCO 6308PT 温度:-10.0～120.0℃ 信号:4～20mA 电源:220V AC	台	1	仪表箱	
5	AT-105	矿浆pH值	0～14	工业酸度计		台	1	锌精选1#浮选槽	
				玻璃pH复合电极	型号:JENCO 600P	支	1	锌精选1#浮选槽	配套辅助测量装置
				pH变送器	型号:JENCO 6308PT 温度:-10.0～120.0℃ 信号:4～20mA 电源:220V AC	台	1	仪表箱	
6	AT-106	矿浆pH值	0～14	工业酸度计		台	1	锌精选3#浮选槽	
				玻璃pH复合电极	型号:JENCO 600P	支	1	锌精选3#浮选槽	配套辅助测量装置
				pH变送器	型号:JENCO 6308PT 温度:-10.0～120.0℃ 信号:4～20mA 电源:220V AC	台	1	仪表箱	
7	AT-107	矿浆pH值	0～14	工业酸度计		台	1	选硫1#浮选槽	
				玻璃pH复合电极	型号:JENCO 600P	支	1	选硫1#浮选槽	配套辅助测量装置

序号	仪表位号	测控对象	测控范围	名称	型号/规格	单位	数量	安装地点	备注
				pH 变送器	型号:JENCO 6308PT 温度:−10.0~120.0℃ 信号:4~20mA 电源:220V AC	台	1	仪表箱	
8	AT-108	矿浆pH值	0~14	工业酸度计		台	1	选硫2#浮选槽	
				玻璃 pH 复合电极	型号:JENCO 600P	支	1	选硫2#浮选槽	配套辅助测量装置
				pH 变送器	型号:JENCO 6308PT 温度:−10.0·120.0℃ 信号:4~20mA 电源:220V AC	台	1	仪表箱	
9	AT-109	矿浆pH值	0~14	工业酸度计		台	1	选硫4#浮选槽	
				玻璃 pH 复合电极	型号:JENCO 600P	支	1	选硫4#浮选槽	配套辅助测量装置
				pH 变送器	型号:JENCO 6308PT 温度:−10.0~120.0℃ 信号:4~20mA 电源:220V AC	台	1	仪表箱	
10	FT-101	石灰乳流量	0~10m³/h	电磁流量计	型号:K450 信号:4~20mA 电源:220V AC 口径:DN50 衬里:硬橡胶	台	1	铜精选搅拌桶	
11	FT-102	石灰乳流量	0~10m³/h	电磁流量计	型号:K450 信号:4~20mA 电源:220V AC 口径:DN50 衬里:硬橡胶	台	1	铜精选2#浮选槽	
12	FT-103	石灰乳流量	0~10m³/h	电磁流量计	型号:K450 信号:4~20mA 电源:220V AC 口径:DN50 衬里:硬橡胶	台	1	铜精选4#浮选槽	
13	FT-104	石灰乳流量	0~10m³/h	电磁流量计	型号:K450 信号:4~20mA 电源:220V AC 口径:DN50 衬里:硬橡胶	台	1	锌精选搅拌桶	
14	FT-105	石灰乳流量	0~10m³/h	电磁流量计	型号:K450 信号:4~20mA 电源:220V AC 口径:DN50 衬里:硬橡胶	台	1	锌精选1#浮选槽	
15	FT-106	石灰乳流量	0~10m³/h	电磁流量计	型号:K450 信号:4·20mA 电源:220V AC 口径:DN50 衬里:硬橡胶	台	1	锌精选3#浮选槽	
16	LT-101	矿浆液位	0~2000mm	超声波物位计	型号:FMU30 信号:4~20mA 电源:24V DC	台	1	铜硫混合浮选1#浮选槽	配套辅助测量装置
17	LT-102	矿浆液位	0~2000mm	超声波物位计	型号:FMU30 信号:4~20mA 电源:24V DC	台	1	铜硫混合浮选1#浮选槽	配套辅助测量装置
18	LT-103	矿浆液位	0~2000mm	超声波物位计	型号:FMU30 信号:4~20mA 电源:24V DC	台	1	铜硫混合浮选1#浮选槽	配套辅助测量装置

序号	仪表位号	测控对象	测控范围	名称	型号/规格	单位	数量	安装地点	备注
19	LT-104	矿浆液位	0～2000mm	超声波物位计	型号：FMU30 信号：4～20mA 电源：24V DC	台	1	铜硫混合浮选1#浮选槽	配套辅助测量装置
20	LT-105	矿浆液位	0～2000mm	超声波物位计	型号：FMU30 信号：4～20mA 电源：24V DC	台	1	铜硫混合浮选1#浮选槽	配套辅助测量装置
21	LT-106	矿浆液位	0～2000mm	超声波物位计	型号：FMU30 信号：4～20mA 电源：24V DC	台	1	锌硫混合浮选1#浮选槽	配套辅助测量装置
22	LT-107	矿浆液位	0～2000mm	超声波物位计	型号：FMU30 信号：4～20mA 电源：220V AC	台	1	锌硫混合浮选1#浮选槽	配套辅助测量装置
23	LT-108	矿浆液位	0～2000mm	超声波物位计	型号：FMU30 信号：4～20mA 电源：24V DC	台	1	锌硫混合浮选1#浮选槽	配套辅助测量装置
24	LT-109	矿浆液位	0～2000mm	超声波物位计	型号：FMU30 信号：4～20mA 电源：24V DC	台	1	锌硫混合浮选1#浮选槽	配套辅助测量装置
25	LT-111	药剂液位	0～30kPa	压力变送器	型号：HR-K2S1R 信号：4～20mA 电源：24V DC	台	1	铜捕收剂	两线制
26	LT-112	药剂液位	0～30kPa	压力变送器	型号：HR-K2S1R 信号：4～20mA 电源：24V DC	台	1	锌捕收剂储药罐	两线制
27	LT-113	药剂液位	0～30kPa	压力变送器	型号：HR-K2S1R 信号：4～20mA 电源：24V DC	台	1	硫酸铜储药罐	两线制
28	LT-114	药剂液位	0～30kPa	压力变送器	型号：HR-K2S1R 信号：4～20mA 电源：24V DC	台	1	松油储药罐	两线制
29	LT-115	药剂液位	0～30kPa	压力变送器	型号：HR-K2S1R 信号：4～20mA 电源：24V DC	台	1	硫酸锌储药罐	两线制
30	LT-116	药剂液位	0～30kPa	压力变送器	型号：HR-K2S1R 信号：4～20mA 电源：24V DC	台	1	亚硫酸钠储药罐	两线制
31	YV-101	铜捕收剂溶液	0～8000mL/min	304不锈钢电磁阀	型号：BURKERT-6011 电源：220V AC 口径：DN15 形式：直动式两位两通	台	1	铜硫混合浮选搅拌桶	两线制
32	YV-102	松油	0～50mL/min	304不锈钢电磁阀	型号：BURKERT-6011 电源：220V AC 口径：DN15 形式：直动式两位两通	台	1	铜硫混合浮选搅拌桶	输出管径 $\phi 2$
33	YV-103	硫酸锌溶液	0～3000mL/min	304不锈钢电磁阀	型号：BURKERT-6011 电源：220V AC 口径：DN15 形式：直动式两位两通	台	1	铜硫混合浮选搅拌桶	
34	YV-104	亚硫酸钠溶液	0～5000mL/min	304不锈钢电磁阀	型号：BURKERT-6011 电源：220V AC 口径：DN15 形式：直动式两位两通	台	1	铜硫混合浮选搅拌桶	
35	YV-105	铜捕收剂溶液	0～8000mL/min	304不锈钢电磁阀	型号：BURKERT-6011 电源：220V AC 口径：DN15 形式：直动式两位两通	台	1	铜硫混合浮选1#浮选槽	

序号	仪表位号	测控对象	测控范围	名称	型号/规格	单位	数量	安装地点	备注
36	YV-106	硫酸锌溶液	0~3000 mL/min	304 不锈钢电磁阀	型号:BURKERT-6011 电源:220V AC 口径:DN15 形式:直动式两位两通	台	1	铜硫混合浮选4#浮选槽	
37	YV-107	硫酸锌溶液	0~3000 mL/min	304 不锈钢电磁阀	型号:BURKERT-6011 电源:220V AC 口径:DN15 形式:直动式两位两通	台	1	铜硫混合浮选6#浮选槽	
38	YV-108	亚硫酸钠溶液	0~5000 mL/min	304 不锈钢电磁阀	型号:BURKERT-6011 电源:220V AC 口径:DN15 形式:直动式两位两通	台	1	铜硫混合浮选6#浮选槽	
39	YV-111	硫酸铜溶液	0~8000 mL/min	304 不锈钢电磁阀	型号:BURKERT-6011 电源:220V AC 口径:DN15 形式:直动式两位两通	台	1	锌硫混合浮选搅拌桶	
40	YV-112	锌捕收剂溶液	0~5000 mL/min	304 不锈钢电磁阀	型号:BURKERT-6011 电源:220V AC 口径:DN15 形式:直动式两位两通	台	1	锌硫混合浮选搅拌桶	
41	YV-113	松油	0~50mL/min	304 不锈钢电磁阀	型号:BURKERT-6011 电源:220V AC 口径:DN15 形式:直动式两位两通	台	1	锌硫混合浮选搅拌桶	输出管径φ2mm
42	YV-114	锌捕收剂溶液	0~5000 mL/min	304 不锈钢电磁阀	型号:BURKERT-6011 电源:220V AC 口径:DN15 形式:直动式两位两通	台	1	锌硫混合浮选7#浮选槽	
43	YV-115	硫酸铜溶液	0~8000 mL/min	304 不锈钢电磁阀	型号:BURKERT-6011 电源:220V AC 口径:DN15 形式:直动式两位两通	台	1	锌硫混合浮选7#浮选槽	
44	YV-116	锌捕收剂溶液	0~3000 mL/min	304 不锈钢电磁阀	型号:BURKERT-6011 电源:220V AC 口径:DN15 形式:直动式两位两通	台	1	锌硫混合浮选9#浮选槽	
45	YV-117	硫酸铜溶液	0~8000 mL/min	304 不锈钢电磁阀	型号:BURKERT-6011 电源:220V AC 口径:DN15 形式:直动式两位两通	台	1	锌硫混合浮选9#浮选槽	
46	YV-118	松油	0~50 mL/min	304 不锈钢电磁阀	型号:BURKERT-6011 电源:220V AC 口径:DN15 形式:直动式两位两通	台	1	锌硫混合浮选9#浮选槽	输出管径φ2mm
47	YV-121	硫酸锌溶液	0~3000 mL/min	304 不锈钢电磁阀	型号:BURKERT-6011 电源:220V AC 口径:DN15 形式:直动式两位两通	台	1	铜精选搅拌桶	
48	YV-122	亚硫酸钠溶液	0~5000 mL/min	304 不锈钢电磁阀	型号:BURKERT-6011 电源:220V AC 口径:DN15 形式:直动式两位两通	台	1	铜精选搅拌桶	
49	YV-123	硫酸锌溶液	0~3000 mL/min	304 不锈钢电磁阀	型号:BURKERT-6011 电源:220V AC 口径:DN15 形式:直动式两位两通	台	1	铜精选2#浮选槽	
50	YV-124	亚硫酸钠溶液	0~5000 mL/min	304 不锈钢电磁阀	型号:BURKERT-6011 电源:220V AC 口径:DN15 形式:直动式两位两通	台	1	铜精选2#浮选槽	

序号	仪表位号	测控对象	测控范围	名称	型号/规格	单位	数量	安装地点	备注
51	YV-125	硫酸锌溶液	0～3000 mL/min	304 不锈钢电磁阀	型号：BURKERT-6011 电源：220V AC 口径：DN15 形式：直动式两位两通	台	1	铜精选4#浮选槽	
52	YV-126	亚硫酸钠溶液	0～5000 mL/min	304 不锈钢电磁阀	型号：BURKERT-6011 电源：220V AC 口径：DN15 形式：直动式两位两通	台	1	铜精选4#浮选槽	
53	YV-127	硫酸锌溶液	0～3000 mL/min	304 不锈钢电磁阀	型号：BURKERT-6011 电源：220V AC 口径：DN15 形式：直动式两位两通	台	1	铜精选7#浮选槽	
54	YV-128	亚硫酸钠溶液	0～5000 mL/min	304 不锈钢电磁阀	型号：BURKERT-6011 电源：220V AC 口径：DN15 形式：直动式两位两通	台	1	铜精选7#浮选槽	
55	YV-131	锌捕收剂溶液	0～3000 mL/min	304 不锈钢电磁阀	型号：BURKERT-6011 电源：220V AC 口径：DN15 形式：直动式两位两通	台	1	锌精选搅拌桶	
56	YV-132	松油	0～50mL/min	304 不锈钢电磁阀	型号：BURKERT-6011 电源：220V AC 口径：DN15 形式：直动式两位两通	台	1	锌精选搅拌桶	输出管径ϕ2mm
57	YV-133	锌捕收剂溶液	0～3000 mL/min	304 不锈钢电磁阀	型号：BURKERT-6011 电源：220V AC 口径：DN15 形式：直动式两位两通	台	1	锌硫混合浮选11#浮选槽	
58	YV-134	硫酸铜溶液	0～8000 mL/min	304 不锈钢电磁阀	型号：BURKERT-6011 电源：220V AC 口径：DN15 形式：直动式两位两通	台	1	锌硫混合浮选11#浮选槽	
59	YV-141	硫酸铜溶液	0～8000 mL/min	304 不锈钢电磁阀	型号：BURKERT-6011 电源：220V AC 口径：DN15 形式：直动式两位两通	台	1	复选铜精选尾矿搅拌桶	
60	YV-142	铜捕收剂溶液	0～8000 mL/min	304 不锈钢电磁阀	型号：BURKERT-6011 电源：220V AC 口径：DN15 形式：直动式两位两通	台	1	复选7#浮选槽	
61	YV-143	硫酸锌溶液	0～3000 mL/min	304 不锈钢电磁阀	型号：BURKERT-6011 电源：220V AC 口径：DN15 形式：直动式两位两通	台	1	复选7#浮选槽	
62	YV-144	松油	0～50 mL/min	304 不锈钢电磁阀	型号：BURKERT-6011 电源：220V AC 口径：DN15 形式：直动式两位两通	台	1	复选7#浮选槽	输出管径ϕ2mm
63	YV-145	铜捕收剂溶液	0～8000 mL/min	304 不锈钢电磁阀	型号：BURKERT-6011 电源：220V AC 口径：DN15 形式：直动式两位两通	台	1	复选9#浮选槽	
64	YV-146	锌捕收剂溶液	0～3000 mL/min	304 不锈钢电磁阀	型号：BURKERT-6011 电源：220V AC 口径：DN15 形式：直动式两位两通	台	1	复选锌精选尾矿搅拌桶	
65	YV-147	硫酸铜溶液	0～8000 mL/min	304 不锈钢电磁阀	型号：BURKERT-6011 电源：220V AC 口径：DN15 形式：直动式两位两通	台	1	复选锌精选尾矿搅拌桶	
66	YV-148	松油	0～50 mL/min	304 不锈钢电磁阀	型号：BURKERT-6011 电源：220V AC 口径：DN15 形式：直动式两位两通	台	1	复选锌精选尾矿搅拌桶	输出管径ϕ2mm

序号	仪表位号	测控对象	测控范围	名称	型号/规格	单位	数量	安装地点	备注
67	AV-101	石灰乳流量		电动调节阀（V型球阀）	型号：ZDLP-50 控制信号：4～20mA 电源：220V AC 口径：DN50	台	1	铜精选搅拌桶	
68	AV-102	石灰乳流量		电动调节阀（V型球阀）	型号：ZDLP-50 控制信号：4～20mA 电源：220V AC 口径：DN50	台	1	铜精选2#浮选槽	
69	AV-103	石灰乳流量		电动调节阀（V型球阀）	型号：ZDLP-50 控制信号：4～20mA 电源：220V AC 口径：DN50	台	1	铜精选4#浮选槽	
70	AV-104	石灰乳流量		电动调节阀（V型球阀）	型号：ZDLP-50 控制信号：4～20mA 电源：220V AC 口径：DN50	台	1	锌精选搅拌桶	
71	AV-105	石灰乳流量		电动调节阀（V型球阀）	型号：ZDLP-50 控制信号：4～20mA 电源：220V AC 口径：DN50	台	1	锌精选1#浮选槽	
72	AV-106	石灰乳流量		电动调节阀（V型球阀）	型号：ZDLP-50 控制信号：4～20mA 电源：220V AC 口径：DN50	台	1	锌精选3#浮选槽	
73	LV-101	浮选槽液位		直行程电动调节阀	型号：DKZ-510 控制信号：4～20mA 电源：220V AC 行程：0～100mm	台	1	铜硫浮选1#浮选槽出口	调节浮选槽闸板
74	LV-102	浮选槽液位		直行程电动调节阀	型号：DKZ-510 控制信号：4～20mA 电源：220V AC 行程：0～100mm	台	1	铜硫浮选3#浮选槽出口	调节浮选槽闸板
75	LV-103	浮选槽液位		直行程电动调节阀	型号：DKZ-510 控制信号：4～20mA 电源：220V AC 行程：0～100mm	台	1	铜硫浮选5#浮选槽出口	调节浮选槽闸板
76	LV-104	浮选槽液位		直行程电动调节阀	型号：DKZ-510 控制信号：4～20mA 电源：220V AC 行程：0～100mm	台	1	铜硫浮选7#浮选槽出口	调节浮选槽闸板
77	LV-105	浮选槽液位		直行程电动调节阀	型号：DKZ-510 控制信号：4～20mA 电源：220V AC 行程：0～100mm	台	1	锌硫浮选1#浮选槽出口	调节浮选槽闸板
78	LV-106	浮选槽液位		直行程电动调节阀	型号：DKZ-510 控制信号：4～20mA 电源：220V AC 行程：0～100mm	台	1	锌硫浮选5#浮选槽出口	调节浮选槽闸板
79	LV-107	浮选槽液位		直行程电动调节阀	型号：DKZ-510 控制信号：4～20mA 电源：220V AC 行程：0～100mm	台	1	锌硫浮选8#浮选槽出口	调节浮选槽闸板
80	LV-108	浮选槽液位		直行程电动调节阀	型号：DKZ-510 控制信号：4～20mA 电源：220V AC 行程：0～100mm	台	1	锌硫浮选10#浮选槽出口	调节浮选槽闸板
81	LV-109	浮选槽液位		直行程电动调节阀	型号：DKZ-510 控制信号：4～20mA 电源：220V AC 行程：0～100mm	台	1	锌硫浮选11#浮选槽出口	调节浮选槽闸板

6.6.4 主机配置及系统结构

6.6.4.1 主机配置

选用西门子的 S7-300 PLC 作为控制主机，进行检测仪表的数据采集、多参数的控制运算和执行仪表的控制；选用 DELL 微型计算机作为监控系统的主机，微型计算机与 PLC 之间通过 MPI 通信；选用组态王软件进行监控系统开发，监控系统运行于 Windows 7 平台上。主机及软件配置如表 6-7 所示。

表 6-7　主机及软件配置

序号	名称	型号	单位	数量	描述
1	可编程控制器(PLC)配置	S7-300	台	1	
	CPU	6ES7 315-2AH14-0AB0	个	1	128k 工作内存,1 个 MPI 和 1 个 PROFIBUS-DP 通信口
	程序存储卡	6ES7 952-0KH00-0AA0	个	1	256kb FEPROM
	电源	6ES7 307-1EA01-0AA0	个	1	输入 220V AC,输出 24V DC,5A
	ET200M 导轨 620mm(热插拔式)	6ES7 195-1GG30-0XA0	个	1	数据总线热插拔导轨
	DI 32 点数字量输入模块	6ES7 321-1BL00-0AA0	个	1	输入 24V DC,光电隔离
	DO 32 点数字量输出模块	6ES7 322-1BL00-0AA0	个	2	24V DC,0.5A,晶体管输出,光电隔离
	AI 8 通道模拟量输入模块	6ES7 331-1KF01-0AB0	个	3	输入信号可选择电压、电流、电阻、PT100,光电隔离
	AO 8 通道模拟量输出模块	6ES7 332-5HF00-0AB0	个	2	输出信号可选择电压、电流,光电隔离
	热插拔底板	6ES7 195-7HB000XA0	8	个	支持热插拔
	40 针前连接器	6ES7 392-1AM00-0AA0	8	个	螺钉型
2	工业计算机	Optiplex 9010	台	2	i7 3770 CPU /8G 内存/1T 硬盘/DVD 光驱/显卡/声卡/网卡/键盘/鼠标/音箱/Windows 7
3	液晶显示器	S2340M(1920×1080)	台	2	屏幕为 23in
4	通信卡		块	1	安装在工程师站的 PCI 插槽
5	组态软件(运行版+客户端)	KingView 6.55 (256 点+10 个客户端)	套	1	最多同时支持 10 个客户端,并且按优先级排队

6.6.4.2 测控系统结构设计

浮选过程测控系统拓扑结构如图 6-32 所示。该系统为分布式控制系统结构，由上位机和下位机组成。下位机为 1 台 S7-300PLC，负责数据采集与过程控制；上位机由 2 台工业计算机组成，1 台作为工程师站，另一台作为操作员站，工程师站负责与 PLC 通信，具有开发调试功能，同时提供网络监控功能，操作员站从工程师站获得 PLC 数据，并通过工程师站将操作结果传送到 PLC。

浮选过程设备的运行信号从设备电气控制柜获得，并由 DI 模块接入 PLC；电磁阀由 2 个 DO 模块控制，DO 模块为 24V DC 输出，经驱动电路连接到电磁阀，通过控制每个周期内电磁阀的开、关时间，从而控制单位时间的加药量；储药罐（共 6 个）的液位由压力变送器检测，工业酸度计（共 6 台）和超声波物位计（共 9 台）的 4～20mA 信号输入 AI 模块，经 A/D 转换和计算后得到矿浆 pH 值和浮选槽矿浆的液位；浮选机闸板的开度由电动执行机构（共 9 台）控制，电动执行机构与 AO 模块连接，接收的控制信号为 4～20mA，通过控制电动执行机构的行程而控制浮选机闸板的开度，最终控制浮选机的液位。

浮选过程测控系统具有远程监控功能。通过网页发布，可以依靠互联网在异地对测控系统进行监控，并根据权限进行查看或操作。本案例支持最多 10 台的同时监控用户，当满 10 台后，如果非特别授权客户端，将无法对测控系统进行监控。

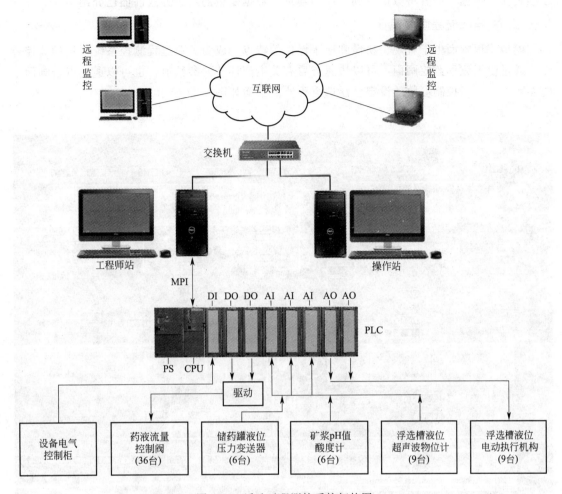

图 6-32　浮选过程测控系统拓扑图

6.6.5　浮选作业监控系统的设计开发

6.6.5.1　通信设备组态

在工程浏览器界面中，点击"设备→板卡→新建→设备驱动→PLC→西门子→S7-300 （MPI）→MPI（CP5611）→下一步"，输入设备名称为"S7 _ 315PLC"，设置 PLC 的地址为"2.2"，后续设置采用系统默认值，这样就可以完成 PLC 与监控计算机的通信设置。 PLC 地址格式为：地址.CPU 占用的槽号，例如：2.2 是指 PLC 在 MPI 总线上的地址为 2， PLC 的 CPU 占用的槽号为 2。本案例采用 CP5611 通信卡作为监控计算机与 PLC 的通信接口电路，CP5611 通信卡支持 MPI 和 PROFIBUS 通信协议。

6.6.5.2　数据变量组态

在工程浏览器界面中，点击"数据库→数据词典→新建"，即弹出数据词典的组态对话框，可以根据监控需要进行参数变量组态。数据变量包括内存变量和 I/O 变量，内存变量为监控系统内部的变量，I/O 变量为从 PLC 获得数据的变量。I/O 变量的数据地址由 PLC 编程确定。对于用来监控的参数数据地址，一旦参数地址确定了就不能随便更改，否则将无法准确获得数据，或者将数据写到错误的地址。数据变量的组态方法前面已介绍。

6.6.5.3 浮选流程画面设计

模拟流程画面由于直观、易懂和便于操作的特点，成为工业过程测控系统常用的监控界面。通过模拟流程监控画面，可以快速查看有关生产环节的参数值，也可以通过点击画面上的参数项，进行控制参数的设定。浮选流程监控画面如图 6-33 所示。

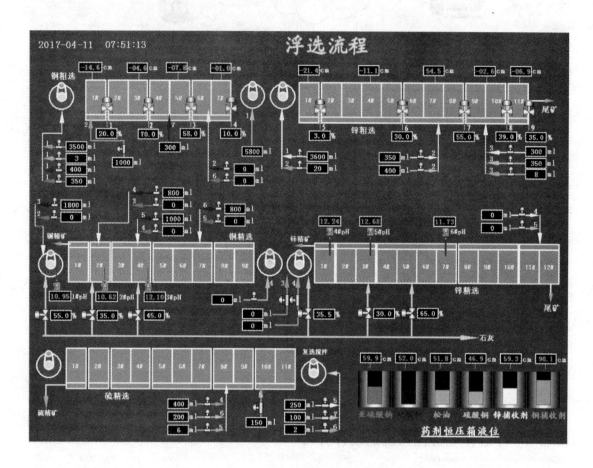

图 6-33　浮选流程监控画面

6.6.5.4 数据列表画面设计

新建"数据列表"画面，点击"工具"→"报表窗口"，在画面中画出方框形成报表窗口，双击报表窗口弹出如图 6-34 所示的窗口，设置报表控件名称为"数据列表"，设置表格的行数和列数，确定后按要求产生表格。表格的列项最左边为数据组的时间，其他对应参数的数据。包括 pH 值、石灰乳流量、浮选槽液位、加药点药液流量等，共有 73 个参数，要求每个页面显示 60 组数据。表格的数字和字符格式等可以从图 6-35 所示的窗口设置。

图 6-36 所示为数据列表画面设计，画面中设有年、月、日、时和时间间隔的数据输入项，设置"数据列表"和"数据清空"的操作按键。输入要查询数据的开始时间（年、月、日、时）和时间间隔后，点击"数据列表"可以按要求列出 60 组数据。点击"数据清空"按键清除当前表格上的所有数据。

图 6-34　报表设计窗口

图 6-35　单元格格式设置窗口

图 6-36　数据列表画面

6.6.5.5　数据列表和清空编程

　　点击图 6-36 中的"数据列表"按键，从弹出的"动画连接"窗口中点击"命令语言连接"的"弹出时"按键，从弹出的"命令语言"窗口中编程。同样点击"数据清空"按键，也可以从弹出的"命令语言"窗口中编程。组态王的命令语言类似 C 语言，组态王还提供丰富的函数，可通过命令语言指令函数操作编程。

　　数据列表指令代码如下：

```
//将查询年、月、日与日期控件关联
long StartTime;
long Timelen;
long nowTime;
StartTime＝HTConvertTime(\\本站点\历史数据_年,\\本站点\历史数据_月,\\本站点\历史数据_日,\\本站点\历史数据_时,0,0);
nowTime＝HTConvertTime(\\本站点\＄年,\\本站点\＄月,\\本站点\＄日,\\本站点\
```

```
＄时,0,0);
Timelen＝\\本站点\历史数据_间隔＊60;
if((nowTime-StartTime)＜7200)
    {
ShowPicture("报表警告");   //如果查询时间距当前时间小于 2h,弹出警告信息禁止
查询
    }
else
{
//列出 AT_101 至 AT_109 共 9 个 pH 值参数的数据,共 60 组
ReportSetHistData("数据列表","\\本站点\AT_101", StartTime,Timelen,"b3:b63");
ReportSetHistData("数据列表","\\本站点\AT_102", StartTime,Timelen,"c3:c63");
ReportSetHistData("数据列表","\\本站点\AT_103", StartTime,Timelen,"d3:d63");
ReportSetHistData("数据列表","\\本站点\AT_104", StartTime,Timelen,"e3:e63");
ReportSetHistData("数据列表","\\本站点\AT_105", StartTime,Timelen,"f3:f63");
ReportSetHistData("数据列表","\\本站点\AT_106", StartTime,Timelen,"g3:g63");
ReportSetHistData("数据列表","\\本站点\AT_107", StartTime,Timelen,"h3:h63");
ReportSetHistData("数据列表","\\本站点\AT_108", StartTime,Timelen,"i3:i63");
ReportSetHistData("数据列表","\\本站点\AT_109", StartTime,Timelen,"j3:j63");

//列出 FT_101 至 FT_109 共 9 个石灰乳流量参数数据,共 60 组
ReportSetHistData("数据列表","\\本站点\FT_101", StartTime,Timelen,"k3:k63");
ReportSetHistData("数据列表","\\本站点\FT_102", StartTime,Timelen,"l3:l63");
ReportSetHistData("数据列表","\\本站点\FT_103", StartTime,Timelen,"m3:m63");
ReportSetHistData("数据列表","\\本站点\FT_104", StartTime,Timelen,"n3:n63");
ReportSetHistData("数据列表","\\本站点\FT_105", StartTime,Timelen,"o3:o63");
ReportSetHistData("数据列表","\\本站点\FT_106", StartTime,Timelen,"p3:p63");
ReportSetHistData("数据列表","\\本站点\FT_107", StartTime,Timelen,"q3:q63");
ReportSetHistData("数据列表","\\本站点\FT_108", StartTime,Timelen,"r3:r63");
ReportSetHistData("数据列表","\\本站点\FT_109", StartTime,Timelen,"s3:s63");

//列出 LT_101 至 LT_109 共 9 个浮选槽液位参数数据,共 60 组
ReportSetHistData("数据列表","\\本站点\LT_101", StartTime,Timelen,"t3:t63");
ReportSetHistData("数据列表","\\本站点\LT_102", StartTime,Timelen,"u3:u63");
ReportSetHistData("数据列表","\\本站点\LT_103", StartTime,Timelen,"v3:v63");
ReportSetHistData("数据列表","\\本站点\LT_104", StartTime,Timelen,"w3:w63");
ReportSetHistData("数据列表","\\本站点\LT_105", StartTime,Timelen,"x3:x63");
ReportSetHistData("数据列表","\\本站点\LT_106", StartTime,Timelen,"y3:y63");
ReportSetHistData("数据列表","\\本站点\LT_107", StartTime,Timelen,"z3:z63");
ReportSetHistData("数据列表","\\本站点\LT_108", StartTime,Timelen,"aa3:aa63");
```

ReportSetHistData("数据列表","\\本站点\LT_109",StartTime,Timelen,"ab3:ab63");

//列出 YT_101 至 YT_108、YT_111 至 YT_118、YT_121 至 YT_128、YT_131 至 YT_134、
YT_141 至 YT_148
//共 36 个加药点的药液流量数据,共 60 组
ReportSetHistData("数据列表","\\本站点\YV_101",StartTime,Timelen,"ac3:ac62");
ReportSetHistData("数据列表","\\本站点\YV_102",StartTime,Timelen,"ad3:ad62");
ReportSetHistData("数据列表","\\本站点\YV_103",StartTime,Timelen,"ae3:ae62");
ReportSetHistData("数据列表","\\本站点\YV_104",StartTime,Timelen,"af3:af62");
ReportSetHistData("数据列表","\\本站点\YV_105",StartTime,Timelen,"ag3:ag62");
ReportSetHistData("数据列表","\\本站点\YV_106",StartTime,Timelen,"ah3:ah62");
ReportSetHistData("数据列表","\\本站点\YV_107",StartTime,Timelen,"ai3:ai62");
ReportSetHistData("数据列表","\\本站点\YV_108",StartTime,Timelen,"aj3:aj62");

ReportSetHistData("数据列表","\\本站点\YV_111",StartTime,Timelen,"ak3:ak62");
ReportSetHistData("数据列表","\\本站点\YV_112",StartTime,Timelen,"al3:al62");
ReportSetHistData("数据列表","\\本站点\YV_113",StartTime,Timelen,"am3:am62");
ReportSetHistData("数据列表","\\本站点\YV_114",StartTime,Timelen,"an3:an62");
ReportSetHistData("数据列表","\\本站点\YV_115",StartTime,Timelen,"ao3:ao62");
ReportSetHistData("数据列表","\\本站点\YV_116",StartTime,Timelen,"ap3:ap62");
ReportSetHistData("数据列表","\\本站点\YV_117",StartTime,Timelen,"aq3:aq62");
ReportSetHistData("数据列表","\\本站点\YV_118",StartTime,Timelen,"ar3:ar62");

ReportSetHistData("数据列表","\\本站点\YV_121",StartTime,Timelen,"as3:as62");
ReportSetHistData("数据列表","\\本站点\YV_122",StartTime,Timelen,"at3:at62");
ReportSetHistData("数据列表","\\本站点\YV_123",StartTime,Timelen,"au3:au62");
ReportSetHistData("数据列表","\\本站点\YV_124",StartTime,Timelen,"av3:av62");
ReportSetHistData("数据列表","\\本站点\YV_125",StartTime,Timelen,"aw3:aw62");
ReportSetHistData("数据列表","\\本站点\YV_126",StartTime,Timelen,"ax3:ax62");
ReportSetHistData("数据列表","\\本站点\YV_127",StartTime,Timelen,"ay3:ay62");
ReportSetHistData("数据列表","\\本站点\YV_128",StartTime,Timelen,"az3:az62");

ReportSetHistData("数据列表","\\本站点\YV_131",StartTime,Timelen,"ba3:ba62");
ReportSetHistData("数据列表","\\本站点\YV_132",StartTime,Timelen,"bb3:bb62");
ReportSetHistData("数据列表","\\本站点\YV_133",StartTime,Timelen,"bc3:bc62");
ReportSetHistData("数据列表","\\本站点\YV_134",StartTime,Timelen,"bd3:bd62");

ReportSetHistData("数据列表","\\本站点\YV_141",StartTime,Timelen,"be3:be62");
ReportSetHistData("数据列表","\\本站点\YV_142",StartTime,Timelen,"bf3:bf62");
ReportSetHistData("数据列表","\\本站点\YV_143",StartTime,Timelen,"bg3:bg62");

```
ReportSetHistData("数据列表","\\本站点\YV_144", StartTime,Timelen,"bh3:bh62");
ReportSetHistData("数据列表","\\本站点\YV_145", StartTime,Timelen,"bi3:bi62");
ReportSetHistData("数据列表","\\本站点\YV_146", StartTime,Timelen,"bj3:bj62");
ReportSetHistData("数据列表","\\本站点\YV_147", StartTime,Timelen,"bk3:bk62");
ReportSetHistData("数据列表","\\本站点\YV_148", StartTime,Timelen,"bl3:bl62");

string datatime;
datatime=StrFromTime( StartTime,1);

//将查询时间字符写入时间单元格
string strtime;
long hang;
hang=3;

while (hang<=62)
{
strtime=StrFromTime( StartTime,2);
ReportSetCellString("数据列表", hang, 1, strtime);
hang=hang+1;
StartTime=StartTime+Timelen;
}
    //以上为一个循环语句,将时间进行转换写入时间单元格中
ClosePicture("时报查询");  //关闭时报查询画面
}
```

点击图 6-36 中的"数据清空"按键,从弹出的"动画连接"窗口中点击"弹出时"按键,从"命令语言"窗口中输入程序代码。数据清空的指令代码很简单,就一个函数操作,即

```
//数据清空的指令代码
ReportSetCellString2("数据列表",3,1,62,64,");
```

6.7 四通道矿浆浓度粒度机电一体化检测

6.7.1 概述

人类利用矿物资源已有几千年的历史,但矿物的选别算不上一门工业技术,自从 1867 年雷廷格尔所著的《选矿学》出版以来,选矿技术初步形成了选矿体系。19 世纪末至 20 年代初,世界工业生产快速发展,对矿物原料的需求也大大地增大,促使了"选矿"技术从古代的手工作业向工业技术的转变。从那时起,选矿技术已成为一门人类从天然矿石中选别、富集有用矿物原料的成熟的工业技术,并得到广泛的利用。由于矿浆浓度和粒度的检测在选矿过程中具有举足轻重的地位,它们直接影响选别的指标和选矿成本的消耗。所以它们也随着选矿技术的发展而快速发展。

在矿物分选的过程中，矿物的浓度和粒度的大小直接影响着矿物分选的指标。在磨矿过程中，不同的矿物要使其达到单体解离，所要求的磨矿细度不同。如果磨矿的产品粒度过大，有用矿物与脉石矿物不能完全分开，选别过程中就难以保证回收率，既浪费了磨矿和浮选时的能源，又浪费了矿产资源；反之，如果磨矿产品的粒度过细（过磨），已经充分单体解离的有用矿物颗粒又被破坏成了更小的颗粒，大大地浪费了电能，并形成了影响选别的矿泥。矿浆浓度也是影响选别指标的一个重要参数，矿浆浓度的合格与否直接影响分选指标和选矿成本。

6.7.2　系统总体设计及仪器选型

四通道矿浆浓度粒度机电一体化检测装置是利用称重法开发的一种四通道矿浆浓度粒度一体化检测装置，能够实时对选矿过程中的各环节进行监测，实现无人值守的高效的选别过程中浓度和粒度的检测。

对于该装置的设计分为硬件设计和自动控制设计。在硬件设计中，分为取样自动加水模块、升降模块、振动筛分模块、称重模块和筛上产品自动卸料模块，这些模块通过Pro/e软件进行建模，并对这些模块进行优化和碰撞分析，即运动时零件间无碰撞。最后组装在一起形成整个硬件系统；自动控制部分的设计主要是通过PLC、信号放大器、A/D转换模块与硬件系统连接，编程语言用梯形图语言。装置主机见图6-37。

（1）取样模块

该模块由渣浆泵、管道、三通电动阀组成。

① 渣浆泵　采用石家庄泵业集团生产的AH系列渣浆泵，该系列的渣浆泵入口为轴向，出口为径向，从吸入口方向看为逆时针

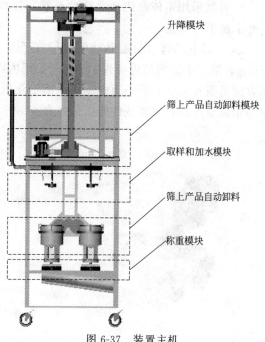

升降模块

筛上产品自动卸料模块

取样和加水模块

筛上产品自动卸料

称重模块

图 6-37　装置主机

旋转。传动方式有V形三角带传动、弹性连轴传动、齿轮减速箱传动以及液力耦合器传动等，该装置中采用齿轮减速箱传动，参数见表6-8。

表 6-8　泵的技术参数

型号	吐出口径 /mm	转速 n/(r/min)	流量 Q/（m³/h）	扬程 H/m	效率 η /%	配带功率 /kW	叶轮直径 D₂/mm
1.5/1B-AH(R)	25	1200～3800	10.8～28.8	6～68	40	15	152

② 管道　矿浆输送管道专用管道内径为 25mm，是以改性超高分子量聚乙烯为原料，经过特殊的挤出机挤出成型的。超高分子量聚乙烯（UHMWPE）是黏均分子量在 250×10^4 以上的线形结构聚乙烯，被称为"神奇的塑料"，它几乎集中了各种塑料的优点，具有其他塑料无可比拟的耐磨、耐冲击、自润滑、耐腐蚀、耐低温、不黏附等总和性能，它与普通矿用聚乙烯管材相比，各项性能均具有优势，尤其是冲击强度是普通聚乙烯管材的 4 倍以上，可是说是"砸不烂、摔不破、磨不坏"。它是用超高分子量聚乙烯基体采用独特工艺加工而成，产品较聚乙烯等其他矿用管有更优异的性能。广泛应用于火力发电系统的粉煤灰输送、

回水管道，矿山行业的尾矿、泥浆输送，煤炭行业的选煤厂粉煤高压输送、水煤浆高压输送以及其他行业的泥浆，含渣腐蚀性介质输送等领域。

矿浆输送专用管道特点：

a. 管材拉伸强度高，可达到普通聚乙烯矿用管材的 1.8 倍，具有更好的承压能力。

b. 管材耐磨性性能好，更大的提高注浆管使用寿命。

c. 管材冲击强度是普通聚乙烯矿用管材的 5 倍，可以耐强外力反复冲击或耐内压频繁波动。

d. 管材柔韧性好，可随巷道自然弯曲。

e. 管材重量轻、运输、安装方便。

f. 管材采用本体翻边、活法兰连接，接口不怕摔、不怕砸，连接简便可靠，大大提高矿井下使用的安全。

③ 三通电动阀　三通电动阀采用 T 形，直线方向（图 6-38 的水平方向）内径 DN=25mm，第三个方向的内径为 10mm，采用内螺纹连接，密封圈材料为聚四氟乙烯，介质流通方向见图 6-38。T 形三通电动阀适用于介质的分流、合流或流向切换，T 形孔道可以使其中两个通道连通，主要技性能指标如表 6-9 所示。

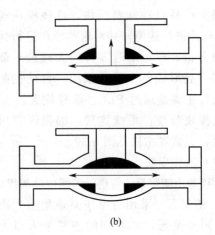

图 6-38　三通电动阀（a）和开闭方式（b）

表 6-9　主要性能指标

公称通径 DN/mm	允许压差 /MPa	动作范围 /(°)	泄漏量 Q	基本误差/%	回差/%	死区/%
15	≤公称压力	0～90	按 GB/T 4213—92,小于额定量的 0.01%	±1	±1	≤1

阀体形式为三通铸造球形阀，公称压力为 1.6MPa、2.5MPa、4.0MPa、6.4MPa，标准为法兰标准的 JIS、ANSI、GB、JB、HG 等，连接形式为螺纹式连接，阀盖形式为整体式，压盖形式采用压板压紧式，密封填料为 V 形聚四氟乙烯填料、含浸聚四氟乙烯石棉填料、石棉纺织填料和石墨填料。

（2）升降模块

升降模块（如图 6-39 所示），主要由驱动电机和丝杆提升装置以及其他的连接零件所构成，其中的轴承采用国标内径为 30mm 的轴承，与下部振动筛分模块采用螺栓连接。

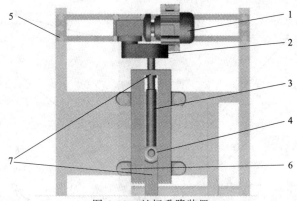

图 6-39 丝杆升降装置

1—带减速箱的电机；2—防护箱；3—丝杆；4—螺母；5—连接螺栓1；6—轴承；7—连接螺栓2

① 驱动电机 驱动电机为 ZY80 直流电动机带蜗轮蜗杆减速箱，技术参数见表 6-10。

表 6-10 电机技术参数

型号	额定电压 DC/V	功率/W	转速/(r/min)
ZY80	220	150	100

② 丝杆升降装置 该装置带齿轮的丝杆总长度为 490mm，传动螺纹长度为 250mm，该螺纹标注为 B45×5LH-5G-L，连接螺栓为 GB/T 5782—2016，标注为 GB/T 5782 M12×60（A 级六角螺栓，螺纹规格 d＝M12，公称长度 L＝60mm），配套与之相应的螺母。丝杆齿轮为标准直齿圆柱齿轮，齿数 Z＝60 齿模数 m＝2 而与之相啮合的电机齿轮为 20 齿，齿厚都为 30mm，齿轮参数见表 6-11。

表 6-11 齿轮参数

参数	分度圆直径 d/mm	齿顶高 h_a/mm	齿根高 h_f/mm	齿顶圆直径 d_a/mm	齿根圆直径 d_f/mm	中心距 a/mm
电机齿轮	40	2	2.5	44	35	80
丝杆齿轮	120	2	2.5	124	115	—

（3）振动筛分模块

该模块主要由驱动电机和偏心振动装置组成，偏心距 e＝15mm，安装架由 45♯钢制成，其整体图如图 6-40 所示。

① 驱动电机 驱动电机为直流电机，主要参数见表 6-12。

表 6-12 电机主要参数

型号	功率/W	电压/V	转速/（r/min）
ZYT-69-01	60	220	1800

② 偏心振动装置 该装置由连杆、提升杆、偏心轮以及滑块构成。

a. 连杆。材料用 45♯钢制作，连接总长度为 210mm，与偏心轮和滑块的连接均采用内径为 10mm 的国标轴承。

b. 偏心轮。材料用 45♯钢制作，直径为 100mm，厚度为 30mm，与之相连的电机轴的直径为 10mm。

c. 滑块。由于需要表面耐磨，材料用 20Cr（低淬透性渗碳钢）渗碳淬火，与下部的翻

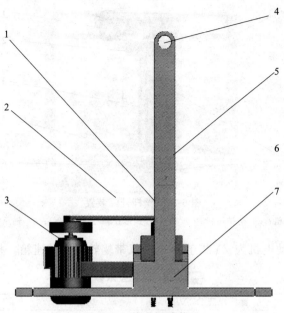

图 6-40　偏心振动装置

1—轴承；2—连杆；3—电机和偏心轮；4 —连接孔；5—提升杆；6—滑块；7—滑块与翻转装置连接螺栓

转卸料装置采用 GB/T 5782—2016 的螺栓连接。

（4）筛上产品自动卸料模块

该模块由刹车齿轮减速电机、电机齿轮、传动齿轮以及翻转连杆组成。与振动装置中的滑块利用螺栓连接，连接螺栓为 GB/T 5782—2016，标注为 GB/T 5782 M12×60。

① 刹车齿轮减速电机　电机的相关参数见表 6-13。

表 6-13　电机主要参数

额定电压 DC/V	额定功率/W	电机输出转速/（r/min）	减速比	最终输出转速/（r/min）
220	40	1350	1：150	9

② 电机齿轮和传动齿轮　电机齿轮和传动齿轮均为标准直齿圆柱齿轮，制造材料为 45♯钢，模数 m 均为 2，厚度均为 20mm。电机齿轮齿数 $Z_1=20$，传动齿轮齿数 $Z_2=50$，参数见表 6-14。

表 6-14　齿轮参数

参数	分度圆直径 d/mm	齿顶高 h_a/mm	齿根高 h_f/mm	齿顶圆直径 d_a/mm	齿根圆直径 d_f/mm	中心距 a/mm
电机齿轮	40	2	2.5	44	35	70
传动齿轮	100	2	2.5	104	95	—

③ 翻转连杆　翻转连杆由齿轮，直径为 10mm 的连杆，大小不等的两个环焊接而成，两环的表面经抛光处理，不仅外形美观，最重要的是减小与筛子间的摩擦，在翻转过程中使筛子不会被卡住。均由 45♯钢制造，齿轮模数为 2，厚度为 20mm，齿数为 20，相关参数与表 6-14 电机齿轮相同，这部分配合矿浆浓度壶以及筛子一起制作。这两个环的作用是保证在筛分和翻转卸料时筛子不滑落。如图 6-41 为在提升和筛分过程中筛子固定环与筛子的结合方式，这种方法的结合能使筛子无论是在竖直方向还是水平方向运动，筛子始终竖直向下，不会倾斜。右图为翻转卸料 180°后筛子固定环与筛子的结合方式，这种结合方式筛子

不会在翻转过程中滑落，固定环的小环能使筛子翻转后呈倒立状，不会倾斜，加水冲洗时能保证卸料完全。

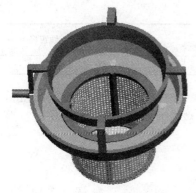

图 6-41　筛子（a）与固定环（b）的结合方式

④ 筛子　筛子由筛网和筛框制作而成（图 6-42），筛网采用金属编织网，目数为 200 目，材为不锈钢 304，金属丝孔网按照 GB/T 5330—2003 标准，并等效国际标准 ISO 9044—1999，采用平纹编织。筛网的内径为 100mm，高为 100mm，筛内容积为 785mL。

筛框选用材质优质不锈钢 SUS316 耐腐蚀，永不生锈，壁厚 3mm，无磁性，表面抛光。筛框主要由两部分（如图 6-43 所示）组成，即上部圆环状和下部的支撑架，通过四个大小一致的螺栓连接，螺栓连接孔径为 5mm。上部圆环状在制造图 6-41 的筛子固定环时放入大小环之间。换筛时如图 6-41 右图所示，只需要把上部圆环和下部支撑架的连接螺栓拧下就可换筛。

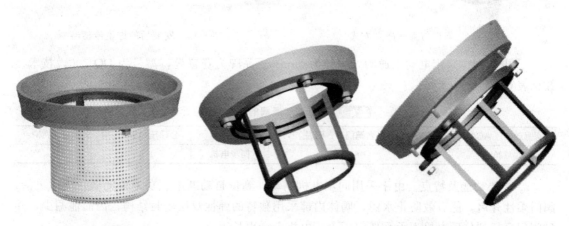

图 6-42　筛子　　　　　　　　　　图 6-43　筛框组装和拆卸图

筛网与筛框的连接方式采用嵌入式如图 6-44 所示，先把筛网制成圆筒状，然后用图示的小圆环压紧，用螺栓固定紧即可。

（5）称重模块以及自动加水模块

它的组成部分主要有称重传感器、电动阀、电磁阀、中心给矿喷淋喷头、管道以及浓度壶，电动阀安装在矿浆浓度壶底部排料，电磁阀用来控制加水量和冲洗。

① 称重传感器　采用高精度测力称重传感器 NS701（如图 6-45 所示）。NS701 称重传

感器，采用铝合金材质，无色阳极化处理，胶密封处理，防护等级 IP65，本装置中采用 130mm×29mm×11mm，参数见表 6-15。

表 6-15 传感器技术参数

量程/kg	综合精度 （欧盟衡器精度等级标准）	极限过载/%	线长/mm	线直径/mm
3～120kg	C3(0.017 级)	150	420	4

称重传感器支架，采用 PVC 材料（聚氯乙烯塑料板）手工加工而成，板面积150mm×100mm 左右，其安装孔距仅适用于 130mm 长度的称重传感器。

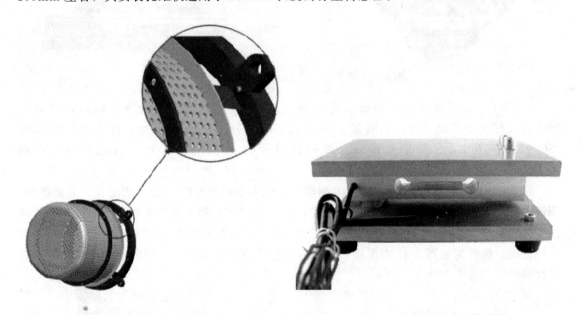

图 6-44 筛框与筛网嵌入方式　　　　图 6-45 安装后的称重传感器

② 电动阀　采用电动二通阀，内径为 15mm。品牌为赛普曼，型号为 DQ-200，技术参数见表 6-16。

表 6-16 电动二通阀的技术参数

驱动电源 AC/V	功率消耗(仅当阀门开、闭时）/W	电机类别	公称压力/MPa	关闭压力/MPa
220	6	同步电机	1.6	0.6

a. 主要功能及特点。由于采用同步电机驱动、到位自动断电、功率消耗低，动作灵活，阀门柔性开启，能有效防止水锤，阀体内部采用独特的弹性双层密封结构，因而泄漏少，并且阀门运行到位后电机不承受任何压力，电机寿命更长。

驱动器和阀体之间采用螺纹连接，可在设备、管道安装完后再装，方便安装，更利于提高安装工效；拆掉驱动器球阀可用普通工具开关。

阀轴与阀体之间采用特氟龙的填料及双 O 形环，可安全密封。驱动器采用密封结构，电器部分不受环境潮气影响。

b. 接线方式。三根接线，分别为阀开、阀关和零。

c. 安装方法。先把配套的阀体安装到相应的管道上（浓度壶底部），然后连接驱动器和阀体，将驱动器凹槽垂直压入阀体凸槽，拧紧驱动器上螺母，直到拧不动为止即可。执行器必须在水平线上，安装时不要对驱动器使用强力，与阀门连接的螺纹须为标准的国际管螺纹（即 G 螺纹），切勿使用锥螺纹与阀门连接。安装前阀门及管理应保持清洁，不得有杂物。阀门与管理可水平安装，亦可垂直安装，但不得倒置，请确保管道与阀门保温，不得将执行器包在保温层内。

③ 电磁阀　采用直动式二位二通电磁阀如图 6-46 所示，为 V2A 系列二位二通电磁阀。主要参数见表 6-17。

表 6-17　电磁阀主要参数

型号	阀体材质	适用流体	型式	电压 DC/V	流量孔径 /mm	油封材质	压力 /MPa	流体温度 /℃
V2A104-05	黄铜	空气，水，油	常闭式	24	10	NBR	0.05～0.8	−5～120

④ 中心给矿喷淋喷头　中心给矿喷淋喷头的制作材料为聚四氟乙烯（PTFE）。中心给矿，中心给矿浆管道与三通电动阀通过内径为 10mm 的管道连接，由侧面加水，与控制加水的电磁阀相连。所加水经过直径为 2mm 的小孔喷淋而下，圆筒罩能保证水竖直向下喷淋，罩的直径为 60mm，所能喷淋的范围也就是这 60mm 直径所在的范围，给矿浆和加水的管道直径均为 10mm。

⑤ 液位传感器　控制液位的液位传感器采用型号为 AT35-3 的液位传感器（如图6-47）。采用的探极材质为 SUS304♯ 不锈钢材料，信号线材质能耐 105℃ 高温，蓝色信号线长 1.0m、红色长 3.1m、白色长 3.5m，当标配信号线不够长时，可选屏蔽性能好的导线延长使用，延长范围 100m 有效。探极面能可靠接收和传递所处液面位置信号。

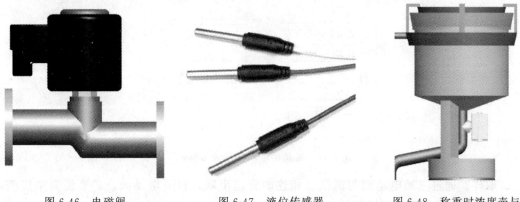

图 6-46　电磁阀　　　　图 6-47　液位传感器　　　　图 6-48　称重时浓度壶与
　　　　　　　　　　　　　　　　　　　　　　　　　　　　　　　筛子和固定环的位置关系

⑥ 管道以及浓度壶　管道用采用 PVC 材料（聚氯乙烯塑料板）加工而成，冲水盘管内直径为 15mm，矿浆取样管（与三通电动阀第三通相连的管）以及与喷淋器相连的管道内径均为 10mm。管道内径小，更加得容易控制其流量。

浓度壶根据需求进行订作，材质为 45♯ 不锈钢，壶体为圆柱形，高 100mm，内直径为 15mm，厚度为 5mm，底部为锥形结构，中心为排料口，直径为 15mm，能与相应的二通电动阀连接，底部支撑结构配合传感器支架进行设计。在称重的过程中，（如图 6-48 所示）固定环与筛子和浓度壶之间无接触。因此，上部系统对称量无影响，这样就能保证称量的精确性。

浓度壶安装在称重传感器的支架上，在其安装支架上钻直径为 12mm 的小孔，用螺栓连接。

6.7.3 检测原理及步骤

矿石的密度为 γ，清水的密度为 δ，所取矿浆体积为 V，第一次称量的矿浆重为 G_1，第二次称量的筛上产品的矿浆重为 G_2。

① 所测矿浆浓度可由以下公式计算：

$$\gamma_n = \frac{G_1 - \delta V}{V} \times 100\% \tag{6-20}$$

测得矿浆密度 γ 后，按下式计算矿浆的固体质量分数：

$$C = \frac{\gamma(\gamma_n - 1)}{\gamma_n(\gamma - 1)} \times 100\% \tag{6-21}$$

② 所测矿浆细度（粒度）即矿浆中 -200 目的百分含量。

$$\beta_{-200目} = \left(1 - \frac{C_2 G_2}{C_1 G_1}\right) \times 100\% \tag{6-22}$$

式中，C_1，C_2 筛分前矿浆的浓度和筛分后加水至指定位置时矿浆的浓度。

利用该装置进行检测矿浆的浓度和粒度时，主要有以下这些步骤（如图 6-49 所示）：

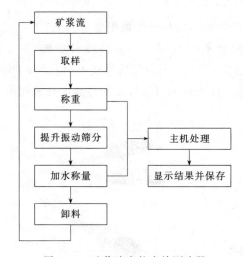

图 6-49 矿浆浓度粒度检测步骤

a. 取样。通过三通电动阀与渣浆泵相连的管道串联，打开电动阀，矿浆流向浓度壶，当浓度壶中的矿浆量达到所需要的量时，关闭电动阀。

b. 称量。在称量前，称重传感器先归零。

c. 提升振动筛分。称量过后提升至设备把筛子提升至离浓度壶 1cm 时进行振动筛分。

d. 加水称量。筛分后升降机把筛子送回壶中，加水至高度为 a 时进行称量。

e. 卸料。最后提升筛子脱离浓度壶，翻转振动冲水进行卸料，最终再回归起始位置。

f. 显示结果，并保存记录。

6.7.4 检测装置的自动控制设计

(1) 设计的思路

通过可编程控制器利用 USB 端口通信电缆与外部的电脑相连（如图 6-50 所示），并利用专用的工具软件进行编程和监控。通过 PLC 的输入接口接收控制电机、电磁阀、电动阀、液位传感器和重力传感器的按钮、行程开关以及各种继电器触点等的控制信号。然后再通过输出接口将经过主机处理的结果通过输出电路去驱动输出设备，这些设备包括：控制整个系统的继电器、接触器、电磁阀、电动阀以及指示灯等。

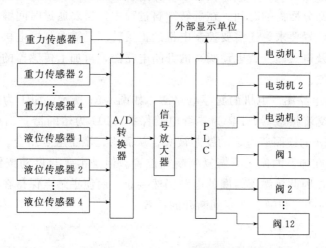

图 6-50　PLC 控制框图

可编程控制的作用是靠执行用户程序实现的，必须将控制的要求用程序的形式表达出来。程序编制就是通过特定的语言将一个控制要求详细地描述出来的过程。PLC 编程的语言以梯形图语言和指令语句表语言最为常用。

（2）控制要求

本装置需要控制的有三个电机的启停，四个电磁阀、四个三通电动阀和四个二通电动阀的开闭。

三通电动阀（以下称阀门 1）；二通电动阀（以下称阀门 2）；电磁阀（阀门 3）；带减速箱的异步电机（电机 1）；普通异步电机（电机 2）；带刹车和减速装置的异步电机（电机 3）；

0 时刻，启动总电源开关，系统归位，重力传感器置零，所有阀门关闭，渣浆泵启动，输入矿石密度、水密度以及振动筛分时间（单位：s）。

① 启动阀门 1，当容器内液位达到 6cm 时关闭阀门 1，重力传感器记下此时的值 I。

② 启动电机 1，提升筛子，使筛子口离浓度壶口 1cm 处停止转动。启动电机 2，同时打开阀 2 和阀 3，电机运动时间为输入的振动筛分时间。电机 2 停止后关闭阀门 3。

③ 重力传感器置零，启动电机 1，反转回到起始位置停止转动，关闭阀门 2 同时打开阀门 3，当容器内液位达到 6cm 时关闭阀门 3，称重传感器记下此时的值 II。

④ 启动电机 1 正转提升筛子，使筛子底部距离浓度壶口 3cm 时停止。

⑤ 启动电机 3 正转 180° 停止并卡死，打开阀门 2 和阀门 3，启动电机 2，电机运行时间为 1min。最后回到起始状态停下来。

⑥ 启动电机 3 反转 180° 停止并卡死，启动电机 1，反转回到起始位置停止，同时关闭阀门 2 和阀门 3。

⑦ 显示屏显示此时的矿浆浓度值，液固比，粒度值（－200 目含量）。

⑧ 循环①～⑦的过程。

（3）电路图

该检测系统的电路，在取样和加水阶段，通过控制阀门的开闭来控制取样的量。在丝杆升降阶段，通过时间继电器控制电机的起停时间来达到所需要的位移量，由控制电机的正转和反转来控制丝杆的上升或者下降。在振动筛分过程中，只需要通过时间继电器控制电机的起停时间达到完全筛分所需的时间。在翻转卸料过程中，需要通过时间继电器控制电机的起停时间达到翻转的位置要求，还需要控制电机的正反转。只需要掌握电机的起停电路图、电机正反转电路图以及电磁阀（或电动阀）的开闭电路图，再加上传感器的输入信号，就能形成对整个系统的控制。

① 电机的起停电路图　电机的起停电路图，如图 6-51 所示，SB1 为停止按钮，SB2 为启动按钮，KM 为交流接触器，FR 为热继电器保护，FU 为熔断器。当按下启动按钮 SB2 时，交流接触器 KM 的线圈通电，动铁芯被吸合从而将三个主触点闭合，电动机 M 便启动。当松开 SB2 时，它在弹簧的作用下恢复到断开位置。但是由于与启动按钮并联的辅助触点和主触点同时闭合，因此接触器线圈的电路仍然接通，而使主触点保持在闭合的位置。按下 SB1，线圈断电，动铁芯和触点恢复到断开的位置。

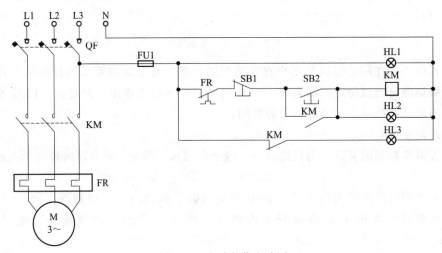

图 6-51　电动起停电路图

② 电机正反转电路图　电机正反转控制电路图如图 6-52 所示，图中 KM1、KM2 为交流接触器，SB1 为停止按钮，SB2 为正转按钮，SB3 为反转按钮，FR 为热继电器的常闭触点。当按下正转启动按钮 SB2 时，交流接触器 KM1 的线圈通电，动铁芯被吸合从而将三个主触点闭合，与 HL4 串联的辅助触点 KM1 断开，电动机 M 便启动。当松开 SB2，它在弹簧的作用下恢复到断开位置。但是由于与启动按钮并联的辅助触点和主触点同时闭合，因此接触器线圈的电路仍然接通，而使主触点保持在闭合的位置。如果按下停止按钮 SB1，则将线圈的电路切断，动铁芯和触点恢复到断开的位置。按下反转按钮 SB3，其动作和正转时相同。

③ 电磁阀（或电动阀）的开闭电路图　电磁阀（或电动阀）的开闭电路图，如图 6-53 所示，SB1 为停止按钮，SB2 为启动按钮，KM 为交流接触器，FR 为热继电器保护，FU 为熔断器。当按下启动按钮 SB2 时，交流接触器 KM 的线圈通电，动铁芯被吸合从而将三个主触点闭合，阀门打开。当松开 SB2，它在弹簧的作用下恢复到断开位置。但是由于与启动按钮并联的辅助触点和主触点同时闭合，因此接触器线圈的电路仍然接通，而使主触点保持在闭合的位置。按下 SB1，线圈断电，动铁芯和触点恢复到断开的位置，阀门关闭。

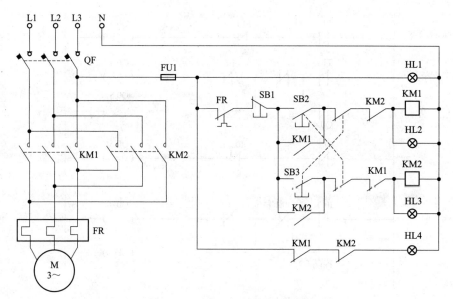

图 6-52 电机正反转控制电路图

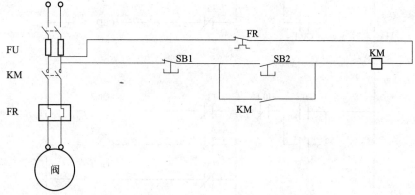

图 6-53 电磁阀（或电动阀）的开闭电路图

（4）主程序

根据控制要求设计 PLC 梯形图。部分程序图见图 6-54。

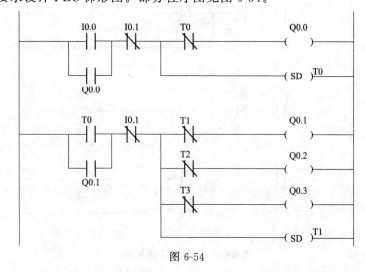

图 6-54

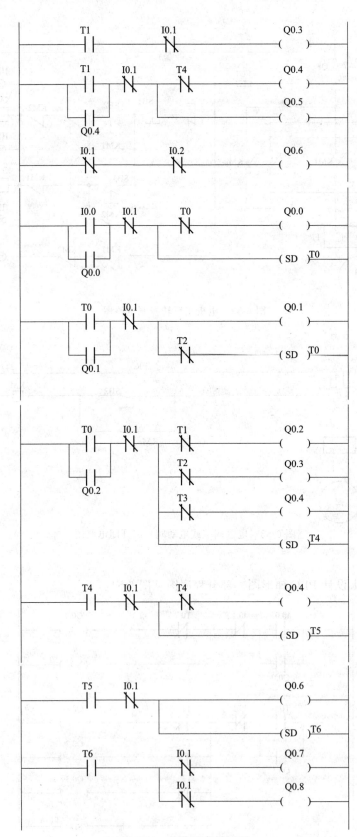

图 6-54　部分程序梯形图

思考题与习题

6.1　简述触摸屏 PLC 一体机的功能特点及用途。

6.2　写出触摸屏 PLC 一体机软件系统的组成及各部分的功能。

6.3　试述基于触摸屏 PLC 一体机的监控系统开发步骤。

6.4　采用触摸屏 PLC 一体机，设计水力旋流器监测系统。

6.5　简述检测球磨机负荷的音响法、电流法和有功功率法以及各自的特征曲线关系。

6.6　写出两种浮选机矿浆液位的检测方法。

6.7　试述多流道 X 荧光在流品位分析系统在浮选过程的应用方案。

6.8　简述浮选药液流量测控系统的组成及控制原理。

6.9　简要写出浮选作业监控系统的设计方案。

附　录

常见热电阻分度表

附表 1　铂热电阻 Pt_{100} 分度表 （ITS-90）

温度/℃	0	1	2	3	4	5	6	7	8	9
	电阻值/Ω									
−200	18.52									
−190	22.83	22.40	21.97	21.54	21.11	20.68	20.25	19.82	19.38	18.95
−180	27.10	26.67	26.24	25.82	25.39	24.97	24.54	24.11	23.68	23.25
−170	31.34	30.91	30.49	30.07	29.64	29.22	28.80	28.37	27.95	27.52
−160	35.54	35.12	34.70	34.28	33.86	33.44	33.02	32.60	32.18	31.76
−150	39.72	39.31	38.89	38.47	38.05	37.64	37.22	36.80	36.38	35.96
−140	43.88	43.46	43.05	42.63	42.22	41.80	41.39	40.97	40.56	40.14
−130	48.00	47.59	47.18	46.77	46.36	45.94	45.53	45.12	44.70	44.29
−120	52.11	51.70	51.29	50.88	50.47	50.06	49.65	49.24	48.83	48.42
−110	56.19	55.79	55.38	54.97	54.56	54.15	53.75	53.34	52.93	52.52
−100	60.26	59.85	59.44	59.04	58.63	58.23	57.82	57.41	57.01	56.60
−90	64.30	63.90	63.49	63.09	62.68	62.28	61.88	61.47	61.07	60.66
−80	68.33	67.92	67.52	67.12	66.72	66.31	65.91	65.51	65.11	64.70
−70	72.33	71.93	71.53	71.13	70.73	70.33	69.93	69.53	69.13	68.73
−60	76.33	75.93	75.53	75.13	74.73	74.33	73.93	73.53	73.13	72.73
−50	80.31	79.91	79.51	79.11	78.72	78.32	77.92	77.52	77.12	76.73
−40	84.27	83.87	83.48	83.08	82.69	82.29	81.89	81.50	81.10	80.70
−30	88.22	87.83	87.43	87.04	86.64	86.25	85.85	85.46	85.06	84.67
−20	92.16	91.77	91.37	90.98	90.59	90.19	89.80	89.40	89.01	88.62
−10	96.09	95.69	95.30	94.91	94.52	94.12	93.73	93.34	92.95	92.55
0	100.00	99.61	99.22	98.83	98.44	98.04	97.65	97.26	96.87	96.48
0	100.00	100.39	100.78	101.17	101.56	101.95	102.34	102.73	103.12	103.51
10	103.90	104.29	104.68	105.07	105.46	105.85	106.24	106.63	107.02	107.40
20	107.79	108.18	108.57	108.96	109.35	109.73	110.12	110.51	110.90	111.29
30	111.67	112.06	112.45	112.83	113.22	113.61	114.00	114.38	114.77	115.15
40	115.54	115.93	116.31	116.70	117.08	117.47	117.86	118.24	118.63	119.01
50	119.40	119.78	120.17	120.55	120.94	121.32	121.71	122.09	122.47	122.86
60	123.24	123.63	124.01	124.39	124.78	125.16	125.54	125.93	126.31	126.69
70	127.08	127.46	127.84	128.22	128.61	128.99	129.37	129.75	130.13	130.52
80	130.90	131.28	131.66	132.04	132.42	132.80	133.18	133.57	133.95	134.33
90	134.71	135.09	135.47	135.85	136.23	136.61	136.99	137.37	137.75	138.13

温度/℃	0	1	2	3	4	5	6	7	8	9
	电阻值/Ω									
100	138.51	138.88	139.26	139.64	140.02	140.40	140.78	141.16	141.54	141.91
110	142.29	142.67	143.05	143.43	143.80	144.18	144.56	144.94	145.31	145.69
120	146.07	146.44	146.82	147.20	147.57	147.95	148.33	148.70	149.08	149.46
130	149.83	150.21	150.58	150.96	151.33	151.71	152.08	152.46	152.83	153.21
140	153.58	153.96	154.33	154.71	155.08	155.46	155.83	156.20	156.58	156.95
150	157.33	157.70	158.07	158.45	158.82	159.19	159.56	159.94	160.31	160.68
160	161.05	161.43	161.80	162.17	162.54	162.91	163.29	163.66	164.03	164.40
170	164.77	165.14	165.51	165.89	166.26	166.63	167.00	167.37	167.74	168.11
180	168.48	168.85	169.22	169.59	169.96	170.33	170.70	171.07	171.43	171.80
190	172.17	172.54	172.91	173.28	173.65	174.02	174.38	174.75	175.12	175.49
200	175.86	176.22	176.59	176.96	177.33	177.69	178.06	178.43	178.79	179.16
210	179.53	179.89	180.26	180.63	180.99	181.36	181.72	182.09	182.46	182.82
220	183.19	183.55	183.92	184.28	184.65	185.01	185.38	185.74	186.11	186.47
230	186.84	187.20	187.56	187.93	188.29	188.66	189.02	189.38	189.75	190.11
240	190.47	190.84	191.20	191.56	191.92	192.29	192.65	193.01	193.37	193.74
250	194.10	194.46	194.82	195.18	195.55	195.91	196.27	196.63	196.99	197.35
260	197.71	198.07	198.43	198.79	199.15	199.51	199.87	200.23	200.59	200.95
270	201.31	201.67	202.03	202.39	202.75	203.11	203.47	203.83	204.19	204.55
280	204.90	205.26	205.62	205.98	206.34	206.70	207.05	207.41	207.77	208.13
290	208.48	208.84	209.20	209.56	209.91	210.27	210.63	210.98	211.34	211.70
300	212.05	212.41	212.76	213.12	213.48	213.83	214.19	214.54	214.90	215.25
310	215.61	215.96	216.32	216.67	217.03	217.38	217.74	218.09	218.44	218.80
320	219.15	219.51	219.86	220.21	220.57	220.92	221.27	221.63	221.98	222.33
330	222.68	223.04	223.39	223.74	224.09	224.45	224.80	225.15	225.50	225.85
340	226.21	226.56	226.91	227.26	227.61	227.96	228.31	228.66	229.02	229.37
350	229.72	230.07	230.42	230.77	231.12	231.47	231.82	232.17	232.52	232.87
360	233.21	233.56	233.91	234.26	234.61	234.96	235.31	235.66	236.00	236.35
370	236.70	237.05	237.40	237.74	238.09	238.44	238.79	239.13	239.48	239.83
380	240.18	240.52	240.87	241.22	241.56	241.91	242.26	242.60	242.95	243.29
390	243.64	243.99	244.33	244.68	245.02	245.37	245.71	246.06	246.40	246.75
400	247.09	247.44	247.78	248.13	248.47	248.81	249.16	249.50	245.85	250.19
410	250.53	250.88	251.22	251.56	251.91	252.25	252.59	252.93	253.28	253.62
420	253.96	254.30	254.65	254.99	255.33	255.67	256.01	256.35	256.70	257.04
430	257.38	257.72	258.06	258.40	258.74	259.08	259.42	259.76	260.10	260.44
440	260.78	261.12	261.46	261.80	262.14	262.48	262.82	263.16	263.50	263.84
450	264.18	264.52	264.86	265.20	265.53	265.87	266.21	266.55	266.89	267.22
460	267.56	267.90	268.24	268.57	268.91	269.25	269.59	269.92	270.26	270.60
470	270.93	271.27	271.61	271.94	272.28	272.61	272.95	273.29	273.62	273.96
480	274.29	274.63	274.96	275.30	275.63	275.97	276.30	276.64	276.97	277.31
490	277.64	277.98	278.31	278.64	278.98	279.31	279.64	279.98	280.31	280.64
500	280.98	281.31	281.64	281.98	282.31	282.64	282.97	283.31	283.64	283.97
510	284.30	284.63	284.97	285.30	285.63	285.96	286.29	286.62	286.85	287.29
520	287.62	287.95	288.28	288.61	288.94	289.27	289.60	289.93	290.26	290.59
530	290.92	291.25	291.58	291.91	292.24	292.56	292.89	293.22	293.55	293.88
540	294.21	294.54	294.86	295.19	295.52	295.85	296.18	296.50	296.83	297.16
550	297.49	297.81	298.14	298.47	298.80	299.12	299.45	299.78	300.10	300.43
560	300.75	301.08	301.41	301.73	302.06	302.38	302.71	303.03	303.36	303.69
570	304.01	304.34	304.66	304.98	305.31	305.63	305.96	306.28	306.61	306.93
580	307.25	307.58	307.90	308.23	308.55	308.87	309.20	309.52	309.84	310.16
590	310.49	310.81	311.13	311.45	311.78	312.10	312.42	312.74	313.06	313.39

温度/℃	0	1	2	3	4	5	6	7	8	9
	电阻值/Ω									
600	313.71	314.03	314.35	314.67	314.99	315.31	315.64	315.96	316.28	316.60
610	316.92	317.24	317.56	317.88	318.20	318.52	318.84	319.16	319.48	319.80
620	320.12	320.43	320.75	321.07	321.39	321.71	322.03	322.35	322.67	322.98
630	323.30	323.62	323.94	324.26	324.57	324.89	325.21	325.53	325.84	326.16
640	326.48	326.79	327.11	327.43	327.74	328.06	328.38	328.69	329.01	329.32
650	329.64	329.96	330.27	330.59	330.90	331.22	331.53	331.85	332.16	332.48
660	332.79									

附表 2　铂热电阻 Pt$_{10}$ 分度表（ITS-90）（$R_0=10.000\Omega$，$t=0℃$）

℃	−200	−190	−180	−170	−160	−150	−140	−130	−120	−110	−100
Ω	1.852	2.283	2.710	3.134	3.5.54	3.972	4.388	4.800	5.211	5.619	6.026
℃	−90	−80	−70	−60	−50	−40	−30	−20	−10	0	
Ω	6.430	6.833	7.233	7.633	8.033	8.427	8.822	9.216	9.609	10.000	
℃	0	10	20	30	40	50	60	70	80	90	100
Ω	10.000	10.390	10.779	11.167	11.554	11.940	12.324	12.708	13.090	13.471	13.851
℃	110	120	130	140	150	160	170	180	190	200	210
Ω	14.229	14.607	14.983	15.358	15.733	16.105	16.477	16.848	17.217	17.586	17.953
℃	220	230	240	250	260	270	280	290	300	310	320
Ω	18.319	18.684	19.047	19.410	19.771	20.131	20.490	20.848	21.205	21.561	21.915
℃	330	340	350	360	370	380	390	400	410	420	430
Ω	22.268	22.621	22.972	23.321	23.670	24.018	24.364	24.709	25.053	25.396	25.738
℃	440	450	460	470	480	490	500	510	520	530	540
Ω	26.678	26.418	26.756	27.093	27.429	27.764	28.098	58.430	28.762	29.092	29.421
℃	550	560	570	580	590	600	610	620	630	640	650
Ω	29.749	30.075	30.401	30.725	31.049	31.371	31.692	32.012	32.330	32.648	32.964
℃	660	670	680	690	700	710	720	730	740	750	760
Ω	33.279	33.593	33.906	34.218	34.528	34.838	35.146	35.453	35.759	36.064	36.367
℃	770	780	790	800	810	820	830	840	850		
Ω	36.670	36.971	37.271	37.570	37.868	38.165	38.460	38.755	39.084		

附表 3　铜热电阻 Cu$_{50}$ 分度表（ITS-90）（$R_0=50.00\Omega$　$t=0℃$）

℃	−50	−40	−30	−20	−10	0		
Ω	39.242	41.400	43.555	45.706	47.854	50.000		
℃	0	10	20	30	40	50	60	70
Ω	50.000	52.144	54.285	56.426	58.565	60.704	62.842	64.981
℃	80	90	100	110	120	130	140	150
Ω	67.120	69.259	71.400	73.542	75.686	77.833	79.982	82.134

附表 4　铜热电阻 Cu$_{100}$ 分度表（ITS-90）（$R_0=100.00\Omega$　$t=0℃$）

℃	−50	−40	−30	−20	−10	0		
Ω	78.48	82.80	87.11	91.41	95.71	100.00		
℃	0	10	20	30	40	50	60	70
Ω	100.00	104.29	108.57	112.85	117.13	121.41	125.68	129.96
℃	80	90	100	110	120	130	140	150
Ω	134.24	138.52	142.80	147.08	151.37	155.67	156.96	164.27

附表 5　镍铬-镍硅热电偶（K 型）分度表（参考端温度为 0℃）

温度/℃	0	10	20	30	40	50	60	70	80	90
	热电动势/mV									
0	0.000	0.397	0.798	1.203	1.611	2.022	2.436	2.850	3.266	3.681
100	4.095	4.508	4.919	5.327	5.733	6.137	6.539	6.939	7.338	7.737
200	8.137	8.537	8.938	9.341	9.745	10.151	10.560	10.969	11.381	11.793
300	12.207	12.623	13.039	13.456	13.874	14.292	14.712	15.132	15.552	15.974
400	16.395	16.818	17.241	17.664	18.088	18.513	18.938	19.363	19.788	20.214
500	20.640	21.066	21.493	21.919	22.346	22.772	23.198	23.624	24.050	24.476
600	24.902	25.327	25.751	26.176	26.599	27.022	27.445	27.867	28.288	28.709
700	29.128	29.547	29.965	30.383	30.799	31.214	31.214	32.042	32.455	32.866
800	33.277	33.686	34.095	34.502	34.909	35.314	35.718	36.121	36.524	36.925
900	37.325	37.724	38.122	38.915	38.915	39.310	39.703	40.096	40.488	40.879
1000	41.269	41.657	42.045	42.432	42.817	43.202	43.585	43.968	44.349	44.729
1100	45.108	45.486	45.863	46.238	46.612	46.985	47.356	47.726	48.095	48.462
1200	48.828	49.192	49.555	49.916	50.276	50.633	50.990	51.344	51.697	52.049
1300	52.398	52.747	53.093	53.439	53.782	54.125	54.466	54.807	—	—

参 考 文 献

[1] 费业泰.误差理论与数据处理 [M].北京：机械工业出版社，2010.

[2] 武汉大学.分析化学 [M].第 5 版.北京：高等教育出版社，2005.

[3] 徐志强，王卫东.矿物加工过程的检测与控制 [M].北京：冶金工业出版社，2012.

[4] 李世厚.矿物加工过程检测与控制 [M].长沙：中南大学出版社，2011.

[5] 吴勤勤.控制仪表及装置 [M].第 4 版.北京：化学工业出版社，2013.

[6] 范峥，徐海刚.检测与仪表 [M].北京：机械工业出版社，2013.

[7] 张毅，张宝芬，曹丽，等.自动检测技术及仪表控制系统 [M].北京：化学工业出版社，2004.

[8] 革命，许美云，兰海菊.DF-PSM 在线超声波粒度分析仪在选矿厂的应用 [C].中国采选技术十年回顾与展望——第三届中国矿业科技大会论文集，2012.

[9] 沈少伟.基于散射原理的激光粒度测试仪研究 [D].长沙：国防科技大学，2008.

[10] 侯志云.Mastersizer 激光衍射法粒度分析仪 [Z].Mastersizer 用户培训教材（ppt），2015.

[11] 宋强，张烨，王瑞.传感器原理与应用技术 [M].北京：高等教育出版社，2016.

[12] 夏银桥，等，传感器技术及应用 [M].武汉：华中科技大学出版社，2011.

[13] 周传德，等，传感器与测试技术 [M].重庆：重庆大学出版社，2009.

[14] 黄宋魏，等.工业过程控制系统及工程应用 [J].北京：化学工业出版社，2015.

[15] 张根宝.工业自动化仪表及过程控制 [J].西安：西北工业大学出版社，2008.

[16] 黄宋魏，邹金慧，电气控制与 PLC 应用技术 [M]，第 2 版.北京：电子工业出版社，2015.

[17] 李新光，等.过程检测技术 [M].北京：机械工业出版社，2004.

[18] 刘玉长.自动检测和过程控制 [M].北京：冶金工业出版社，2010.

[19] 杜维，张宏建.过程检测技术及仪表 [M].第 2 版.北京：电子工业出版社，2010.

[20] 陈海霞，等.西门子 S7-300/400PLC 编程技术及工程应用 [M].北京：机械工业出版社，2012.

[21] 严长城，应贤平.基 Pt100 铂热电阻的高精度测温系统的设计 [J].机电工程技术 2015，44（3）：71-74.

[22] 杨永军.温度测量技术的应用——流体温度的测量 [J].计测技术，2010，30（1）：59-64.

[23] 杨永军.温度测量技术现状和发展概述 [J].计测技术，2009，29（4）：62-65.

[24] 张明春，肖燕红.热电偶测温原理及应用 [J].攀枝花科技与信息.2009，34（3）：58-62.

[25] 苌浩.液相流体红外测温系统的设计与研究 [D].天津：天津理工大学，2013.

[26] LI Zi-jun，SHI Dong-ping，WU Chao，et al. Infrared thermography for prediction of spontaneous combustion of sulfide ores _ Trans. Nonferrous Met Soc China，2012（22）：3095-3102.

[27] 高睿.超声波物位计的研制 [D].成都：电子科技大学，2010.

[28] 张春严.激光料位计在电石料仓上的应用 [J].聚氯乙烯，2013，41（3）：35-37.

[29] 张云贵，龚波，陈宏志，等.基于双目立体视觉测距的浮选槽液位检测系统 [J].冶金自动化，2016（01）：59-63，76.

[30] 何桂春.超声波矿浆粒度检测的非线性建模研究 [D].北京：北京科技大学，2006.

[31] 屈如意.DF-PSM 在线超声波粒度分析仪在金堆城百花岭选矿厂的应用 [J].科技传播，2014（10）：176-177.

[32] 王俊鹏，曾荣杰.新型多流道矿浆浓度粒度检测装置研制 [J].矿冶，2009（02）：84-88.

[33] 赵海利，赵建军，赵宇，等.BPSM-Ⅲ型粒度仪多模型建模在山东黄金某选矿厂的应用 [J].中国矿业，2016（S1）：447-450.

[34] 赵海利，赵宇，陆博.嵌入式控制器在 BPSM-Ⅲ型在线粒度分析仪开发上的应用 [J].有色金属（选矿部分），2013（01）：73-76.

[35] 李芳.MS3000 激光粒度分析仪介绍 [J].华南地质与矿产，2016（01）：85.

[36] 王红芸，李岩，赵丽丽，等.激光粒度分析仪分析方法的研究 [J].科技资讯，2014（19）：213-214.

[37] 万真，张天一，张志会，等.马尔文激光粒度分析仪 Mastersizer 2000 及其应用 [J].广东化工，2015（11）：119-120.

[38] 舒霞，吴玉程，程继贵，等.Mastersizer 2000 激光粒度分析仪及其应用 [J].合肥工业大学学报（自然科学版），2007（02）：164-167.

[39] GB/T 7665—2005 传感器通用术语 [S].